步印童书馆

小牛顿

数学分级读物

第四阶 1 大数的乘除法

步印童书馆 编著

北京市数学特级教师 丁益祥
北京市数学特级教师 司梁
『卢说数学』主理人 卢声怡
联袂力荐

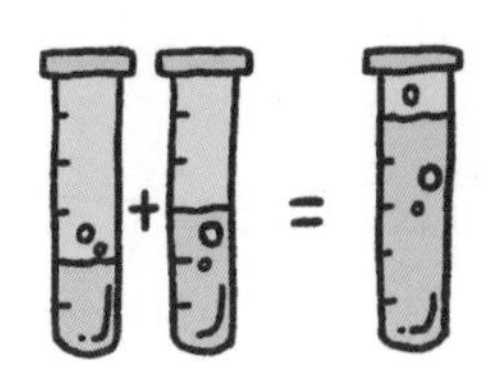

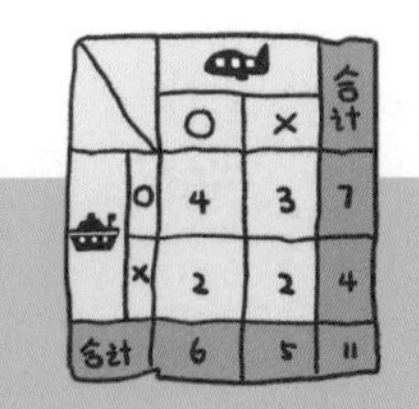

中国儿童的数学分级读物
培养有创造力的数学思维

讲透原理 → 系统进阶 → 思维转换

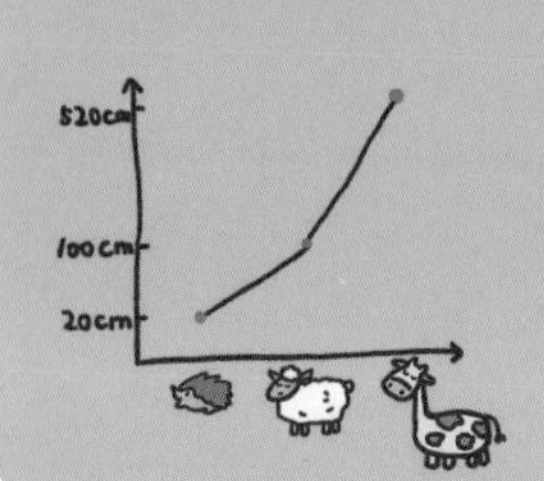

電子工業出版社
Publishing House of Electronics Industry
北京·BEIJING

图书在版编目（CIP）数据

小牛顿数学分级读物. 第四阶. 1, 大数的乘除法 / 步印童书馆编著. -- 北京 : 电子工业出版社, 2024.6

ISBN 978-7-121-47628-0

Ⅰ. ①小… Ⅱ. ①步… Ⅲ. ①数学 – 少儿读物 Ⅳ. ①O1-49

中国国家版本馆CIP数据核字(2024)第068393号

特别鸣谢本书组稿策划人郑利强先生。

责任编辑：赵 妍 季 萌
印　　刷：当纳利（广东）印务有限公司
装　　订：当纳利（广东）印务有限公司
出版发行：电子工业出版社
　　　　　北京市海淀区万寿路173信箱 邮编：100036
开　　本：889×1194 1/16 印张：15.25 字数：304.8千字
版　　次：2024年6月第1版
印　　次：2024年6月第1次印刷
定　　价：80.00元（全4册）

凡所购买电子工业出版社图书有缺损问题，请向购买书店调换。若书店售缺，请与本社发行部联系，联系及邮购电话：（010）88254888，88258888。

质量投诉请发邮件至zlts@phei.com.cn，盗版侵权举报请发邮件至dbqq@phei.com.cn。

本书咨询联系方式：（010）88254161转1860，jimeng@phei.com.cn。

目录

大数

大数的表示方法和写法

比千万更大的数

喜爱算术的国王给算术博士出了一道考题。你也想一想，得数是多少？

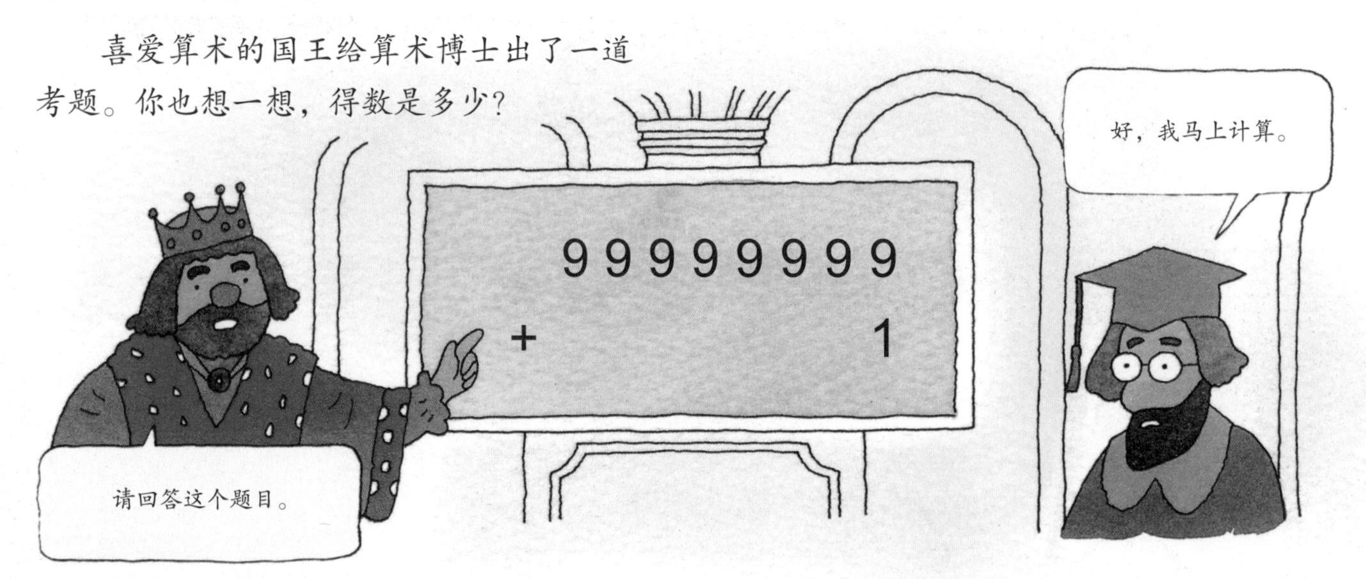

以亿为单位的数

首先，利用数位表，读出 99999999 这个数。

9	9	9	9	9	9	9	9
千万位	百万位	十万位	万位	千位	百位	十位	个位

根据以上的数位表，得知 99999999 读作“九千九百九十九万九千九百九十九”。把 99999999 加上 1，变成下面的数。

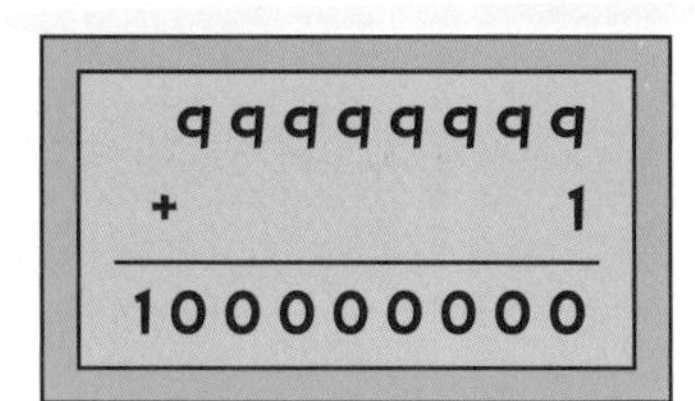

得数为 100000000，但这个数怎么读呢？利用数位表查一查。

1	0	0	0	0	0	0	0	0
?	千万位	百万位	十万位	万位	千位	百位	十位	个位

千万位上的数为 0，就是将 10 个千万集合起来，再向更高的数位进 1。也就是说，100000000 是千万 10 倍的数。这个将千万乘上 10 倍的数，称为 1 亿。所以，比千万高一位的数位称为亿位。

比亿位高一位的数位为十亿位，比十亿位高一位的数位为百亿位，比百亿位高一位的数位称为千亿位。

例如，384571236905，用数位表查数位，可以知道这个数读作“三千八百四十五亿七千一百二十三万六千九百零五”。

3	8	4	5	7	1	2	3	6	9	0	5
千亿位	百亿位	十亿位	亿位	千万位	百万位	十万位	万位	千位	百位	十位	个位

> **学习重点**
> ①认识亿、兆等计数单位及大数的表示方法。
> ②认识十进位的原理。

● 以兆为单位的数

同样的道理，将 10 个千亿集合起来，千亿位上的数为 0，然后向前进 1 位，就是 1000000000000。这是 1 千亿 10 倍的数，这个 1 千亿 10 倍的数称为 1 兆。因此，比千亿位更高一位的数位称为兆位。

比兆位高一位的数位为十兆位，比十兆位高一位的数位为百兆位，比百兆位高一位的数位为千兆位。

例如，6384364197453174，用数位表查出数位，读作“六千三百八十四兆三千六百四十一亿九千七百四十五万三千一百七十四”。

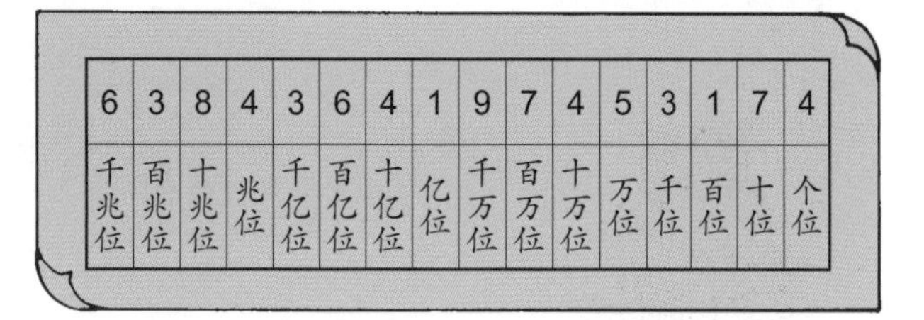

6	3	8	4	3	6	4	1	9	7	4	5	3	1	7	4
千兆位	百兆位	十兆位	兆位	千亿位	百亿位	十亿位	亿位	千万位	百万位	十万位	万位	千位	百位	十位	个位

以兆为单位的数，是非常庞大的。

● 四位区分

现在，我们再仔细看一下数位表。

从最小的数位看起，个位、十位、百位、千位，接着万级是万位、十万位、百万位、千万位，四位一级，依此类推。

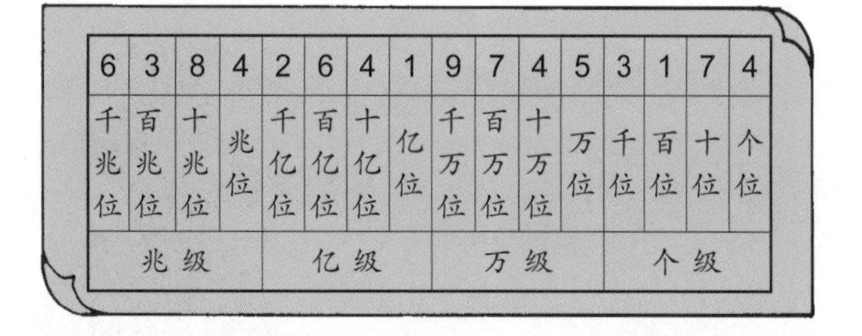

6	3	8	4	2	6	4	1	9	7	4	5	3	1	7	4
千兆位	百兆位	十兆位	兆位	千亿位	百亿位	十亿位	亿位	千万位	百万位	十万位	万位	千位	百位	十位	个位
兆级				亿级				万级				个级			

因此，当遇到大的数时，只要先从个位数开始，每4个数位做一个区分，就可以很容易地把这个数读出来了。

◆ 读一读

5 4 2 8 3 2 4 6 9 3 0 5 1 8 7

这是一个很大的数，但是，不用着急和害怕，我们先从个位开始，每4个数位做一个区分：

兆级	亿级	万级	个级
5 4 2	8 3 2 4	6 9 3 0	5 1 8 7
百兆位 十兆位 兆位			

从上可知，该数最大的数位是百兆位。因此，这个数就读作“五百四十二兆八千三百二十四亿六千九百三十万五千一百八十七”。

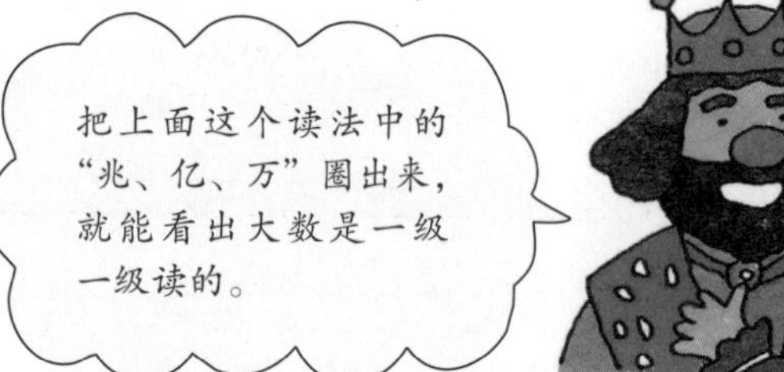

大的数到底能有多大呢？

还有比目前所学的兆或亿更大的数吗？确实有。1兆的1万倍称为1京。比1京更大的数，每1万倍分别是垓、秭、穰、沟、涧、正、载、极、恒河沙、阿僧祇、那由他、不可思议、无量等。

像这么大的数，我们在实际生活中几乎用不到。1无量，到底有几个0呢？实在是非常庞大的数。

这些代表大数的字，在我国的古书中有很详细的记载。

十进位的构成

将目前所学过的整数整理成如下的数位表。

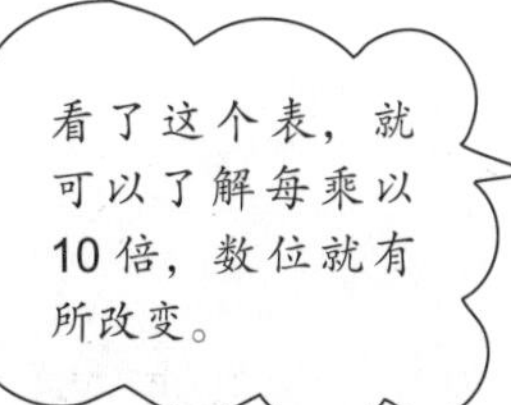

千兆位	百兆位	十兆位	兆位	千亿位	百亿位	十亿位	亿位	千万位	百万位	十万位	万位	千位	百位	十位	个位

（每向左一位：10倍；每向右一位：$\frac{1}{10}$）

由数位表可以了解，在整数中，每乘以10倍，就表示数位会改变为另一个新的高的数位。如此一来，不论多大的数，每乘以10倍就向前进一位，每乘以$\frac{1}{10}$就向后退一位。以这种方式来表示数的方法称为十进位法。在十进位中，求某一整数的10倍时，只要在这个数的末位（右边）添加1个0；求某一整数的100倍时，只要在这个数的末位（右边）添加2个0。

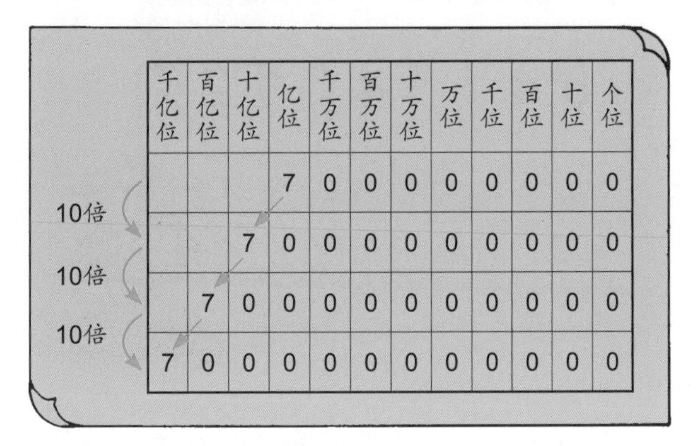

	千亿位	百亿位	十亿位	亿位	千万位	百万位	十万位	万位	千位	百位	十位	个位
				7	0	0	0	0	0	0	0	0
10倍			7	0	0	0	0	0	0	0	0	0
10倍		7	0	0	0	0	0	0	0	0	0	0
10倍	7	0	0	0	0	0	0	0	0	0	0	0

如上图所示，7亿的10倍，在这个数的末位加1个0变为70亿，7亿的100倍，则在这个数的末位加2个0变为700亿……以此类推。

另外，要算得某个整数的$\frac{1}{10}$或$\frac{1}{100}$时，如果这个整数的个位为0，则计算它的$\frac{1}{10}$时，在这个数的末位去掉1个0；计算它的$\frac{1}{100}$时，在这个数的末位去掉2个0。

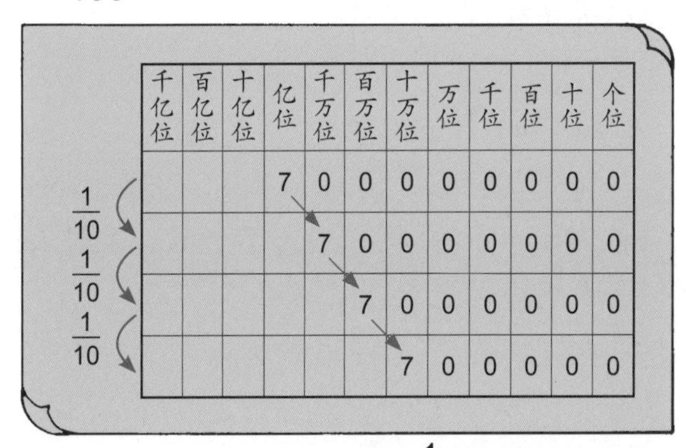

	千亿位	百亿位	十亿位	亿位	千万位	百万位	十万位	万位	千位	百位	十位	个位
				7	0	0	0	0	0	0	0	0
$\frac{1}{10}$					7	0	0	0	0	0	0	0
$\frac{1}{10}$						7	0	0	0	0	0	0
$\frac{1}{10}$							7	0	0	0	0	0

如上图所示，7亿的$\frac{1}{10}$，在这个数的末位去掉1个0变为7000万；7亿的$\frac{1}{100}$，则在这个数的末位去掉2个0变为700万……以此类推。

十进位中，无论多大的数都可以用0、1、2、3、4、5、6、7、8、9这十个数字来表示。

大数怎样比大小

今天，国王又拿出两张卡片，问博士哪一张卡片上的数比较大。

各位小朋友想一想，怎样比较两个大数的大小呢？

● 数位不同的数的比较方法

比较这两张卡片上的数，可以发现它们最高数位上的数分别是7和8，看起来似乎黄色卡片上的数比较大。

但是，这样就可以断定黄色卡片上的数真的比较大吗？

我们接着再来比较下面两个数：

7 4 3 1　　8 4 3

这两张卡片上，最高数位的数也分别是7和8，但是，我们一看就知道，事实上是位数多的绿色卡片上的数大于黄色卡片上的数。

所以，比较数的大小时，首先要比较位数的多少。

◆ 马上把数位对齐，比较橘色卡片上的数和黄色卡片上的数。

比较位数，就可以知道，位数多的橘色卡片上的数大于黄色卡片上的数。

因此，无论多大的数，比较大小时，首先要比较位数，也就是有几位。

● 位数相同的数的比较方法

乍一看，这两个数好像差不多呢！

这次，我们也把卡片排好，对齐数位，比一比哪一个数大。

8	4	1	6	7	2	5	3	8位数
8	4	1	4	8	2	5	3	8位数

如上图所示，两个数都是8位数，二者的数位相同。那么，当两个数的数位相同时，怎样比较它们的大小呢？

数位相同的数比较大小时，从最高的数位按顺序开始，相同数位上的数相比较。

我们从最高的数位按顺序开始比较，则发现前三个数位完全相同，但是两张卡片上的数的第四个数位上的数分别为6和4，因此第一张卡片上的数比较大。

综合测验

（1）比一比，哪一个数大。

① 3亿□ 36500万

② 2兆□ 19500亿

（2）读出下列的数字，并写出汉字来。

① 76764545321937（　　）

② 80009001005000（　　）

（3）下列数字中0所在的数位是什么数位？

2108463597

（4）回答下列问题。

① 10亿的100倍（　　）

② 242亿的100倍（　　）

③ 1亿的$\frac{1}{10}$（　　）

④ 18兆的$\frac{1}{100}$（　　）

整　理

（1）整数每扩大到10倍，则向前进一位；每缩小到$\frac{1}{10}$，则往后退一位。以这种方式表示数的方法，称为十进位法。

（2）十进位法中，无论多大的数，都可以用0~9等十个数字来表示。

（3）读大数时，将数字每4位分成一级，更容易读。

（4）比较数的大小时，先比较位数多少，位数相同的就从高的数位按顺序比较，同数位上的数字互相比较大小。

综合测验答案：（1）①<；②>。（2）①七十六兆七千六百四十五亿四千五百三十二万一千九百三十七；②八十兆零九十亿零一百万零五千。（3）千万位。（4）①1000亿；②2兆4200亿；③1000万；④1800亿。

近似数

大约数的表示方法

某一球场的座位有 54000 个。

由于今天正举办盛大的棒球争霸赛，因此球场上挤满了观众。

场外也有很多人排队准备进场看球。

因为观众陆陆续续地进场，所以无法算出准确的人数。

入场的人到底有多少呢？

我们不可能沿着观众席一个一个地数。那么，让我们去问一问现场转播比赛的新闻记者吧！

新闻记者播报的人数并不是完全准确的数字，我们把这种大约的数称为近似数。

近似数是怎样计算出来的呢？让我们想一想。

由于今天将有一场激烈的棒球比赛，棒球场从清早开始便涌进了许多球迷。热情的观众使得球场的观众席爆满，而场外尚有大批观众正陆续进入球场。这场球赛已吸引了近 50000 名观众，预计比赛前观众的人数还会继续增加。

◉ 近似数

实际上，比赛结束后，根据入场券卖出的数量，得知这场球赛准确的观众人数为 53724 人。如果用近似数来表示的话，应该怎样写呢？

学习重点

①近似数的表示方法。
②近似数的用法。

◆ **如果以“几万几千”来表示近似数的话，53724 应该怎么表示？使用数线查一查。**

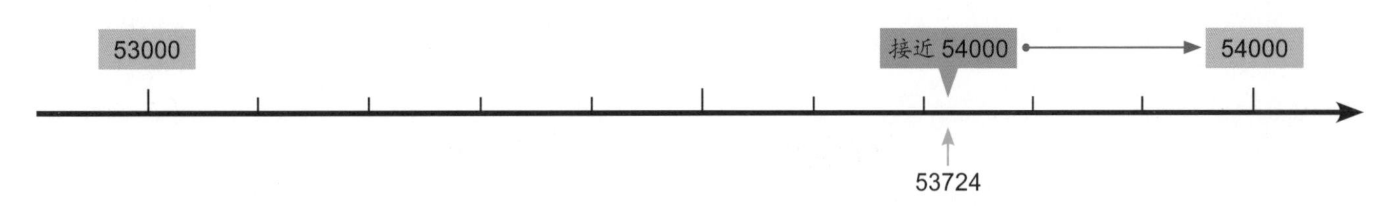

从以上数线上可以看出，53724 比 53000 更接近54000。

因此，53724 的整千的近似数写作：约 54000。

◆ **如果以“几万”来表示 53724 的近似数时，应该如何表示？也用数线查一查。**

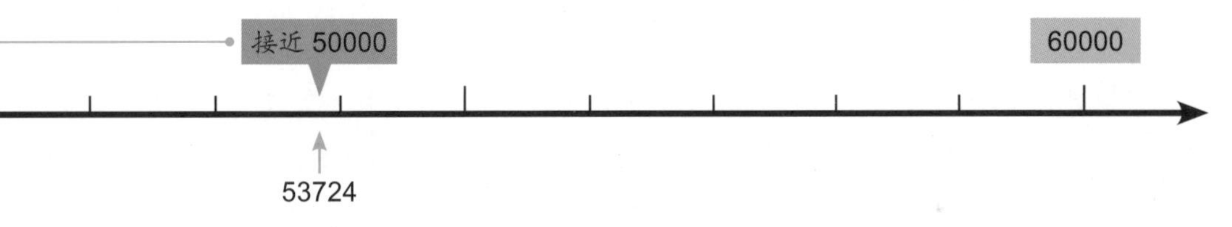

从以上数线上可以看出，53724 比 60000 更接近50000。所以，53724 的整万的近似数写作：约 50000。

◉ 近似数的求法

近似数的求法很多。以下为最常使用的几种方法。

● **四舍五入**

表示 53724 千位的近似数时，千位以下的数位上的数全部去掉，并以整数表示，所以，53724 的近似数表示为 53000 或 54000 的其中之一。

53000 ← 53 724 → 54000

但是，如果只用以上方法，仍无法判断哪一个数是正确的。

因此，如果用数线来查，就可以很快看出 53724 较接近 54000。

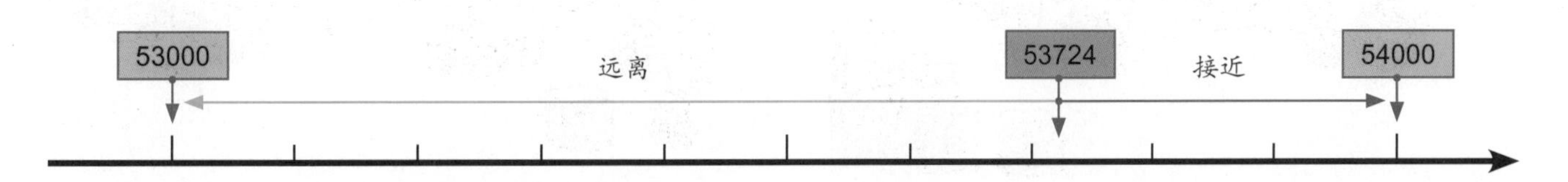

另外，也可以用计算方式求出来 53724 是较接近 53000 还是 54000。

53724 和 53000 的差为：

53724−53000=724

54000 和 53724 的差为：

54000−53724=276

我们比较两者的差 724 和 276，得到：

276<724

所以，得知 53724 较接近 54000，其到千位的近似数为：

53724 ➡ 54000

根据以上原理，可以知道，在求一个数精确到千位的近似数时，只需考虑这个数百位的上数较接近哪个千位即可。

这种求近似数的方法称为四舍五入法。

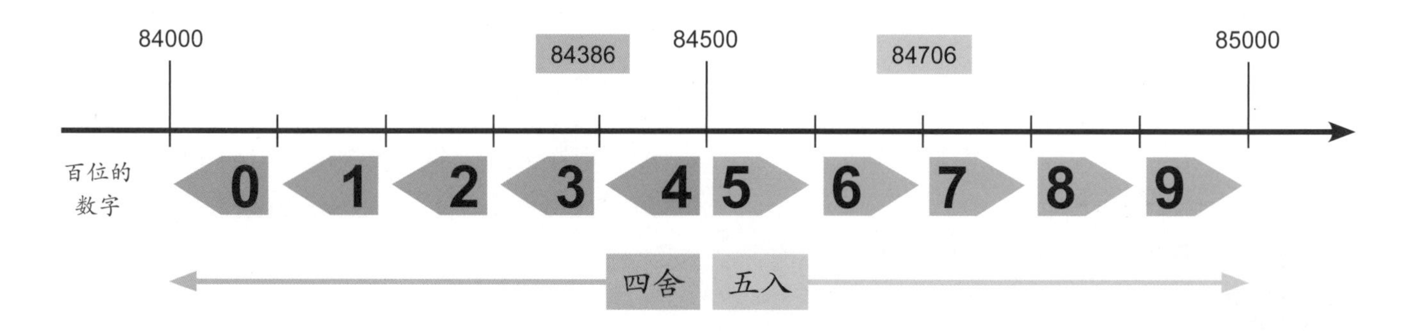

那么，利用四舍五入法，你能求出 84386 和 84706 精确到千位的近似数吗？

由以上数线可知，百位上的数为 0、1、2、3、4 时，比千小的数则全部去掉换成 0，称为“舍”。

另外，百位上的数为 5、6、7、8、9 时，则将这三位比千小的数合起来进位为 1000。例如，499“舍”换为 000；500 则“入”换为 1000。

低一位上是 0、1、2、3、4，就舍去。 ← 四舍

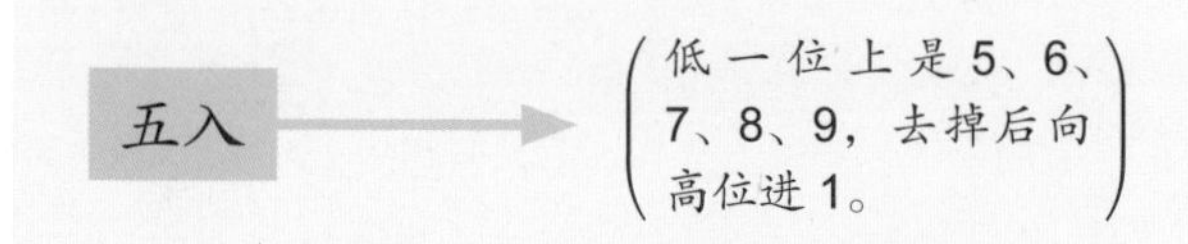

以四舍五入法求 84386 和 84706 精确到千位的近似数时，可得到以下式子：

000

四舍 84386 ⟶ 约 84000

5000

五入 84706 ⟶ 约 85000

也就是说，将某数四舍五入时，如果所求数位的下一位数为 0、1、2、3、4 时，则将所求数位以下的数位上的数全部写成 0；如果所求数位的下一数位为 5、6、7、8、9 时，则也将所求数位以下的数位上的数全部写成 0，并在所求数位上的数加 1。

● 舍去

生产巧克力的工厂里共有 3482 盒巧克力。现在，要将这些巧克力每 100 盒装进一个大箱子。请问，装进箱子的巧克力一共有多少盒？

每 100 盒巧克力装进一个大箱子的话：

3482 ÷ 100=34（个）……82（盒）

所以，一共需要 34 个大箱子，巧克力还剩下 82 盒。

由此可知，箱子内的巧克力盒数为：

100 × 34=3400（盒）

装进箱子的巧克力一共有 3400 盒。而余下的 82 盒，由于不够装入 100 盒的箱子，因此不考虑这剩余的 82 盒巧克力。

00

3482 ⟶ 约 3400

如上述，无论任何数，已知所求近似数的数位，而将多余的数舍去的方法，称为“舍去”，又叫“去尾法”。

● 进位

每一封彩色纸一共有 1000 张。每年学校使用彩色纸的数量为 42300 张。请问学校一共需要买多少封彩色纸？

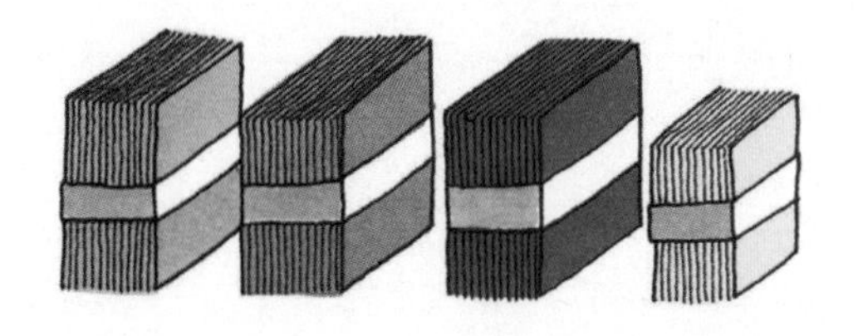

彩色纸每一封为 1000 张，所以：

42300 ÷ 1000=42（封）……300（张）

如果学校只买 42 封彩色纸的话，将缺少 300 张彩色纸。因此，购买彩色纸的量应为：42+1=43（封），学校必须购买 43 封彩色纸才够一年使用。

1000 × 43=43000（张）

也就是学校需要多买 700 张彩色纸。

3000

42300 ⟶ 约 43000

如上述，无论任何数，已知所求近似数的数位，而将此数位以下数位上的数全部集合起来，并向前一数位上的数进一的求近似数的方法，称为“进位”，又叫“进一法”。

近似数的应用

◉ 近似数与制图

我们的任务是将下列表格中甲市各小学的人数，在方格纸上以条形图制成一个高 10 厘米的图表。

想一想，怎样做呢？

小学人数

小学名称	人数
英才小学	5853
鸣山小学	7195
振兴小学	6449
中兴小学	9503

由上表得知，方格纸上长条的高度，是由能够包括的最多人数来决定的。

因此，我们就以人数最多的中兴小学 9503 人当作 10 厘米来考虑这个题目。

首先，想一想，1 厘米长条代表多少人？

厘米长条代表的人数	9503 人所需要的长条高度
代表 1 人的话	→ 9503 厘米
代表 10 人的话	→ 950 厘米
代表 100 人的话	→ 95 厘米
代表 1000 人的话	→ 9.5 厘米

所以，1 厘米长条应该代表 1000 个人。

由于图表可以表示刻度$\frac{1}{10}$的数，因此，我们以百位的近似数来决定条形图的高度。将各小学人数用四舍五入法求出百位的近似数，可以得到以下得数。

	人数	近似数
英才小学	900 5853（人）→	5900（人）
鸣山小学	200 7195（人）→	7200（人）
振兴小学	00 6449（人）→	6400（人）
中兴小学	00 9503（人）→	9500（人）

条形图每 1 厘米代表 1000 人，所以将各小学人数换算为长条的高度（厘米）时，得到以下结果：

	近似数	长条高度
英才小学	5900（人）→	5.9（cm）
鸣山小学	7200（人）→	7.2（cm）
振兴小学	6400（人）→	6.4（cm）
中兴小学	9500（人）→	9.5（cm）

以上表中长条的高度为准，绘成下图。

原来在绘制图表时，利用近似数可以马上求出表中最大的高度是多少。

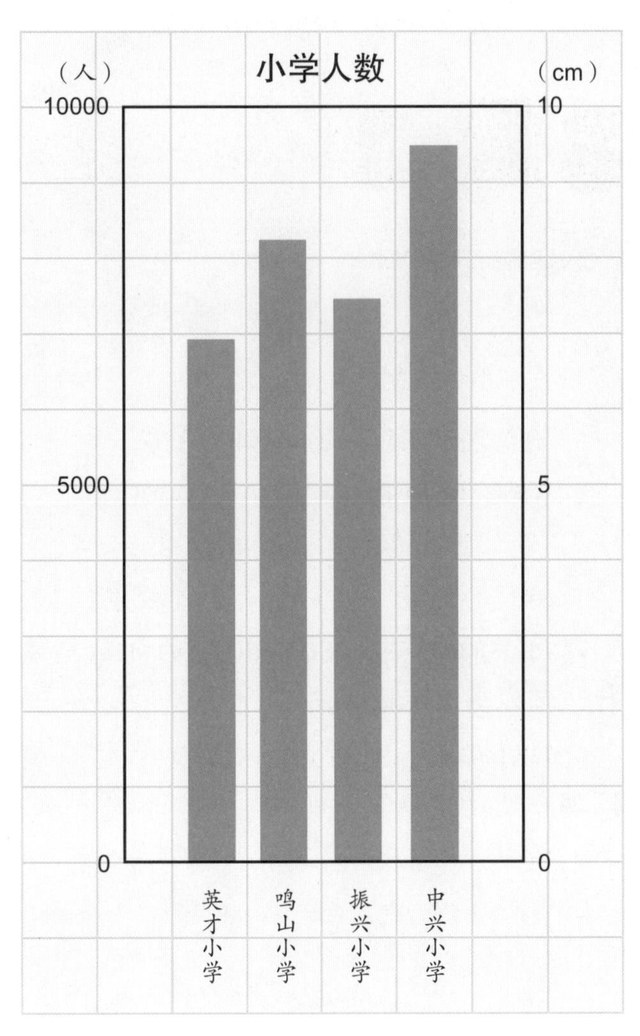

在绘制人口或其他图表时，利用近似数便可以定出图表中最大的高度。

综合测验

1. 用四舍五入法求出下列各数的千位近似数，找出其中超过 50000 的数是哪些。

① 49553　　② 49450

③ 50407　　④ 51023

⑤ 49489　　⑥ 50187

2. 用四舍五入法，求出下列各数从高到低第二数位的近似数。

① 9415　② 46926　③ 896278

3. 用去尾法、进一法，求出从高到低第二数位的近似数。

① 73542

进一法（　　）　去尾法（　　）

② 804635

进一法（　　）　去尾法（　　）

4. 右图表示的人数约是几千几百人？此数如果是由四舍五入得来的话，则这个数是从多少人到多少人？

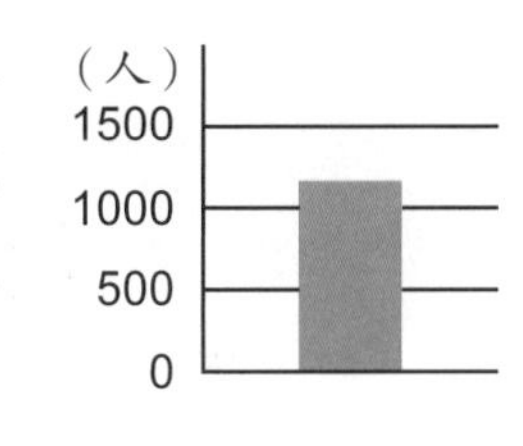

整　理

（1）大约的数称为近似数。

（2）近似数的求法有四舍五入法、去尾法和进位法。

（3）所谓四舍五入法，是指如果所求数位的下一位数为 0、1、2、3、4 时，则将所求数位的数位保留，其以下的数位上的数全部以 0 表示；如果所求数位的下一数位上的数为 5、6、7、8、9 时，则将所求的数位上的数加 1，其以下的数位上的数全部以 0 表示。

（4）近似数会在绘制图表、找出数线上的中间刻度和不确定的数，或表示余数的除法的商时用到。

综合测验答案：1. ①、③、④、⑥。2. ① 9400；② 47000；③ 900000。3. ① 74000；73000；② 810000；800000。4.1200 人，1150 人至 1249 人。

巩固与拓展 1

整　理

1. 数的构造和数位的定位

10 倍

兆级				亿级				万级				个级			
千兆位	百兆位	十兆位	兆位	千亿位	百亿位	十亿位	亿位	千万位	百万位	十万位	万位	千位	百位	十位	个位

$\frac{1}{10}$

整数的表示规则是，当右边数位的数值达到 10 的时候，便向左边的数位进 1 位。

2. 数的读法

千兆位	百兆位	十兆位	兆位	千亿位	百亿位	十亿位	亿位	千万位	百万位	十万位	万位	千位	百位	十位	个位
5	6	7	8	9	8	7	6	4	5	6	7	4	3	2	1
兆级				亿级				万级				个级			

若要读出大数，可以先把大数分成数级，也就是从个位数算起每 4 个数位当作一个数级，一级一级地读。上面的数可以用下面的方法读作：

五千六百七十八兆九千八百七十六亿四千五百六十七万四千三百二十一

3. 数的表示方法

（1）

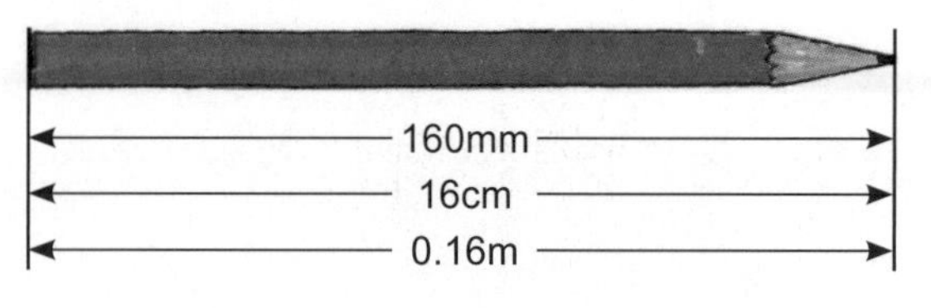

1m=100cm=1000mm

（2）2340530000=234053 万

10667000000=10667 × 1000000

“量”可用各种不同的单位表示。

相同的数量，使用较大的计数单位时，可以用小的数表示。使用较小的计数单位时，可以用大的数表示。

4. 在比较或计算时，数位的定位或单位要一致。

试一试，来做题。

1.（1）地球赤道一周的长度约是 40000 千米，如果用米或厘米作为单位，40000 千米是多少米？多少厘米？

（2）光每秒的速度可用各种不同的单位表示。在下面的（　　）里填写适当的数。

300000 千米 =（　　）万千米 =（　　）米

2. 某年某个国家的贸易总额是 38600100000000 元。

（1）把全年的贸易总额读出来。

（2）如果把全年的贸易总额换成 100 元的纸币，总共有 386001000000 张，这笔数目怎么读呢？

（3）如果把全年贸易总额用 5 元纸币排列出来的话，全长是 172156446000 米，请读出这个数。

3.（1）如果把全年贸易总额换成 10 元的纸币，一共有多少张？

（2）如果把全年贸易额每 100 万元分成 1 沓，一共可分成多少沓？

4. 人的步行速度每小时大约是 4000 米，动车每小时的速度是 200 千米。如果二者从同一地点、同一方向同时出发，2 小时后，动车和人相距多少米？

答案：
1.（1）40000000 米，
4000000000 厘米。
（2）30，300000000
2.（1）三十八兆六千零一亿元。
（2）三千八百六十亿零一百万张。
（3）一千七百二十一亿五千六百四十四万六千米。
3.（1）三兆八千六百亿一千万张。
（2）三千八百六十万零一百沓。
4. 392000 米。

解题训练

■ 大数的读法练习

1 读出下面的长度和面积。

（1）赤道的半径是多少米？如果用千米作为单位，应该如何表示？

（2）陆地的面积是多少平方千米？

（3）海洋的面积是多少平方千米？

◀ 提示 ▶

把大数分成几个数级，每个数级包括4个数位，每4个数位是一个新的数级（万级、亿级、兆级）。

解法 （1）把每4个数位分成一个数级，中间隔开一些，方便观察。

千兆位	百兆位	十兆位	兆位	千亿位	百亿位	十亿位	亿位	千万位	百万位	十万位	万位	千位	百位	十位	个位
○	○	○	○	○	○	○	○	○	○	○	○	○	○	○	○
兆级				亿级				万级				个级			

赤道的半径　百 十 万 千 百 十 个

单位（米）　6 3 7 8 1 6 0 → 六百三十七万八千一百六十米

单位（千米）　6 3 7 8.1 6 → 六千三百七十八点一六千米

答案：（2）陆地的面积是一亿四千八百八十九万平方千米。

（3）海洋的面积是三亿六千一百零五万九千平方千米。

■ 大数的写法练习

2 把下面的数用数字写出来。

（1）八十二亿四千零七十一万九千六百二十八；

（2）十三兆五亿三千零八万七百零六；

（3）五千八百兆四百零七亿八千五百七十万九百五十。

◀ 提示 ▶

利用数位表想一想，不要遗漏0的数位。

解法 （1）八十二亿四千零七十一万九千六百二十八

兆级				亿级				万级				个级			
千兆位	百兆位	十兆位	兆位	千亿位	百亿位	十亿位	亿位	千万位	百万位	十万位	万位	千位	百位	十位	个位
						8	2	4	0	7	1	9	6	2	8

答案：8240719628。

答案：

（2）13000530080706；

（3）5800040785700950。

■ 数的表示方法

3

下面的数代表某些国家或地区的人口。把人口数用右边的方法表示，在（ ）里填上适当的单位。

（1）1022054000 人→ 1022054（ ）;

（2）121040000 人→ 121040（ ）;

（3）764000000 人→ 76400（ ）;

（4）276300000 人→ 27630（ ）;

（5）236600000 人→ 23660（ ）。

◀ 提示 ▶

$3 \times 10 = 30$

$3 \times 100 = 300$

$3 \times 1000 = 3000$

把数字填入数位表中试一试。

解法

（1）1022054000

↙ ↘

1022054×1000

⬇

1022054（千人）

亿		万				千	百	十	个
十	一	千	百	十	一				
1	0	2	2	0	5	4	0	0	0
1	0	2	2	0	5	4			

千人

答案：千人；

答案：（2）千人；（3）万人；（4）万人；（5）万人。

■ 大数的计算方法

4

求下面各组数的和与差。

（1）60 亿，5 万

（2）20 兆，9 万

（3）30 亿，400 万

（4）7 亿，100 万

60 亿 −5 万 = ?

◀ 提示 ▶

加减法的运算要注意数位的对齐及单位的一致。想一想数的构造和数位表的形式。

解法

（1）60 亿 +5 万。先转换成整数，注意数位靠右对齐。

亿级				万级				个级			
千亿位	百亿位	十亿位	亿位	千万位	百万位	十万位	万位	千位	百位	十位	个位
		6	0	0	0	0	0	0	0	0	0
	+						5	0	0	0	0
		6	0	0	0	0	5	0	0	0	0

答案：6000050000。

60 亿 −5 万

$$\begin{array}{r} 6000000000 \\ -\quad 50000 \\ \hline 5999950000 \end{array}$$

答案：5999950000。

答案：

（2）20000000090000；19999999910000。

（3）3004000000；2996000000。

（4）701000000；699000000。

加强练习

1. 一颗人造卫星在距离地面 262000 米的空中飞行，另一颗人造卫星在距离地面 2427 千米的高空飞行。两颗人造卫星的飞行高度相差多少千米？

2. 马里亚纳海沟的深度为 11034 米。如果把海拔为 3099 米的峨眉山叠加在海拔为 8848 米的珠穆朗玛峰上，并将它们沉入马里亚纳海沟，峨眉山会露出海面吗？如果把峨眉山的高度乘 3 倍，再和马里亚纳海沟比较，哪一个数较大？

3. 利用 0、1、2……9 这 10 个数字组成一个最接近 10 亿的整数，每个数字都要用到而且只能使用一次。

解答和说明

1. 这个问题是求两颗人造卫星飞行高度的差，求二者的差须用减法做运算。做加减法运算时，必须注意数位或单位的一致。在这个问题里，一颗人造卫星的高度用米作为单位，另一颗的高度用千米作为单位，所以须把单位统一成米或千米，然后再计算。

1000 米 =1 千米

262000 米 =262 千米。

因为 2427 千米 >262 千米，

所以 2427−262=2165（千米）。

答：两颗人造卫星的飞行高度相差 2165 千米。

2. 这道题里一共有两个问题，第一个问题是把两座高山的海拔相加后，再和海沟的深度比较，也就是我们要先求出（峨眉山 + 珠穆朗玛峰）的海拔之和，再用它和海沟的深度来比较。

3099+8848=11947（米）

11947>11034

答：峨眉山会露出海面。

第二个问题是把峨眉山的海拔乘 3 倍，再和海沟的深度比较。

峨眉山海拔的 3 倍为：3099 × 3=9297（米），11030>9297。

答：马里亚纳海沟的深度比峨眉山海拔的 3 倍还大。

3. 使用的数字共有 10 个，每个数字只使用一次，所以最高的数位是十亿位。因为十亿位的数不可以为 0，所以放 1。十亿位以下的数位可以按照数字由小到大的顺序排列（数字 1 除外），这样离 10 亿更近。

答：1023456789。

4. 某年的世界石油总生产量是2399000000000千克。如果用100万吨的油轮运输这些石油，油轮每吨要运输多少千克的石油？

5. 下面是一个8位数的整数。

（一个□代表一个数字）

如果把这个整数当作①，并把整数$\frac{1}{10}$的数当作②，①减去②的差是9999999。现在请就原来①的数回答下面的问题：

（1）①的个位上的数是多少？

（2）①的十位上的数是多少？

（3）写出①这个数。

4. 此题是求油轮每一吨载运的石油重量，2399000000000÷1000000即可求出。除以100万就是乘一百万分之一。

兆级	亿级				万级				个级			
兆位	千亿位	百亿位	十亿位	亿位	千万位	百万位	十万位	万位	千位	百位	十位	个位
2	3	9	9	0	0	0	0	0	0	0	0	0
						2	3	9	9	0	0	0

答：油轮每吨要运输2399000千克的石油。

5. ①是整数，①和②的差也是整数，所以②也是整数。②是①的$\frac{1}{10}$，所以①的个位上的数是0。

① – ②的个位上的数是10– □ =9，□ =1。

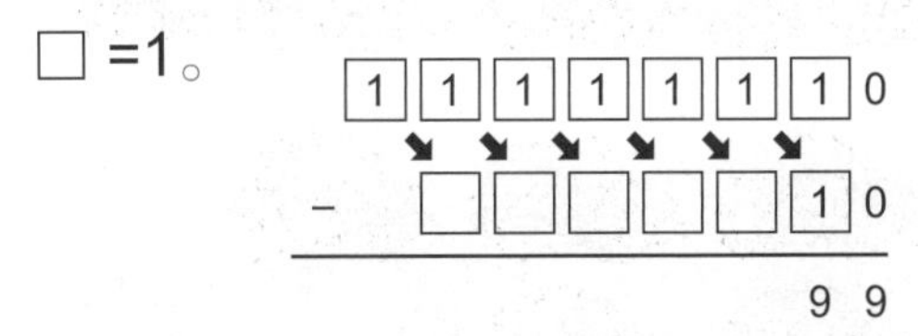

答案：（1）0；（2）1；（3）11111110。

应用问题

1. 有大小两个数，大数的$\frac{1}{100}$等于小数的1000倍，大数是小数的多少倍？

2. 把某数的数位提高6位，然后下降3位，再下降4位。这两数的倍数关系如何？

3. 把某数乘1万倍，再乘1000倍，再乘十万分之一，结果是2400。原来的数是多少？

4. 把3的10亿倍和4兆的一万分之一相加，结果是多少？

答案：1.10万倍。

2. 十分之一（$\frac{1}{10}$）。

3. 24。

4. 34亿。

巩固与拓展 2

整 理

1. 近似数的求法

一般的数可以用近似数表示。

原来的数		近似数
3682537	➡	3680000

（1）四舍五入：例如在 6000 和 7000 之间的数，百位上的数字是 0、1、2、3、4 时，如果把小于千的尾数舍去，就是 6000；相反地，百位上的数是 5、6、7、8、9 时，如果把小于千的尾数进位，就是 7000，这种方法就是利用四舍五入，把千位以下的数进位或舍去，并求出近似数。

	千位	百位	十位	个位
原来的数	6	5	0	0
近似数	7	0	0	0

	千位	百位	十位	个位
原来的数	6	4	9	9
近似数	6	0	0	0

原来的数：5500　6000　6500　7000　7500　8000　8500

近似数：6000　7000　8000

试一试，来做题。

1. 下图中的数字代表 4 个地区的人口数。人口数接近 6000 人的是哪几个地区？人口数接近 7000 人的是哪几个地区？

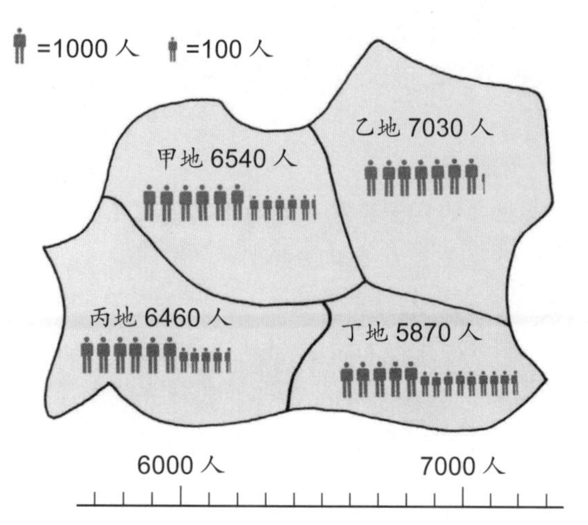

2. 下图表示 4 个地区的私家车数量。每一部汽车代表 100 辆，每个地区的汽车数量大约是多少辆？

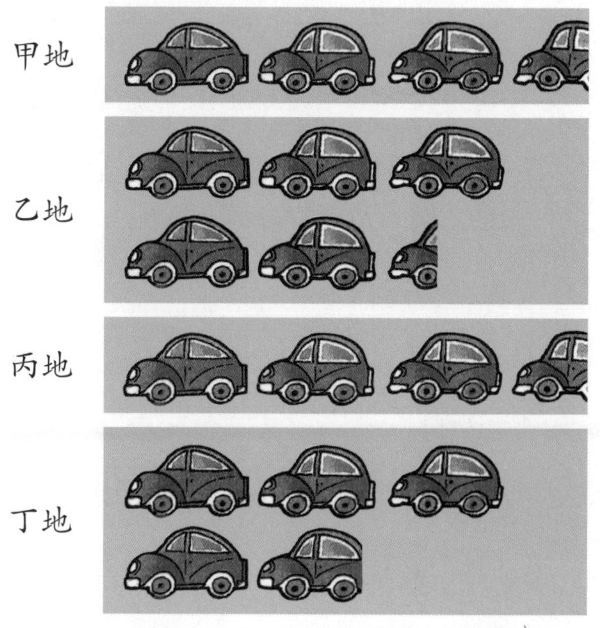

答案：1. 人口数接近 6000 人的地区是丙地和丁地，人口数接近 7000 人的是甲地和乙地。

（2）进位、舍去：把 208 或 203 中小于 10 的尾数当作 10，然后在十位上的数加 1，这就是利用进位的方式把十位以下的数进位，并求出近似数。

若把 207 或 201 中小于 10 的尾数当作 0，也就是利用舍去的方式把十位以下的数删去，并求出近似数。

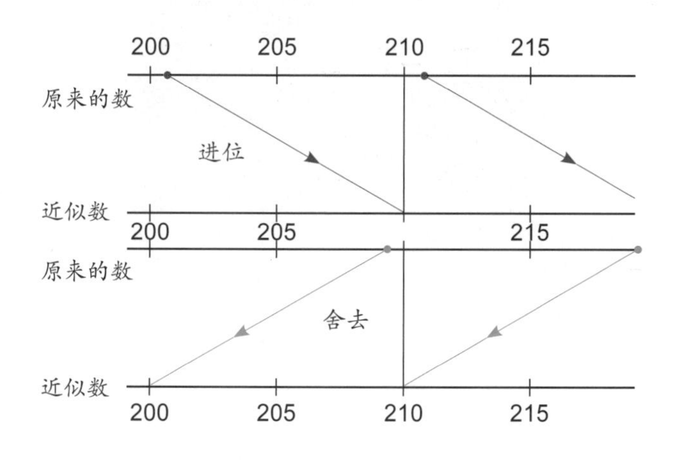

2. 近似数的利用

下面 4 点是利用近似数最多的情况。

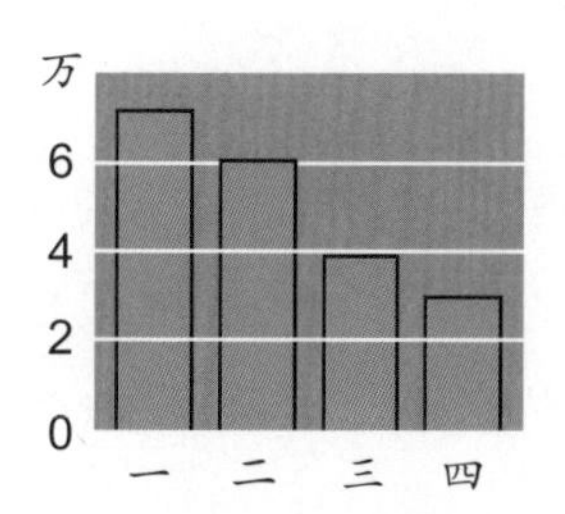

（1）条形图的纸张大小一定时，无法在图表上表现原来的数，可以采用近似数。

（2）像人口数一样，详细数常常变动时，也可采用近似数。

（3）为了方便比较大小，也可采用近似数。

（4）无法查出准确的数时，同样可以采用近似数。

3.

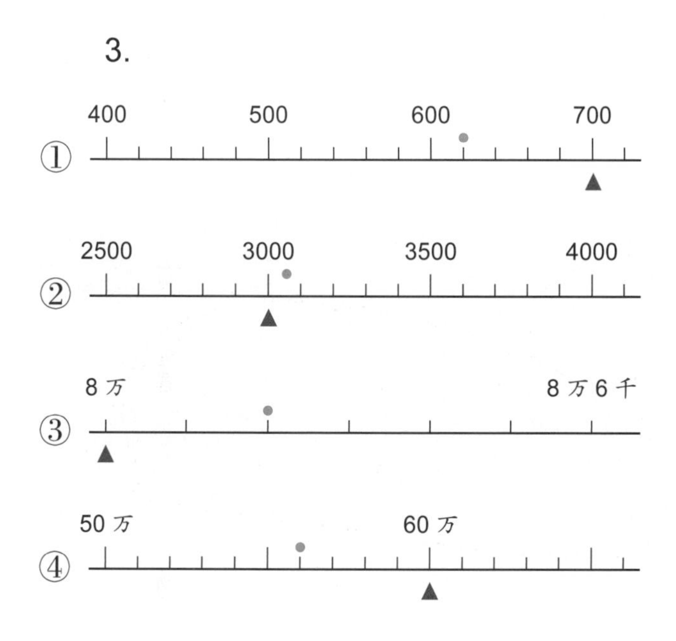

上面 4 图中的●表示原来的数，▲表示●的近似数。每一图中的近似数是采用哪一个数位的进位或舍去的方法求得的？

4. 把下表中 5 个城市的人口总数用近似数表示，但尾数只取到十万位。

5 市的人口（人）

甲　市	1 3 6 7 3 9 0
乙　市	1 4 7 3 0 6 5
丙　市	2 0 8 7 9 0 2
丁　市	2 7 7 3 6 7 4
戊　市	2 6 4 8 1 8 0
合　计	

2. 甲地约 380 辆、乙地约 530 辆、丙地约 360 辆、丁地约 490 辆。3. ①十位上的数进位；②舍去十位上的数；③舍去千位上的数；④万位上的数进位。4. 1040 万人。

解题训练

■ 近似数的应用问题

1 右图中有6个县，请利用四舍五入法把各县小学生的大概人数列出来，每县各有几万几千人？

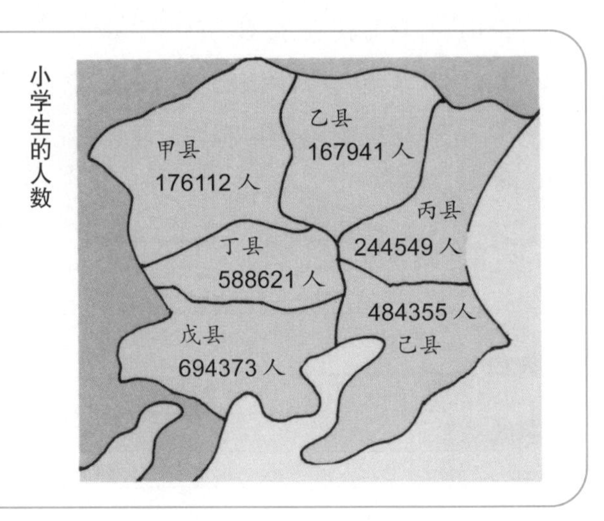

◀ 提示 ▶
尾数只取到千位数。注意数字的数位。

解法 题目中询问的是几万几千人，所以近似数的数位只需要取到千位上的数。先找出各县人口的百位上的数，并进行四舍五入，便可求得人口的近似数。例如：

	十万	万	千	百	十	个		
己县	4	8	4	3	5	5	→	48 万 4 千人

答：各县人口数分别为：甲县 17 万 6 千人、乙县 16 万 8 千人、丙县 24 万 5 千人、丁县 58 万 9 千人、戊县 69 万 4 千人、己县 48 万 4 千人。

■ 近似数的应用问题

2 下面 6 个数中，十位上的数四舍五入后，哪几个数会变成 4700？在（　　）里画上“○”。

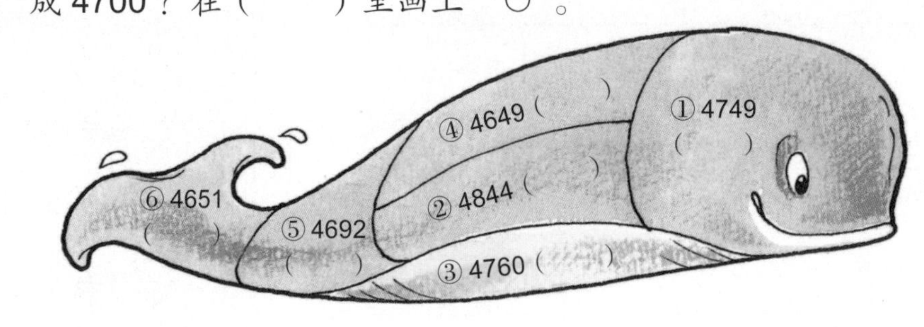

◀ 提示 ▶
把十位上的数四舍五入。

解法 因为四舍五入的对象是十位上的数，所以应该注意十位数字。

例如：① 4749 ➡ 4700。

答：①（○）；⑤（○）；⑥（○）。

十位上的数是 4，把 4 舍去，便成为 4700。

■ 条形图和近似数的问题

3 把右边 5 处地区的人口数改为近似数，近似数的数位取到百位，然后用条形图表示近似数。结果甲地区人口数在条形图上以 13.6 厘米表示。

（1）条形图上每 1 毫米的长度代表多少人？

（2）丁地区的人口数可用几厘米几毫米表示？

5 处地区的人口

地名	人口（人）
甲地	13569
乙地	16242
丙地	11704
丁地	19186
戊地	10927

◀ 提示 ▶
在这道题里，1 毫米代表 100 人。

解法

13569
↓
13600
↓
13cm6mm

把甲地区人口数 13569 四舍五入到百位，如左图。条形图的长度是 13.6 厘米，即 13 厘米 6 毫米。13600 人是 136 毫米，即 1 毫米的长度代表 100 人。

答：（1）1 毫米的长度代表 100 人。（2）丁地区的人口数可用 19 厘米 2 毫米表示。

■ 条形图和近似数的问题

4 条形图上用 1 厘米代表 10 万人。乙市的人口数用 8.5 厘米表示，丙市的人口数用 9.8 厘米表示。乙市和丙市的人口各是几万人？写出其近似数。

（单位：万人）

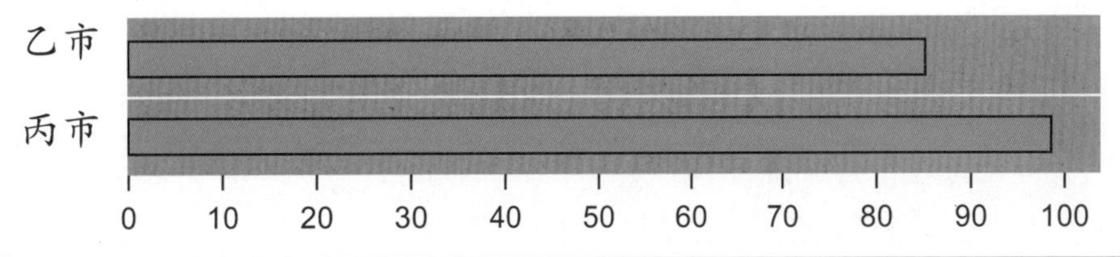

◀ 提示 ▶
1 厘米➡10 万人
1 毫米➡1 万人

解法

10 万人

0　1cm　2cm　3cm　4cm　5cm　6cm　7cm　8cm　9cm　10cm

1 厘米代表 10 万人的话，由数线可以立刻看出 1 万人可用多少长度表示。因为 8.5 厘米 =8 厘米 5 毫米 =85 毫米，所以 8.5 厘米是 1 毫米的 85 倍。1 厘米代表 10 万人，所以 1 毫米代表 1 万人。条形图上用 1 毫米的 85 倍长来表示的人数也就是 1 万人的 85 倍，因此是 85 万人。

答：乙市的人口数约 85 万人，丙市的人口数约 98 万人。

加强练习

1. 把百位上的数四舍五入之后，得到的近似数是1568000。原来的数是多少到多少？

2. 用条形图表示隧道的长度，如果用1厘米表示1000米，13490米的隧道可用几厘米几毫米的长度表示？如果用1厘米表示2000米，13490米可用几厘米几毫米表示？

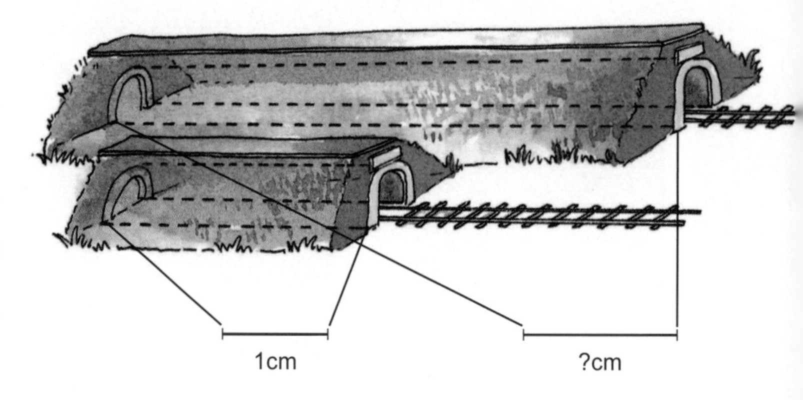

解答和说明

1. 由题目得知四舍五入的是百位上的数。

↙四舍五入的位数

1568000

接着想一想进位后成为1568000，以及舍去后成为1568000的情形。

进位➡1567500（6,7,8,9）

百位上的数在500以上可以获得进位，所以原来数的千位上的数是7，也就是1567500以上便得以进位成1568000。

舍去➡1568499（3,2,1,0）

舍去百位上的数也就是把499以下的数舍去。千位上的数是8，所以小于1568499的数都舍去成1568000。所以，原来的数在1567500到1568499。

答：原来的数在1567500到1568499。

2. 条形图以1厘米代表1000米的话，1毫米便代表100米。如果未满1毫米，无法用条形图画出。因此，隧道的长度若未满100米，就无法用条形图表示。所以，必须把隧道长度的十位上的数进行四舍五入求得近似数，近似数的数位取到百位。

cm mm
↓5↙
13490

答：13490米的隧道可用13厘米5毫米的长度表示。

接下来的问题是求13490米为2000米的几倍。$13490 \div 2000 = 6.745 \approx 6.7$。

答：如果用1厘米表示2000米，13490米可用6厘米7毫米表示。

0　5000　10000　13490

2000➡1cm

3.

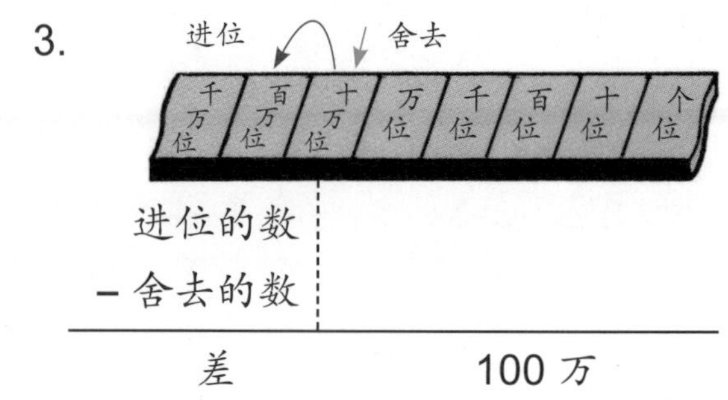

3.（1）在一个数的某个数位上做进位和舍去的计算，结果，用进位方式求得的近似数和舍去方式求得的近似数相差 100 万。想一想，进位和舍去计算的是什么数位？

（2）对一个数的千位上的数做舍去和四舍五入的计算，结果，用舍去方式求得的近似数和用四舍五入法求得的近似数相同。想一想，这个数的千位上的数是多少？把可能的答案全部写出来。

4. 有 0 到 9 的 10 张数字卡片，利用其中的 5 张卡片组成 5 位数。如果把这个 5 位数的百位上的数四舍五入，就成为 65000。如果把它的千位上的数四舍五入，便成为 60000。由此可知这种 5 位数有许多个，请你求出其中第 3 大的数和第 5 小的数。

因为进位后的近似数和舍去后的近似数相差 100 万，所以近似数的数位是取到百万位。因此，进位和舍去计算的数位是百万位后面的十万位上的数。

答:（1）十万位上的数。（2）0、1、2、3、4。

4. 每种数字卡片只有一张，所以每个数只能使用一次。

从百位上的数四舍五入成为 65000 的数是：

64 甲乙丙　甲是 5、7、8、9 其中的 1 个数。

65 甲乙丙　甲是 4、3、2、1 其中的 1 个数。

①其中最大的数是 654 乙丙。把剩余的数组成 2 位数，并由最大的数开始排列便是 98、97、93……第 3 大的数是 93，原来的数就是 65493。

②最小的数是 645 乙丙。把剩余的数组成 2 位数，并由最小的数开始排列是 01、02、03、07、08，第 5 小的数是 08，原来的数就是 64508。

答：第 3 大的数是 65493；第 5 小的数是 64508。

应用问题

1. 下表表示包裹的重量和邮费。

重量	1kg 以下	2kg 以下	3kg 以下	4kg 以下	5kg 以下	6kg 以下
邮费	40 元	47 元	54 元	61 元	68 元	75 元

（1）3 千克 80 克的包裹邮费是多少元？

（2）下面有 4 个包裹，每个包裹的重量不同，哪几个包裹的邮费是 68 元？

① 4 千克 30 克　② 4 千克 900 克

③ 5 千克　④ 5 千克 10 克

2. 有许多张卡片，卡片上的数都书写到小数点后一位，例如 10.4。其中的某些数若在小数点后第一位做四舍五入，会变成 20。这种数有好几个，其中最大和最小的数各是多少？

答案：1.（1）61 元；（2）①、②、③。2. 最大的数为：20.4；最小的数为：19.5。

大数的乘法、除法

大数的乘法

◉ 3 位数的乘法

远足的费用 1 个人是 475 元，四年级共有 135 人报名参加，问全部的费用是多少元？

● 475×135 怎么计算？

远足的费用为 135 个 475 元，所以用乘法来计算。

横式写作 475×135。

之前学过（2 位数）×（2 位数）的计算，为十位数、个位数分开来计算。

（3 位数）×（3 位数）也是用相同的方法来计算。让我们算算看，这种方法是否正确，并加以验算。

乘法的答案称为积，以后会时常用到，必须用心记住。

合起来就是 475×135。将 3 人求出的答案加起来，就是乘法的积。

$$
\begin{array}{rr}
 & 475\times5 = 2375 \\
 & 475\times30 = 14250 \\
+ & 475\times100 = 47500 \\
\hline
 & 64125
\end{array}
$$

将以上算式用另一种算式写出来：

475×135 = 475×(5 + 30 + 100) = 475×5 + 475×30 + 475×100 = 64125

大数的乘法可以将其中一个乘数分解为个位上的数、十位上的数、百位上的数，分别计算再加起来，即可求出积。

● 475×135 竖式的计算方法

现在，来想一想：3 位数 ×3 位数，用竖式的计算方法。

利用不同的颜色将数位对齐。黄色为个位上的数的计算，红色为十位上的数的计算，绿色为百位上的数的计算。

学习重点

① （3 位数）×（3 位数）的计算方法。
② 被乘数或乘数有 0 时，竖式的计算法。
③ 计算的技巧。

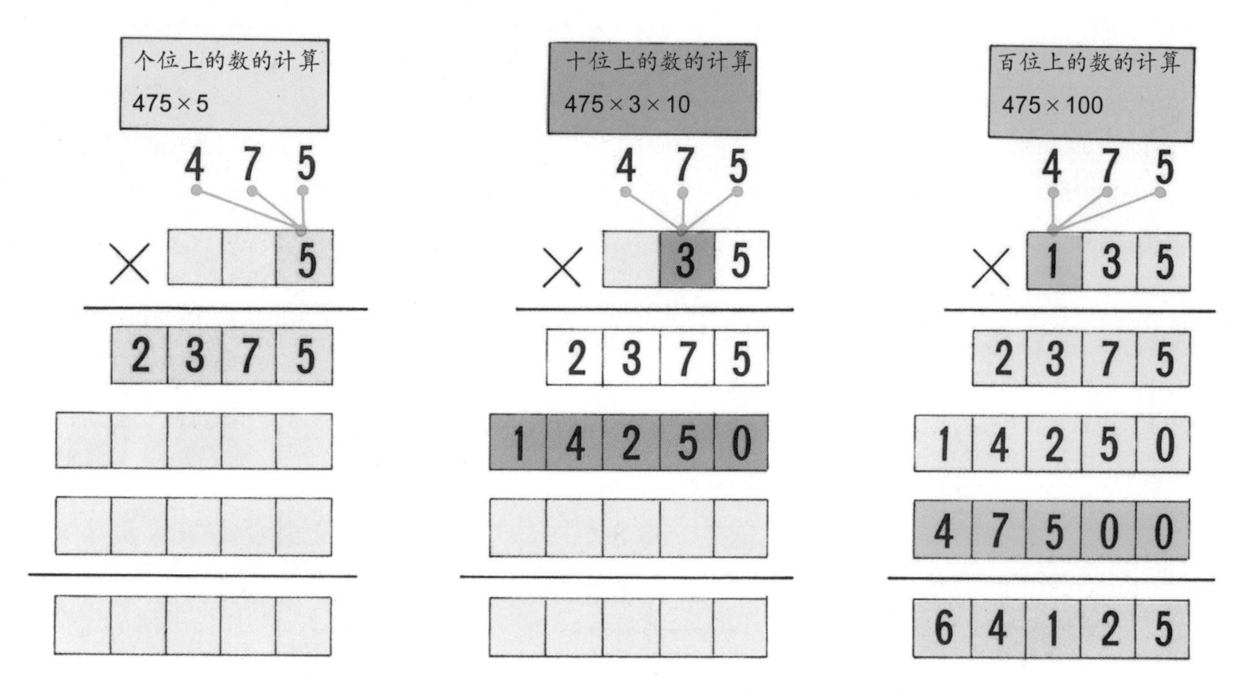

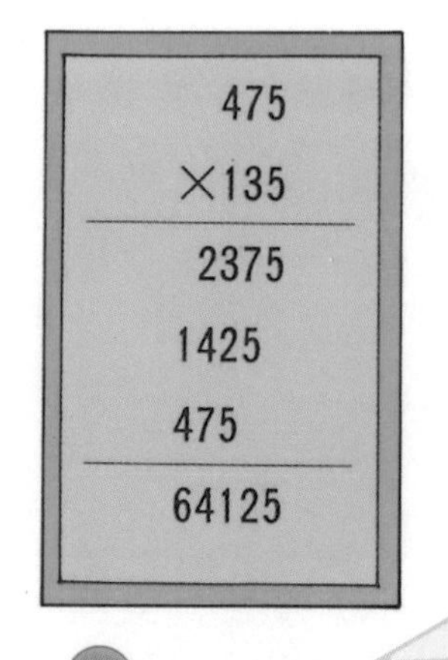

3 位数 × 3 位数和 3 位数 ×1 位数的竖式计算方法并没有什么不同哦。本题的竖式计算方法并没有写出 0，不必写 0 的原因你知道吗？参考右图想一想！

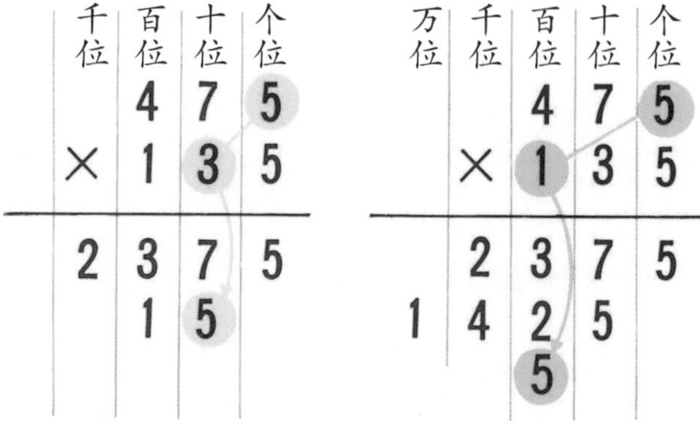

在 5×30 = 150 的算式中，积 150 的 5 为十位上的数 5，所以既然已经在十位上写下 5，则不必再在个位上写 0，因为数位并没有改变。同理，在 5×100 = 500 的算式中，积 500 的 5 已经在百位上写下，所以可以不必再在十位和个位上写 0。

● 246×318 竖式的计算方法

在右边的竖式计算中，为什么 738 从个位向左移了两位呢？

```
    246
  × 318
  ─────
   1968
   246
  738••
  ─────
```

因为，乘数是百位上的数，所以积的最后数位从百位开始。

◉ 乘数有 0 时怎么计算？

● 684×703 竖式的计算方法

```
      684               684
    × 703             × 703
    ──────            ──────
     2052               2052
省略 000              4788
   4788               ──────
   ──────             480852
   480852
```

比较左右两个算式，可以看出右边算式虽然省略了十位上的数的计算，但积仍和左式相同。

积相同的话，则右边的计算方法比较简单。

● 824×270 竖式的计算法

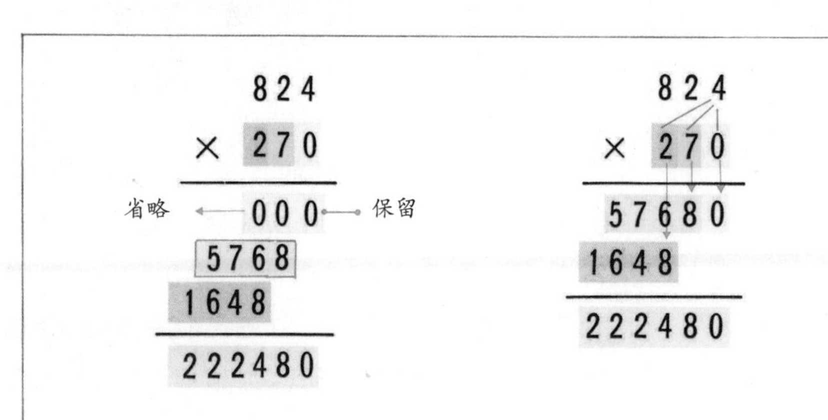

本题也将 0 省略，只保留个位上的 0。

请特别注意数位是否正确。

◉ 两个乘数都有 0 的竖式计算方法

● 370×400 的竖式计算方法

两个乘数都带 0 的乘法计算，有没有更简单的诀窍呢？

首先，将乘数 400 看成 4×100。同理，将乘数 370 看成 37×10。

整理成横式计算式则为：

$370\times400=37\times4\times10\times100$

$=37\times4\times1000=148000$

所以，只要计算 37×4，再乘 1000 即可。用竖式计算方法写一写：

370×400

$=37\times4\times1000$

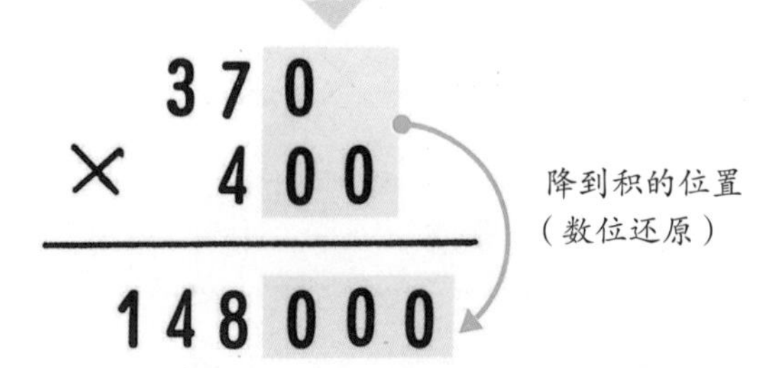

如上所述，370×400 的竖式计算方法，为计算 37×4 之后，将两个乘数的 0 直接写在积的后面即可。

◉ 如何估算积

● 位数的估算方法

现在来学如何估算位数。从以下的算式中，你能发现估算积的位数的原理吗？

1 位数 × 1 位数 = 2 位数

$4\times6=24$

2 位数 × 1 位数 = 2 位数

$23\times2=46$

2 位数 × 1 位数 = 3 位数

$23\times6=138$

3 位数 × 2 位数 = 5 位数

$462\times85=39270$

以上算式大部分积的数位为两个乘数的数位之和。

乘数的数位 ＋ 乘数的数位 → 积的数位

以下算式的积即为 8 位数。

● 怎样估算 618×28 的积？

估算一下 618×28 的积是多少。

3 位数 ×2 位数，3 + 2 = 5，积为 5 位数，也就是万位数。

现在，来验算看一看。

将乘数 618 百位上的数 6 和乘数 28 十位上的数 2 相乘看一看，
618×28 ➡ 600×20 = 12000。
积大约是 12000 吗？

但是，用竖式计算的话，618×28 = 17304，两个数实在相差太多了呀！

那么，将两个乘数换成近似数计算看一看，
618 ➡ 600
28 ➡ 30，
积为 18000，与 17304 很接近哦！

先将两个乘数换算成近似数，再计算，较能避免与实际积相差太多的情形。

大数的乘法，数位很容易弄错，所以算出结果后，再和近似数计算的结果比较一下是非常必要的，这是一种估算。

◉ 计算的要诀

大数的乘法很费工夫，但是只要掌握要诀，就能够轻松求出积。

利用乘法规则，就非常容易计算了哦！

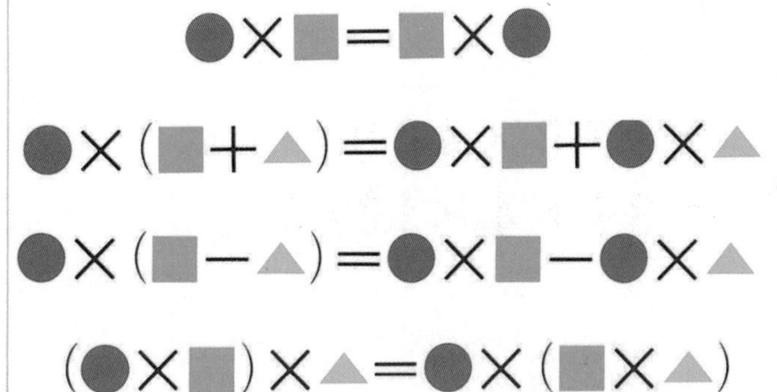

◆ 86×3745 计算的要诀

```
     86            3745
  ×3745          ×   86
  -----          ------
    430           22470
   344           29960
  602            ------
 258             322070
 ------
 322070
```

86×3745 和 3745×86 的积相同。这遵循乘法交换律 ●×■=■×●。相比之下，右边的计算方法更为简便。

◆ 计算 145×6 + 225×6 的简便方法

“+”两边的乘数都是 6，所以

$145\times6+225\times6$

$=(145+225)\times6$

$=370\times6=2200$ 将乘数加起来再计算

◆ 计算 712×399 的简便方法

将 399 想成 (400 − 1)，则

$712\times399=712\times(400-1)$

$=284800-712$

$=284088$

◆ 计算 304×25 的简便方法

将 304 分解成 300 和 4，得到下列算式：

$304\times25=(300+4)\times25$

$=300\times25+4\times25$

$=7500+100=7600$

◆ 计算 125×47×8 的简便方法

乘数的顺序改变，但积不变。

$125\times47\times8=125\times8\times47$

$=1000\times47=47000$

如上所述，利用好乘法计算的定律就能轻松求得积。

动脑时间

不可思议的 37。

37 乘某些数后，得到的积分别为 222、333、444 等连续数。

算一算以下的算式：

37×12	37×15	37×18
37	37	37
×12	×15	×18
74	185	296
37	37	37
444	555	666

很有趣，是不是？把这些与 37 相乘的数整理出来，看一看有什么特点？

$37\times12=444$　12=4×3　4 有 3 个

$37\times15=555$　15=5×3　5 有 3 个

$37\times18=666$　18=6×3　6 有 3 个

明白之后，算一算下列算式的积。

37× □ = 777

37× □ = 888

37× □ = 999

整　理

(1) 位数多的数的乘法可分别计算个位上的数、十位上的数、百位上的数，再将数位对齐后这些得数全部加起来。

(2) 用竖式计算方法求大数的乘法之前，先估算积是多少，再精确计算后对比。

(3) 利用下列乘法的定律，可以较轻松求出积。

●×■=■×●

●×(■±▲)=●×■±●×▲

(●×■)×▲=●×(■×▲)

大数的除法

商的定位

今天的劳动时间要做一个竹篓。需要准备的材料是 91 支竹子。如果由 13 个人来准备的话，1 个人要准备多少支竹子？

写下算式

1 个人要准备的竹子数量，用除法来求。算式为 91 ÷ 13。

91÷13 的算法

怎样计算 91 ÷ 13？

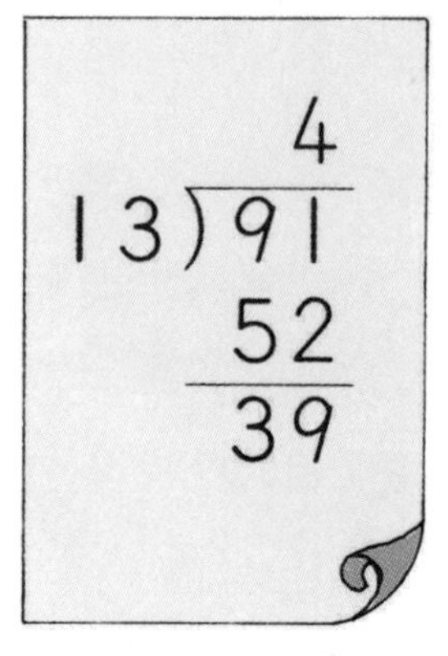

①首先，如果 1 个人准备 4 支竹子，则剩下很多余数。

②接着，如果 1 个人准备 5 支竹子，仍剩下许多余数。

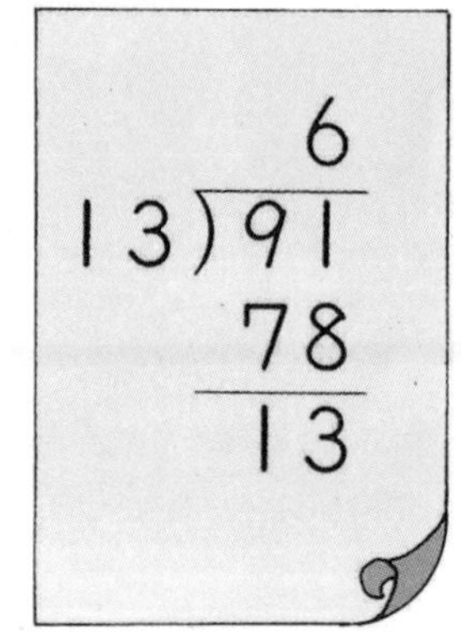

③如果 1 个人准备 6 支竹子，还剩 13 支。如果每个人再多加 1 支竹子，则每个人分到 7 支竹子。除了这么费事的算法，想一想，还有没有更简单的计算方法呢？

◉ 商定位的方法

除法计算的得数称为商。数位多的除法计算，求商非常麻烦。如果能找出要诀，就能很快求出商。现在，先想一想如何正确找出商的最高位。

● 516÷43 的算法

秋季旅行的费用还剩下 516 元，必须退还给 43 位学生。请问，一位学生可以分到多少元钱？

这个问题，必须用除法来求解。列算式为：516÷43。首先，想一想，怎样给商定数位？

将 516 元想成 5 个 100 元，1 个 10 元，6 个 1 元。

	100 元	10 元	1 元
1	5	1	6
2	5	1	6

则：

1 100 元 5 个，不够分给 43 人。

2 将 100 元换成 10 元，则 10 元共有 51 个，可以分给 43 人。由此可知，商的最高数位定于十位上。

51 个 10 元分给 43 人，则每人分到 1 个，剩下 8 个 10 元和 6 个 1 元。

由于 8 个 10 元无法分给 43 人，所以将 8 个 10 元换成 80 个 1 元，总共有 86 个 1 元。

86 个 1 元分给 43 人，每人分到 2 个 1 元。因此，每位学生分到 1 个 10 元，2 个 1 元，合起来为 12 元。

2408÷43 商的定位法

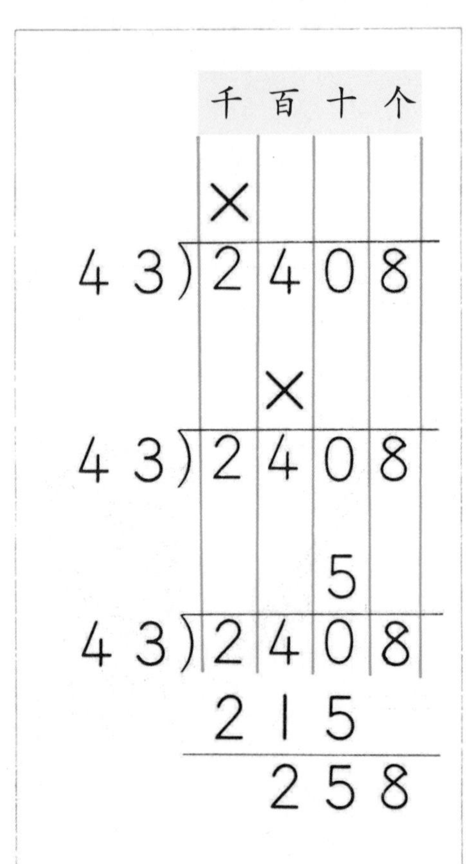

同理，本题假设有 2 个 1000 元，4 个 100 元，8 个 1 元，要分给 43 人。

但是，2 个（1000 元）不够分给 43 人，那么将 1000 元换成 100 元，则 100 元共有 24 个。而 24 个仍然不够分给 43 人，所以再将 24 个 100 元换成 240 个 10 元。240 个可以被 43 除，因此，本题商的最高位定位在十位上。

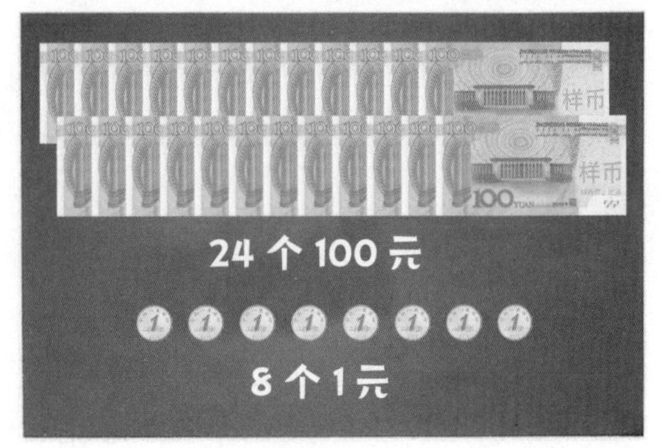

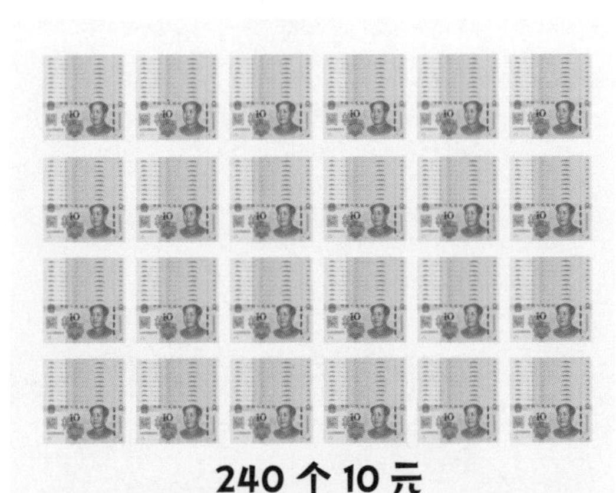

8 个 1元

商的最高数位定位

2)86 (2<8)　　5)38 (5<38)

27)356 (27<35)　　27)1847 (27<184)

560)8045 (560<804)　　720)16849 (720<1684)

商是除数从被除数上拿走的数，要找出商的最高数位，首先要注意被除数必须大于除数。以 16849÷720 为例，1684 比除数 720 大，因此商的最高数位定于十位上。

◉ 如何找出商的大小

● 540÷84 的算法

①
```
84)504
```

②
```
84)504
```

③
```
     6
84)504
   504
     0
```

从被除数拿出2位数，和除数比较后，84 ＞ 50，可知商的最高数位不能定于十位上。而84 ＜ 504，所以商的最高数位定于个位上。

将504当作500，将84当作80，得到算式500÷80。再将此式以10为单位来表示，则算式换为50÷8 = 6……2。因此，将借来的商当成6。

84×6的积减掉被除数等于0。由此可知，被除数能被84除尽，商为6。

● 2624÷64 的算法

①
```
64)2624
```

②
```
      4
64)2624
   256
     6
```

③
```
      41
64)2624
   256
     64
     64
      0
```

拿出被除数的2位数和除数比较后，得到64 ＞ 26，所以可知商的最高数位不在百位上。再从被除数拿出3位数后，得到64 ＜ 262，因此，可知商的最高数位在十位上。

将64当成6，262当成26，则可得到算式26÷6 = 4……2，借来的商为4。从262减掉64×4的积后，将差6写下来。

将个位上的数4降下来后，计算64÷64的商。再将得到的商1写在个位上。64减64×1的积，差等于0，所以商为41，2624被64整除。

学习除法的竖式计算方法，最重要的是在脑中反复思考、推算商的最高数位的定位，并计算出商的大小。

接着，我们利用更多不同的计算练习题，来强化除法的计算能力。

暂借商的订正法

3596÷58 的算法

① 58)3596

从被除数拿出2位数，和除数比较后，得到58 > 35，所以商的最高数位不在百位上而在十位上。

② 58)3596，商 7，406

将359当作35，将58当作5，得到算式35÷5 = 7，7为暂借的商，但是7×58的积等于406，比359大。

③ 58)3596，商 6，348，11

所以，商减1，变为6。58×6的积为348，359减348等于11，将11写下来。

④ 58)3596，商 62，348，116，116，0

将6降下来后，计算116÷58。同理，将116当成11，将58当成5来计算，得到11÷5 = 2……1。再用116减58×2的积，差等于0，可知商为62，3596可以被58整除。

1162÷14 的算法

① 14)1162

从被除数拿出2位数和除数比较，得到14 > 11，所以商的最高数位定在十位上。

② 14)1162，商 9，126

将116当成11，将14当成1来计算，求出暂借的商为11÷1 = 11。但是一位只能放一个数，所以拿个位数最大的9当作商算一算。14×9 = 126，积比被除数还要大。

③ 14)1162，商 8，112，42

因此，将商换为8，求出14×8的积等于112，这次被除数可以减掉112，将差4写下来。

④ 14)1162，商 83，112，42，42，0

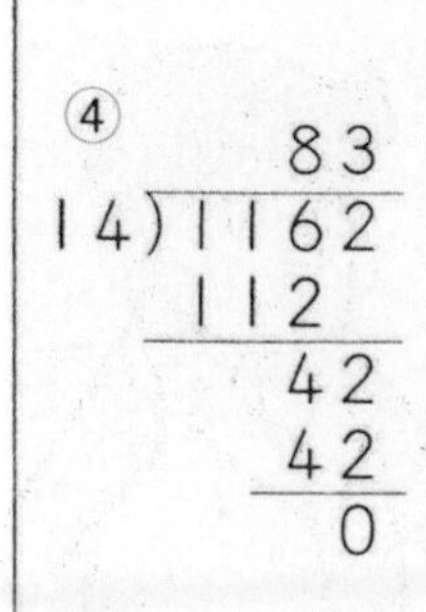

将个位上的数2降到4的右边，计算42÷14。将42当成4，将14当成1，得到计算式4÷1 = 4，4为借来的商。但是由于4×14 = 56，大于被除数42，所以再将商换成3算一算。42被14整除，所以本题的得数等于83。

◉ 换成相似数的计算法

在找暂借的商时，如果将除数、被除数换成相似数会怎样呢？

这是很好的想法哦！我们将前面的算式 3596 ÷ 58 用相似数的方法算一算。

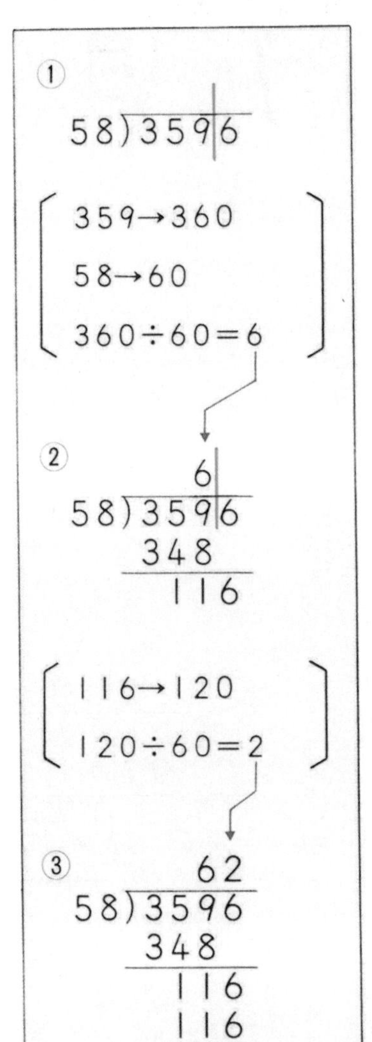

商最高数位的定位位置不变，仍在十位上。被除数和除数换成相似数，则分别换为：359 为 360，58 为 60。360 ÷ 60 = 6，所以十位上的商为 6。

再将 116 换成 120，58 换成 60，则得到算式 120 ÷ 60 = 2，将个位上的数借来的商当作 2。58 × 2 = 116，116 − 116 = 0，因此商为 62，能够整除。

将被除数、除数换成相似数的话，更容易计算出商。

● 4158÷462 的算法

同理，将 4158 ÷ 462 用相似数计算看一看。

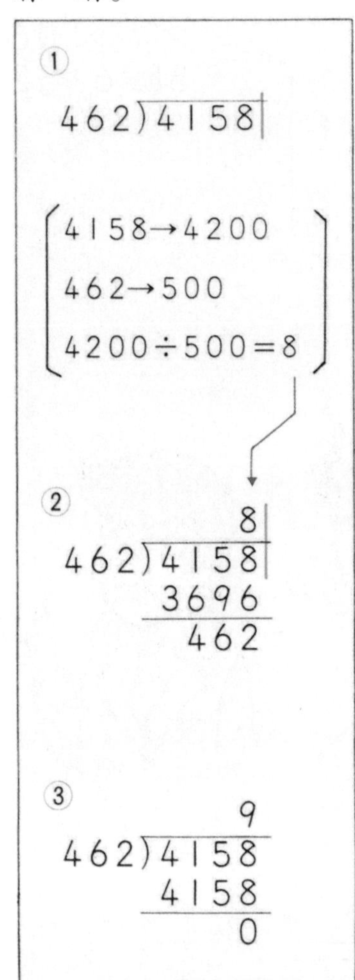

由于 462 > 415，因此商定位于个位。将 4158 换成 4200，462 换成 500，则得到暂借的商为 8。

4158 减去 462 × 8 的积，发现商太小。将商换成 9 试一试。

将商增加 1 之后，会产生什么结果呢？

4158 减去 462 × 9 的积等于 0，因此可知，商为 9，4158 能被 462 整除。

由上述例证可知，将除数、被除数换成相似数来求暂借的商时，如果商太大则减 1，商太小则加 1，即可得到正确得数。这个过程就叫作“试商”“调商”。

商中含有 0 的计算方法

6152÷58 的算法

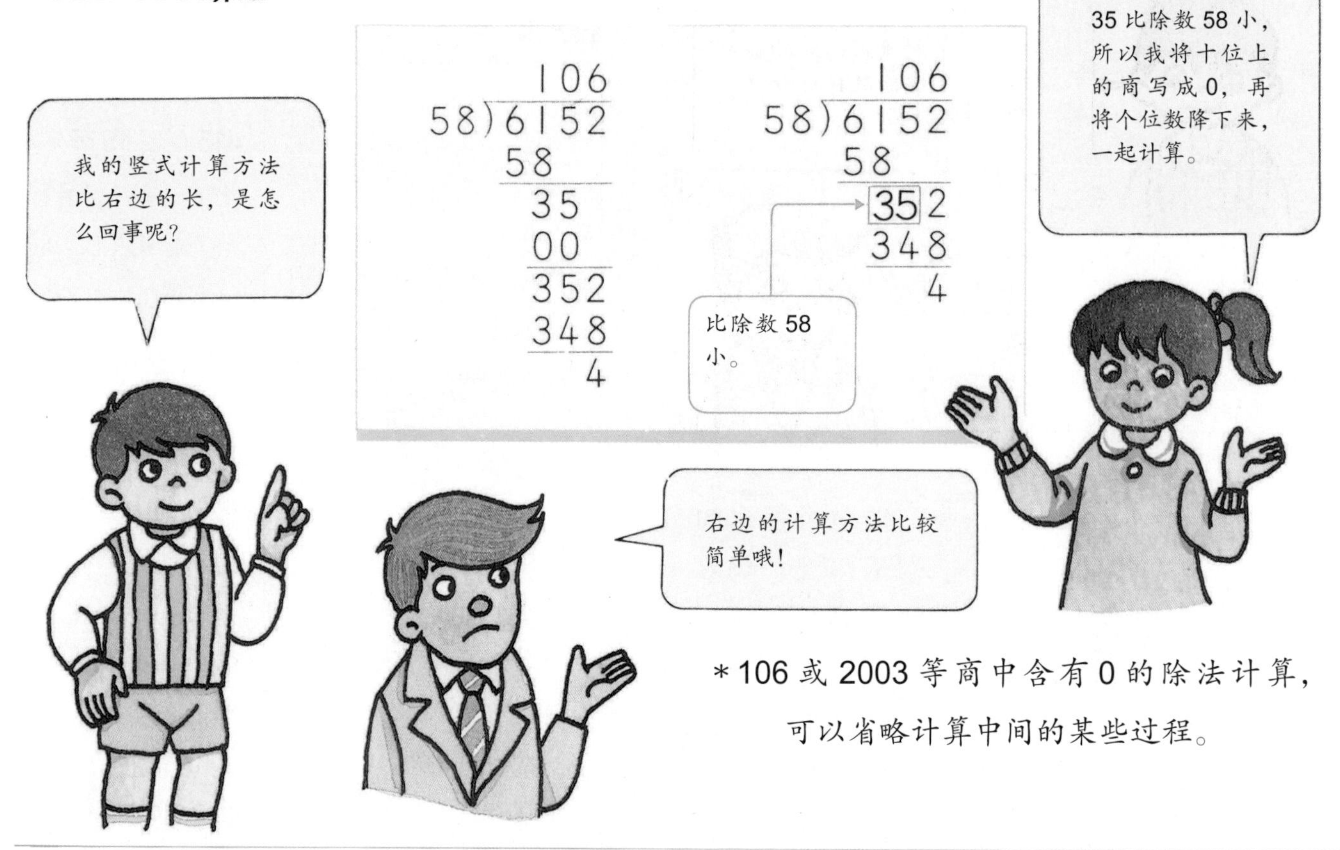

＊106 或 2003 等商中含有 0 的除法计算，可以省略计算中间的某些过程。

8750÷85 的算法

85 > 25，所以将十位上的商当作 0，省略不计算。

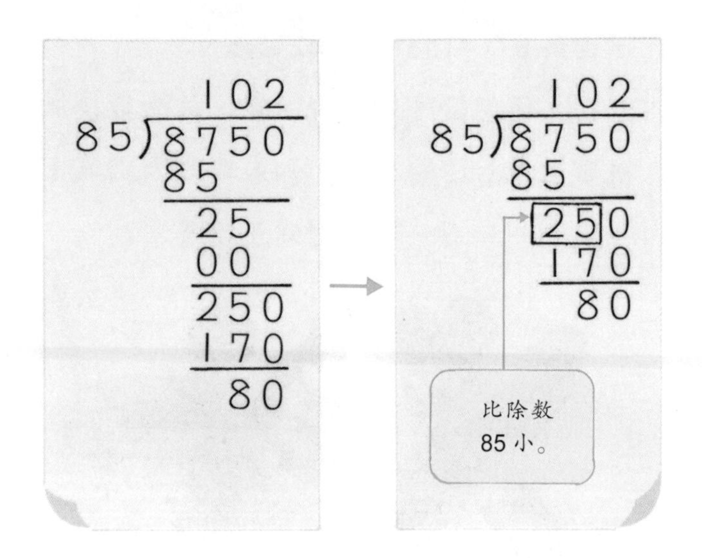

94145÷47 的算法

商为 0 的时候，可以省略不必计算。所以竖式计算方法也可以变得更简单。

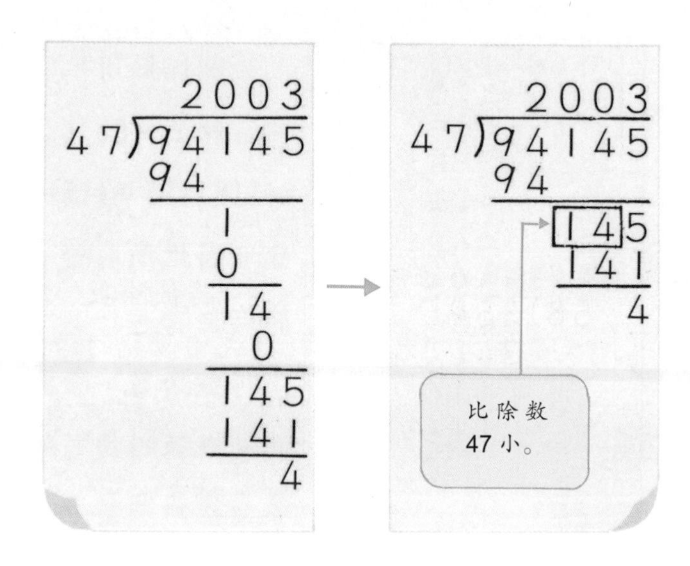

◉ 数末位为 0 的计算方法

● 80000÷3000 的算法

1 台电视机的定价为 3000 元，8 万元能够买几台电视机？

用 80000÷3000 求解就可以了。一共可以买 26 台，还剩下 2000 元。

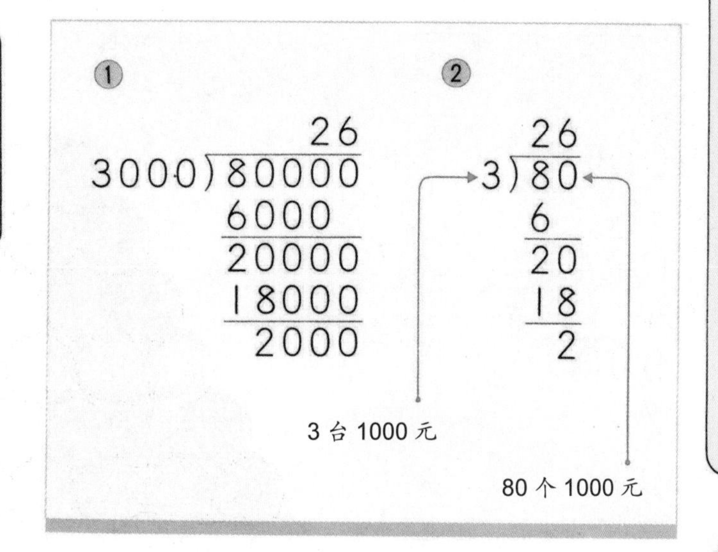

我的想法却不是这样喔！而是将 8 万元想成 80 个 1000 元。1 台电视机需要 3 个 1000 元，因此得到算式 80÷3 = 26……2。8 万元可以买 26 台电视机，还剩下 2 个 1000 元。我的办法比较简单。

以上两种方法都是正确的。现在，让我们想一想，还有没有其他解法呢？

将算式 80000÷3000 写下来，则和上面左边的算式相同。于是我们可以将除数和被除数的相同数量的 0 拿走，则算式 80000÷3000，可各拿走 3 个 0。也就是用千为单位来计算。

拿走 3 个 0 后，就同右边的算法一样。计算完毕后，再将划掉的 0 写在余数的位置上。

需要特别注意的是，写余数时必须将被除数删掉的 0 全部补回来。虽然第③种算法和第②种算法 80÷3 的计算方法相同，但使用第②种算法时，却很容易在余数上忘记补回被除数当初删掉的数位。因此，用第③种方法书写比较稳妥。

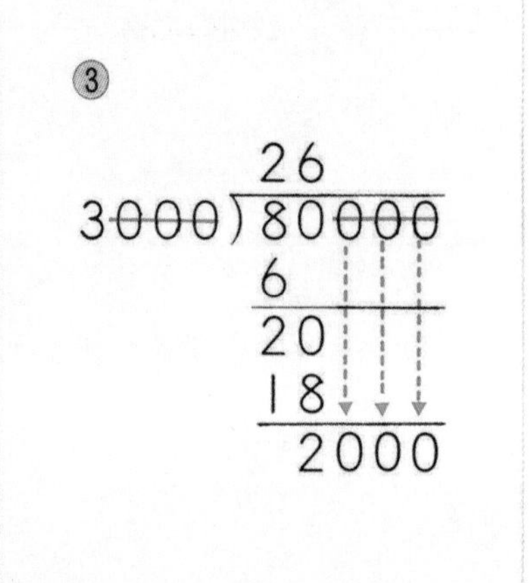

● 135000÷1600 的算法

利用前面的第③种方法，算一算看 135000 ÷ 1600 等于多少？

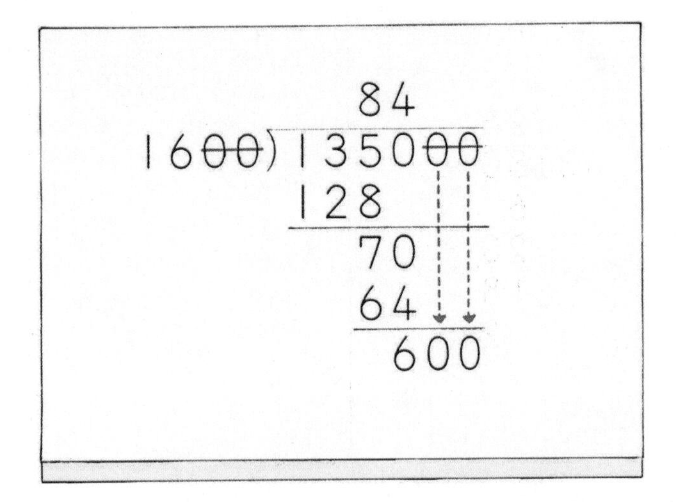

用百为单位来想的话，则 135000 为 1350，1600 为 16，1350 ÷ 16 ＝ 84……6，余数 6 为百的单位，所以余数应为 600。

当除数、被除数的末位上有很多 0 时，只要将除数和被除数的 0 等量拿走即可。但是在写余数的时候，必须将拿走的 0 补在末尾。

◉ 近似数的除法

● 202700÷35 大概的商

35 个西瓜合起来的重量是 202 千克 700 克。你知道 1 个西瓜的重量大约是多少千克多少克吗？

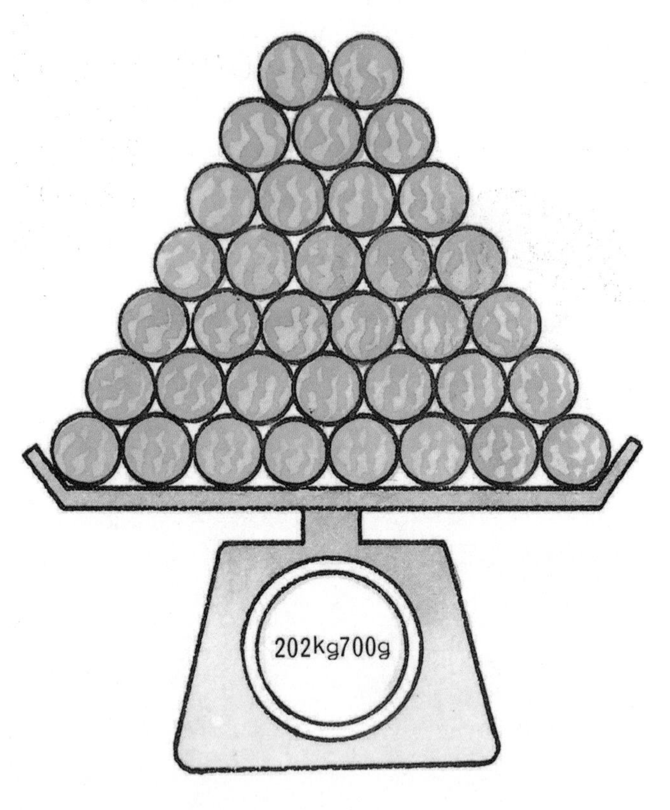

动脑时间

回文数

回文数就是从前面开始读和从后面开始读一样的数字。例如，林小林，这个名字从前面开始念和从后面开始念都一样。

算术的式子中，也有和回文数一样的，从前面念或从后面念都一样的算式。

我们举几个例子来看一看：

6 × 21 ＝ 126　　14 × 82 ＝ 28 × 41

23 × 64 ＝ 46 × 32　　4307 × 62 ＝ 267034

5 × 9 × 31 ＝ 1395

12 × 4032 ＝ 48384 ＝ 2304 × 21

最下面的算式中积也是回文数哦！

202kg 700g ➡ **202700g** ➡ **202700÷35**

202千克700克可以换算为202700克。

已知全部的重量，求1个的重量，用除法。算式为202700÷35，这是一个含有0的算式。让我们来算一算。

```
        5800               5800
        5791               5790
 35)202700          35)202700
    175                175
     277                277
     245                245
      320                320
      315                315
        50                 5
        35
        15
```

整　理

(1) 除法的竖式计算方法顺序如下：

①决定商的最高数位的位置。

②将被除数和除数换成近似数，算出商来。

```
      23
 [37)[85]1
      74
      111
      111
        0
```

(2) 商之中含有0时，可以省略中间的计算，继续下一数位的计算。

(3) 数末位为0的除法，则以除数中0的个数为准，将被除数的0拿走后再计算。此时必须注意的是余数，正确余数的末尾要补上刚才那些被去掉的0。

巩固与拓展

整 理

1. 乘法的计算方法

（1）

```
      2583
  ×    476
  ---------
     15498…… 2583×6
    18081……… 2583×70
   10332………… 2583×400
  ---------
   1229508
```

不论乘数有多大，竖式计算时都是按照个位、十位、百位……分开计算，最后再把各个积相加。

（2）乘法的验算方法

验算得数是否正确可以把两个乘数的位置对调，然后做乘法计算；或者

积 ÷ 一个乘数 = 另一个乘数

也可以证明得数的对错。

试一试，来做题。

1. 4 年级的小朋友一起去远足，出发的时间是上午 8 点，回家的时间是下午 3 点。从出发到回家总共花了多少分钟？

2. 参加远足的老师有 5 人，学生有 153 人。如果每名学生交 250 元，一共交了多少元钱？

3. 从山脚到山顶的路程是 2.52 千米。小明花了 63 分钟走完全程。小明每分钟可以走多少米？

4. 如果每分钟的速度是 60 米，从山脚到达山顶一共需要多少分钟？

2 除法的计算方法

（1）商的位置

```
23)428     57)428
23<42      57>42
 ↓          ↓
     1           7
23)428     57)428
```

先确定除数共有几位数，再从被除数左边开始取出相同的位数。例如，除数是2位数时就取2位数，然后比较二者的大小，由被除数的大小来决定商的最高数位的位置。

（2）商的求法

把除数四舍五入，除数是2位数时可以当作几十，除数是3位数时便当成几百，然后求商。如果商太大，就把商的数逐次减1；如果商太小，就把商的数逐次加1。

```
          4        4        3
23)87→23)87→23)87→23)87
                  92       69
                           18

          4        4        5
17)87→17)87→17)87→17)87
                  68       85
                  19        2
```

（3）除法的验算方法

被除数 ÷ 除数 = 商 …… 余数

除数 × 商 + 余数 = 被除数

验算时可采用乘法。有余数时要记得加上余数。

5. 如果乘坐缆车下山，每趟缆车可以搭乘32人，总共需要几趟缆车才能将学生和老师全部送达山脚？

答案：1. 420 分钟 2. 38250 元 3. 40 米
4. 42 分钟 5. 5 趟

解题训练

■ 乘法练习

1 花圃四周的每个栅栏宽 75 厘米。花圃的长边有 18 个栅栏，宽边有 5 个栅栏。花圃的长、宽各是多少？

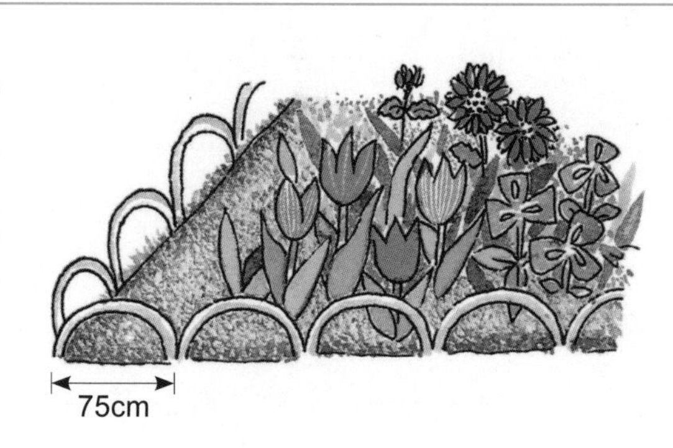

◀ 提示 ▶
算式是：每个栅栏的宽度 × 栅栏的个数。

解法　宽边的长度是 75 厘米的 5 倍，所以算式是：75×5=375（厘米）；长边的长度是 75 厘米的 18 倍，所以算式是：75×18=1350（厘米）。375 厘米和 1350 厘米若用米、厘米一起表示，比较容易明白。1350 厘米 =13 米 50 厘米，375 厘米 =3 米 75 厘米。

答：长为 13 米 50 厘米，宽为 3 米 75 厘米。

■ 乘法练习

2 题 1 的花圃四周总长是几米几厘米？用各种不同的求法算一算。

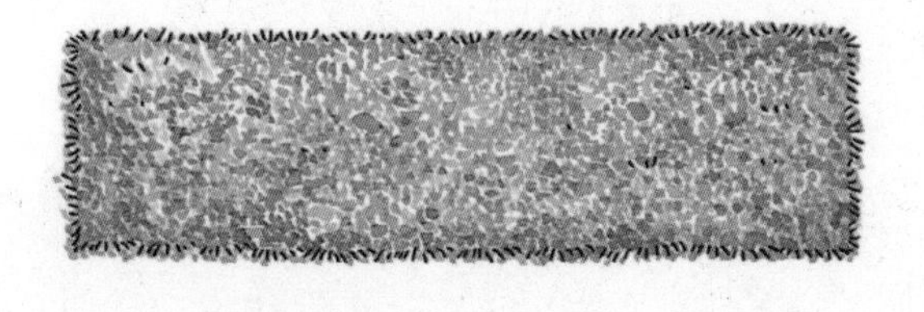

◀ 提示 ▶
利用长方形周长的求法。

解法 （1）把 1 题求得的长度和宽度各自乘以 2 倍。

375×2=750（厘米）、1350×2=2700（厘米）、750+2700=3450（厘米），

若把上述算式写成一个算式，则：

（375+1350）×2=3450（厘米）。

375　1350

（2）计算花圃四周栅栏的全部个数。

5 个　18 个

（5+18）×2=46（个）75×46=3450（厘米）

答：花圃四周总长为 34 米 50 厘米。

※ 在做乘法或除法的运算时，应先把单位统一，以便于计算。

■ 利用除法求出人数

3 每人的劳作材料费是75元，总共收得6525元的材料费。一共有多少人？

◀ 提示 ▶
乘法和除法的算式：平均1人的材料费×人数=全部的费用；全部的费用÷平均1人的材料费=人数。

解法 全部的费用=平均1人的费用×人数，因为人数未知，所以可以用下面的算式表示。

75×□=6525，利用除法求出□的值。

6525÷75=87（人）

答：一共有87人。

■ 利用除法计算平分所得

4 小明家社区一共有30户住家，每年总共用18罐蜡，每罐装20升。如果每户使用的蜡的数量相同，每户使用的蜡的数量是多少升？

◀ 提示 ▶
利用平分的方法计算。（全部的重量）÷（住户数目）=（每户的使用量）。

解法 本题是求每户使用的蜡的数量。因为每户使用的数量相同，所以用除法计算：全部的使用量÷住户数=每户的使用量。全部的使用量是18罐，每罐20升，因此利用乘法求出蜡的总量：

20×18=360（升）。

360升由30户住家平分，算式是：360÷30=12（升）。把上面2个算式改写成1个算式为：

（20×18）÷30=12（升）

答：每户使用的蜡的数量位12升。

加强练习

1. 有24位小朋友，如果送给每位小朋友1本相册和1支钢笔。相册每本为13元，钢笔每支为8元。总共要花多少元钱?

2. 远足费用每人675元。昨天有47人交了钱，今天又有32人交了钱，另外有4人未交钱。如果全部人都交钱后，可以收得多少元钱?

解答和说明

1. 本题是求全部的钱数，解题的方法有两种。

（1）①求24本相册的总价。②求24支钢笔的总价。③把①和②相加，求出总钱数。13×24=312（元）8×24=192（元）312+192=504（元）

（2）1人的费用 × 人数 = 总钱数

1本相册的价钱和1支钢笔的价钱

（13+8）×24=21×24=504（元）。

答：总共要花504元。

2. 本题和题1相同，也是求总费用。求总费用的算式是：

1人的费用 × 人数

（1）①昨天收到的费用：

1人的费用 × 人数

675×47=31725（元）

②今天收到的费用：

1人的费用 × 人数

675×32=21600（元）

③还未收的费用：

1人的费用 × 人数

675×4=2700（元）

④ ① + ② + ③ = 总费用

31725+21600+2700=56025（元）

（2）1人的费用 × 人数 = 总的费用

675×(47+32+4)=675×83=56025（元）

答：收到56025元。

3. 将全部绳索裁成2米20厘米长的跳绳，可用除法计算可以裁成多少条跳绳。但是，因为150米长的绳索一共有2捆，求跳绳的总数时还需应用乘法。此外，题目中出现了米和厘米两种单位，必须先把单位统一再计算。

2米20厘米=220厘米

150米=15000厘米

15000÷220=68（条）……40（厘米）

68×2=136（条）

答：总共可以裁成136条跳绳。

※ 下列计算方法也可求得相同的得数。

3. 绳索每捆长 150 米，共有 2 捆。把 2 捆绳索裁成跳绳，每条跳绳长为 2 米 20 厘米，总共可以裁成多少条？

4. 右边的算式是用 2 位数除 4 位数，但□中的数未知。现在就□里的数回答下面的问题。

```
                86
[b][p] ) [m][f][d][t]
           [5][0][4]
           ---------
           [n][l][g]
           [k][h][j]
           ---------
                38
```

（1）除数的[b][p]（2 位数）比什么数大？

（2）写出算式求[b][p]的 2 位数。

（3）被除数是多少？

5. 共有 1270 名师生外出秋游，每辆大巴车能坐 45 人，总共需要几辆大巴车？如果每辆大巴车坐的人数要尽可能相同，人员应该怎么分配呢？

（15000×2）÷220=136（条）……80（厘米）

虽然得数也是 136 条，但是，这种做法却是错误的。

因为 1 捆绳索并不能完全裁成整数条跳绳，见第一种解法，余下的 40 厘米不够做一条跳绳的。所以不能简单地将两捆绳索的总长加在一起再计算。

4.（1）除法是把除数乘数倍，使其积尽量接近被除数，因此和除数相乘的数也就是商，而余数一定比除数小。

（2）上面计算的商的十位上的数和除数的关系可以从右边的计算中看出。

[b][p] ×8=504

由此得知，[b][p]等于 504 除以 8。

```
              8
[b][p] ) [m][f][d][t]
            5 0 4
```

（3）上面的除法可以写成下面的形式：

[m][f][d][t] ÷ [b][p] =86……38，

所以，[m][f][d][t] = [b][p] ×86+38。

由（2）已经求得[b][p]，因此也可以求知[m][f][d][t]的值。

答：（1）比 38 大。

（2）[b][p]为：504÷8=63。

（3）被除数为 63×86+38=5456

5. 因为师生人数和每辆车所乘坐的人数都已知，所以可用除法求出 1270 人是每辆车坐的人数的几倍。

1270÷45=28（辆）……10（人）

每辆车的人数不能超过 45 人，剩余的 10 人必须由一辆车载运，所以一共需 29 辆大巴车。

把 1270 人分由 29 辆车载运。

1270÷29=43（人）……23（人）

每辆车乘坐 43 人的话会剩余 23 人。把剩余的 23 人一一分配到各辆车后，搭载 44 人的大巴车一共有 23 辆，搭载 43 人的大巴车是：

29−23=6（辆）

答：一共需要 29 辆车，有 23 辆车搭载 44 人，有 6 辆车搭载 43 人。

6. 下图的围棋棋盘上每一列各有18颗棋子，一共有24列，排成整齐的长方形。如果把这些棋子重新排成27列的长方形，每一列有多少颗棋子？

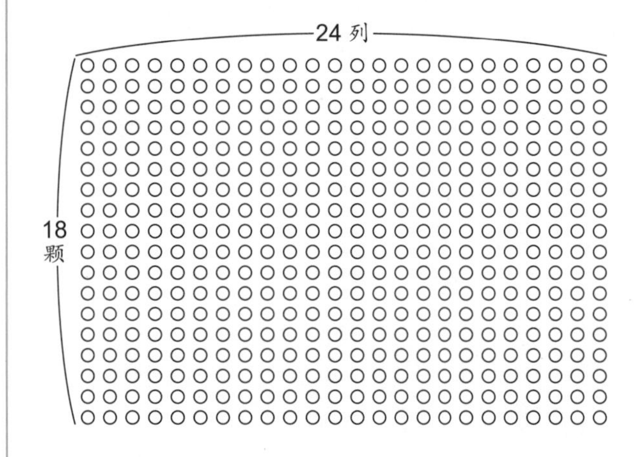

7.

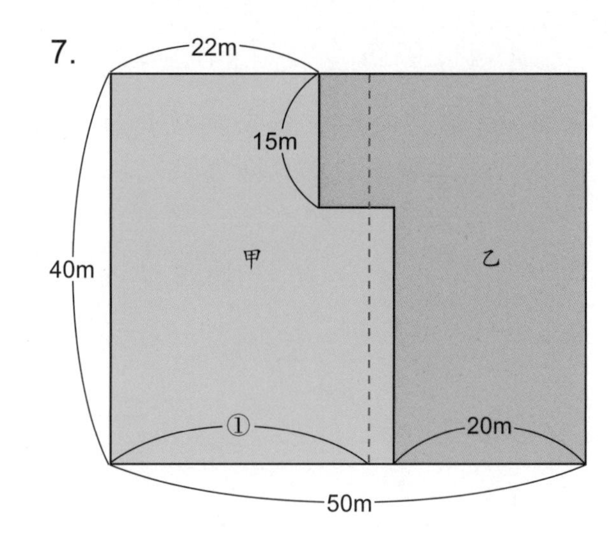

甲、乙两地的界线曲折不齐，如果想重新划分界线，且两地的面积保持不变，甲地的宽（①的长度）应是多少米？

6. 先求全部的围棋的棋子数：$18\times24=432$（颗），一共有432颗。重新排成的长方形一共有27列。因此，如下图所示，每一列的棋子数用□颗表示，围棋的棋子总数是：□ $\times27=432$（颗）。

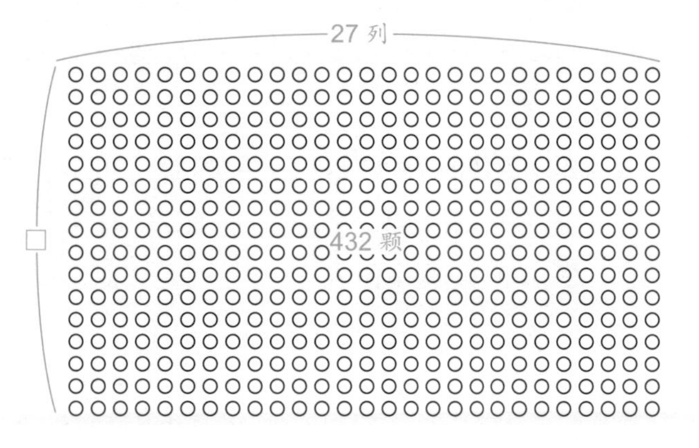

求□中的数可用除法计算，列算式为：

$432\div27=16$（颗）

答：每一列有16颗棋子。

7. 先把甲地分为2块长方形，并求出甲地的面积。

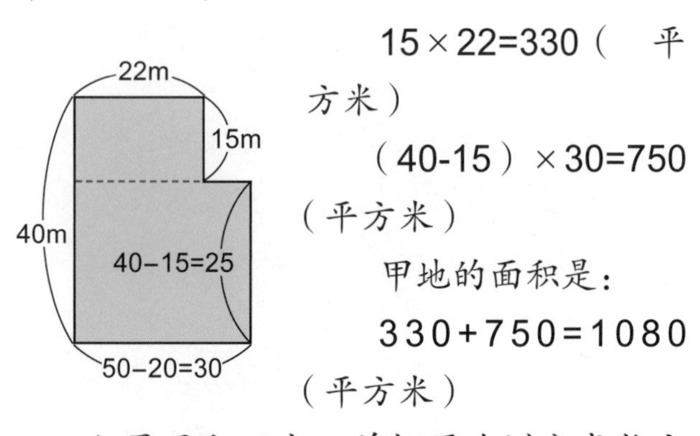

$15\times22=330$（平方米）

$(40-15)\times30=750$（平方米）

甲地的面积是：

$330+750=1080$（平方米）

如果面积不变，并把原地划分成长方形，可用下面的算式计算：

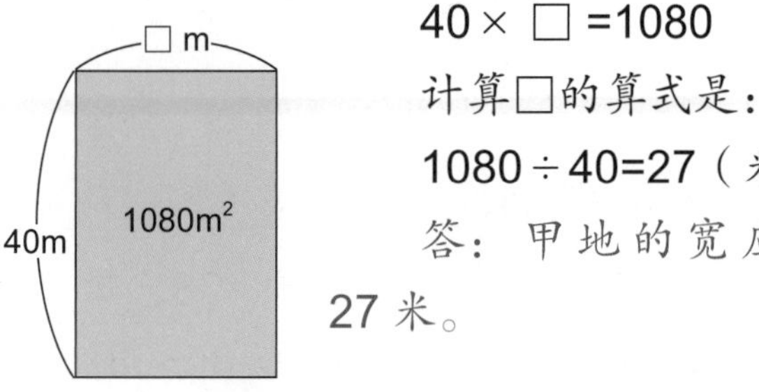

$40\times$ □ $=1080$

计算□的算式是：

$1080\div40=27$（米）

答：甲地的宽应是27米。

8. 林小明原本打算买 25 个球，每个球的价钱是 67 元。后来林小明改变主意，买了几个比较贵的球，每个球的价钱是 85 元。结果他所付的钱比原先预想的多了 25 元。林小明买了几个 85 元的球？

9. 地球的陆地面积大约为 1.4889 亿平方千米，如果有一个地区的面积大约是 37 万平方千米，那么地球的陆地面积大约是该地区面积的多少倍？（保留三位整数）

8. 本题可用下面的直线表示为：

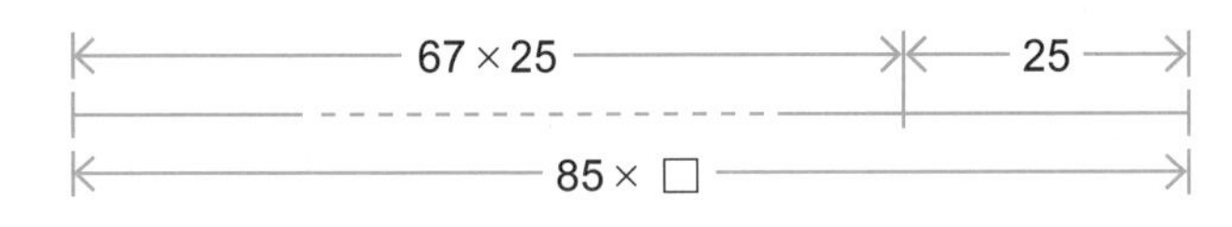

把上图用算式表示为：

67×25+25=85×□

1700=85×□

计算□的算式是：1700÷85=20（个）

答：林小明买了 20 个 85 元的球。

9. 先把单位统一后再计算。

1.4889 亿平方千米

=14889 万平方千米

14889÷37=402（倍）……15（平方千米）

答：地球的陆地面积大约是该地区面积的 402 倍。

应用问题

1. 全校一共有 751 人，分为 34 组，每组的人数必须尽可能相同。应该怎么分配呢？

2. 一共有 60 支铅笔，把这些铅笔分给 10 位小朋友，年纪较小的每人 5 支，年纪较大的每人 7 支，正好分完。

（1）分得 5 支铅笔的小朋友有几个人？

（2）分得 7 支铅笔的小朋友有几个人？

答案：

1. 751÷34=22（人）……3（人）

22 人的一共有 31 组，23 人的有 3 组。

2.（1）分得 5 支铅笔的小朋友有 5 人；

（2）分得 7 支铅笔的小朋友有 5 人。

数的智慧之源

乌鸦算题

这是一个很有名的算术题。

“999 只乌鸦在 999 个海边各叫了 999 次，请问，这些乌鸦一共叫了多少次？”

这个问题，只要求出 $999 \times 999 \times 999$ 的积即可。

999 倍可以换成 1000 倍，再减掉多乘的 1 倍即可，列算式如下：

$$999 \times 999 = 999 \times 1000 - 999 = 999000 - 999 = 998001$$

$$998001 \times 999 = 998001 \times 1000 - 998001 = 998001000 - 998001 = 997002999\text{（次）}$$

乌鸦总共叫了 9 亿 9700 万 2999 次。这就称为乌鸦算题。

乌鸦算法相传源于一本古书，内文记载如下：

“出了大门，可以看见 9 道堤防，堤防上面各有 9 棵树，每棵树上各有 9 枝树枝，树枝上各有 9 个鸟巢。

鸟巢之中各有 9 只鸟。每只鸟各有 9 只小雏鸟，小雏鸟各生了 9 根羽毛，每根羽毛各有 9 种颜色。请问。以上这些东西各有多少？”

这个算法跟乌鸦算法一样，得数为：

树木数……81（9×9）

树枝数……729（81×9）

鸟巢数……6561（729×9）

鸟数………59049（6561×9）

雏鸟数……531441（59049×9）

羽毛数……4782969（531441×9）

颜色数……43046721（4782969×9）

在公元前1650年，埃及人的“纸莎草纸”上记载着这样一个故事，和前面提到的问题类似。这是距今约3600年的故事。以下即为埃及人的记载：

房子	7
猫	49
老鼠	343
麦穗	2401
麦粒	16807
	19607

由于这本书仅有这样的记载，因此现代人给它的解释为：

“7间房子里各养了7只猫，每只猫各捕抓7只老鼠，每只老鼠各吃了7根麦穗，每根麦穗各有7颗麦粒。请问将这所有的数全部合起来是多少？”

另外，意大利儿歌中也有和这种问题相似的歌词。

> 在去圣艾布斯的途中，遇见带了太太的7个人。
>
> 每个太太手上都拿了7个布袋。每个布袋都装了7只猫，每只猫的肚子里都怀了7只小猫。
>
> 猫和小猫，布袋和太太，总共有多少人和物前往圣艾布斯呢？

可是，这不是一个算术问题，而是一首歌。

你知道答案吗？答案是去圣艾布斯的只有我一个人。而带着太太的人和太太们所带的东西都是从圣艾布斯来的呀！

数的智慧之源

倍增法

假设爸爸给的零用钱是第一天1元，第二天2元，第三天4元，第四天8元……像这样，每天的零用钱都是前一天的2倍，到了第十天，你一共收到多少零用钱？这看起来并不是很难的计算哦！

第一天1，第二天1×2，第三天1×2×2，……，第十天就是：

$$1\underbrace{\times 2\times 2\times 2\times 2\times 2\times 2\times 2\times 2\times 2}_{\text{有9个2}}$$

将这个式子加以计算，得数为512元。

那么，到了第三十一天一共有多少零用钱呢？你觉得大概是多少钱呢？

①1万元左右

②比1万元多

③比1万元少

其实，得数比1万元要大很多很多，是1073741824元，大约11亿元。

这一类的问题，就称为“倍增法”。

有关“倍增法”最有名的传说是“西撒的故事”。

很久很久以前，印度有一位非常聪明的人，叫西撒。当时在位的国王谢拉姆是一位非常好战的君主。西撒想尽办法规劝国王不要再发动战争，但是国王仍然沉醉在胜利的美梦中而不听。于是，有一次，西撒想到了一个西洋棋的游戏，把它献给国王。

国王非常喜欢这个游戏，不但答应不再发动战争，也答应要封给西撒很大的奖赏。

于是，西撒对国王说：“那么，臣大胆向您要求，西洋棋的棋盘一共有64个格子，请在第一个格子上放小麦1粒，第二个格子放第一格的2倍小麦2粒，第三格放前一格的2倍小麦4粒，第四格放前一格的2倍小麦8粒，如此继续下去，请国王送给我这些奖赏，直到第64个格子全满就好。”

国王的心眼很坏，他听了很高兴——西撒要求的奖赏只有这么一点点，于是他一边笑，一边召来仆人照西撒的话将麦子赏给西撒。不久之后，仆人慌慌张张地跑到国王面前。“怎么办？国内所有的小麦都收集起来也不够放在棋盘上！说不定，就算把全世界的小麦都收集起来也不够放呢！”

国王吓了一大跳，一句话也说不出来。小朋友，你知道这是一个多么庞大的数吗？

步印童书馆

步印童书馆 编著

北京市数学特级教师 丁益祥
北京市数学特级教师 司梁
『卢说数学』主理人 卢声怡
联袂力荐

数学分级读物

第四阶 2 小数乘除 分数加减

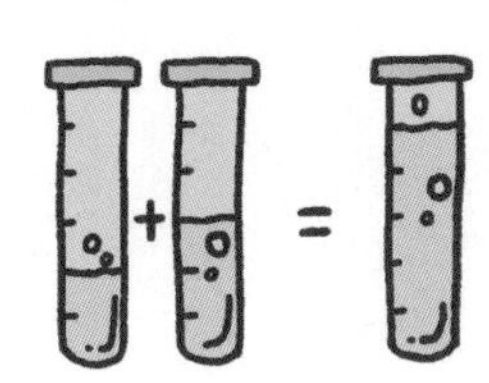

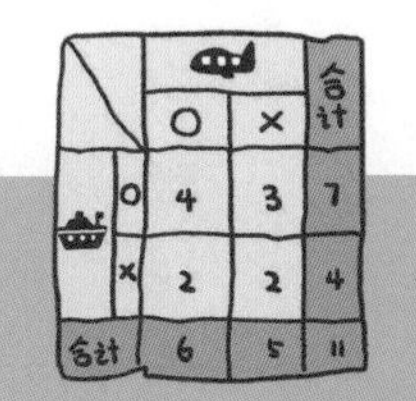

中国儿童的数学分级读物
培养有创造力的数学思维

讲透原理 → 系统进阶 → 思维转换

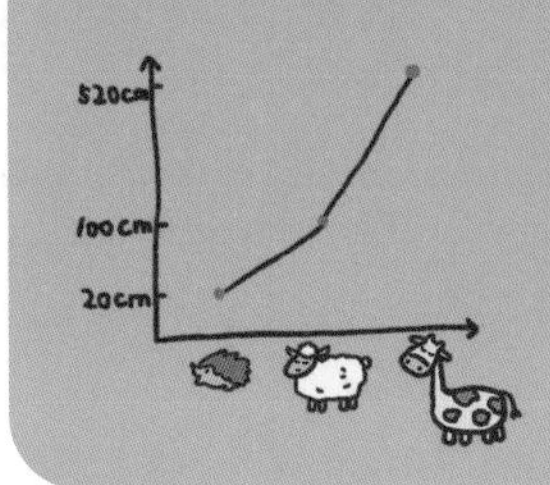

電子工業出版社
Publishing House of Electronics Industry
北京·BEIJING

图书在版编目（CIP）数据

小牛顿数学分级读物. 第四阶. 2, 小数乘除　分数加减 / 步印童书馆编著. -- 北京 : 电子工业出版社, 2024.6

ISBN 978-7-121-47628-0

Ⅰ. ①小… Ⅱ. ①步… Ⅲ. ①数学 – 少儿读物 Ⅳ. ①O1-49

中国国家版本馆CIP数据核字(2024)第068398号

特别鸣谢本书组稿策划人郑利强先生。

责任编辑：赵　妍　季　萌
印　　刷：当纳利（广东）印务有限公司
装　　订：当纳利（广东）印务有限公司
出版发行：电子工业出版社
　　　　　北京市海淀区万寿路173信箱　邮编：100036
开　　本：889×1194　1/16　　印张：15.25　　字数：304.8千字
版　　次：2024年6月第1版
印　　次：2024年6月第1次印刷
定　　价：80.00元（全4册）

凡所购买电子工业出版社图书有缺损问题，请向购买书店调换。若书店售缺，请与本社发行部联系，联系及邮购电话：（010）88254888，88258888。

质量投诉请发邮件至zlts@phei.com.cn，盗版侵权举报请发邮件至dbqq@phei.com.cn。

本书咨询联系方式：（010）88254161转1860，jimeng@phei.com.cn。

目录

小数的乘
法、除法

小数的结构

比 0.1 小的数

在小数国，国王喜欢把任何东西都测量精确。

有一次，国王想测量一下被他当作宝物的黄金长矛到底有多长。但是，小数国只有以米为单位和以 0.1 米为单位的两种尺。不管量几次，他总是不能准确地测量出矛的长度。

烦恼的国王召来了全国最棒的数学博士，把测量长矛长度的工作交给了他。

小朋友，让我们也一起来想一想吧。

0.1 的 $\frac{1}{10}$

然后，再用一把以 1 米的 $\frac{1}{10}$ 为单位，刻有 0.1 米刻度的尺来量一量。

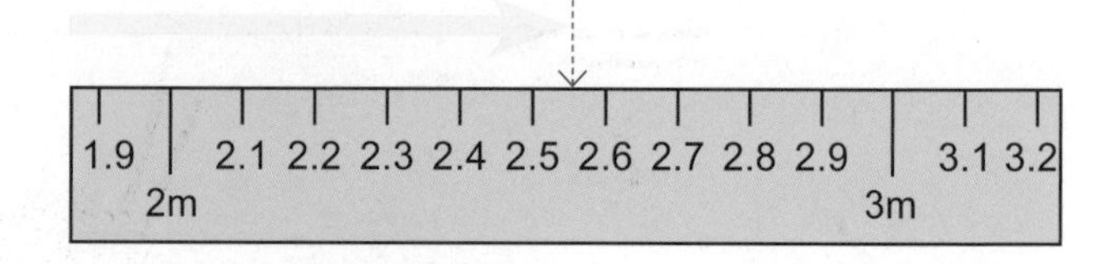

数学博士为了看清楚长矛的尖端究竟在 2.5 米和 2.6 米之间的位置，特地用放大镜把这个部分放大了。

结果发现矛的尖端位于距离 2.5 米和 2.6 米正中间稍靠左一点儿的地方。

学习重点

①了解 0.1 的$\frac{1}{10}$、$\frac{1}{100}$的表示方法。

②懂得变换单位来表示数的大小。

③懂得小数的 10 倍、100 倍、$\frac{1}{10}$和$\frac{1}{100}$等数的计算方法。

④知道如何变换单位，把大的数更简单地表示出来。

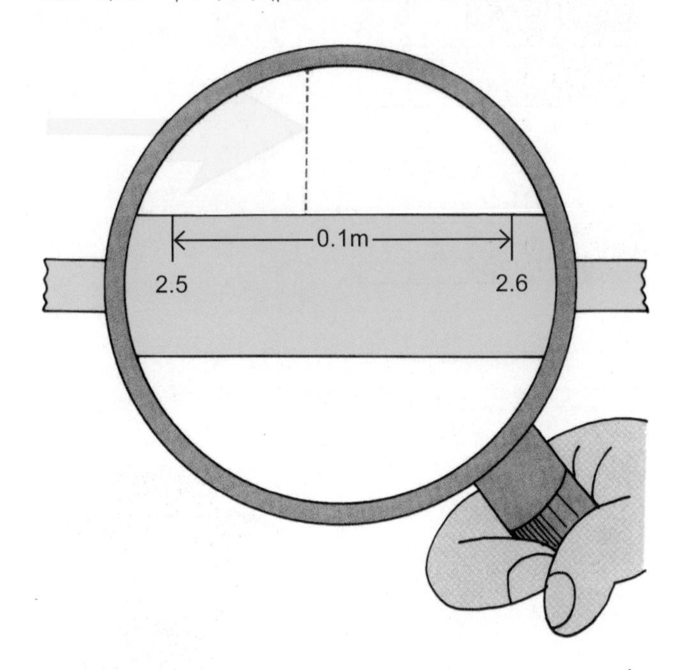

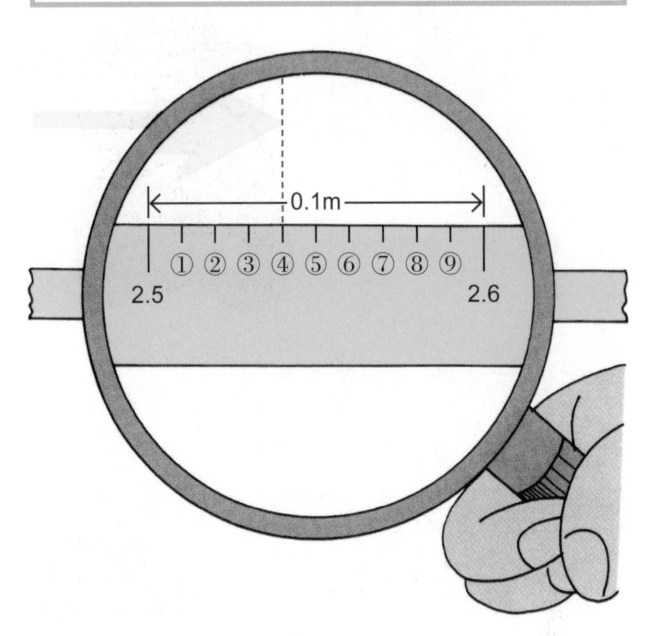

数学博士灵机一动，他想：1 的$\frac{1}{10}$是 0.1，那么 2.5 米和 2.6 米之间的 0.1 米，不是也可以再分成十等份吗？

因此，我们可以知道矛的长度是 2.5 米再加上 0.1 米的 4 个$\frac{1}{10}$等份。

● 0.1 的$\frac{1}{10}$的表示方法

数学博士用心思考着，目前“数”的表示方法中，有没有更简单的方法来表示 0.1 的$\frac{1}{10}$吗？

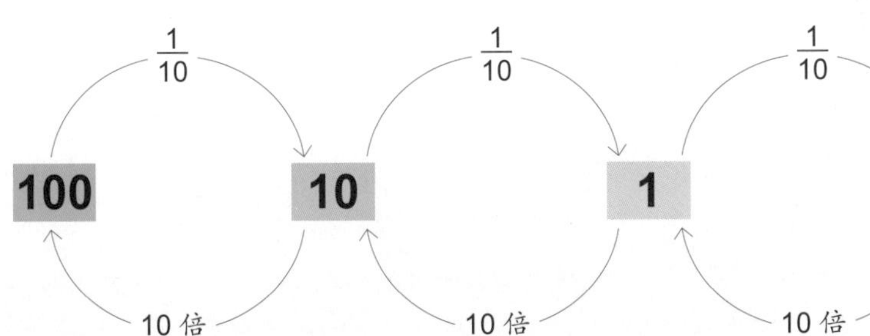

接下来，我们利用数位表，想一想前面的数的表示方法。

每变成前一个数的$\frac{1}{10}$，数字1便往右移一位，呈阶梯形排列。

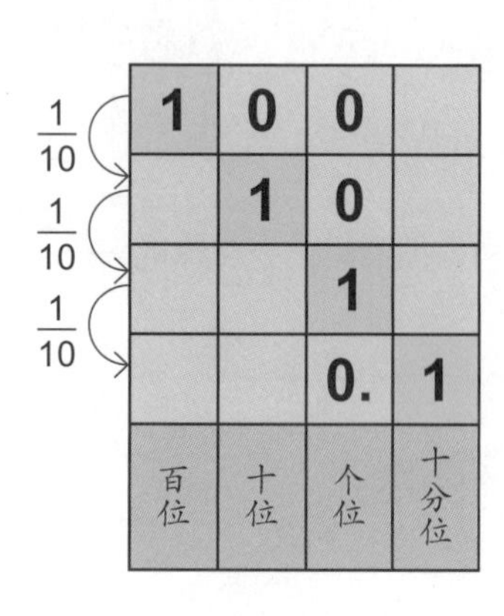

因此，0.1的$\frac{1}{10}$也是同样的道理。如下图所示，数字1依序往右移，想一想，空着的数位是不是最好填上0呢？

※0.1的$\frac{1}{10}$写成0.01，读成“零点零一”。

0.01等于1的$\frac{1}{100}$。

◆ **我们可以正确地表示长矛的长度了。**

长矛的长度是2.5米再加上4个0.1米的$\frac{1}{10}$。

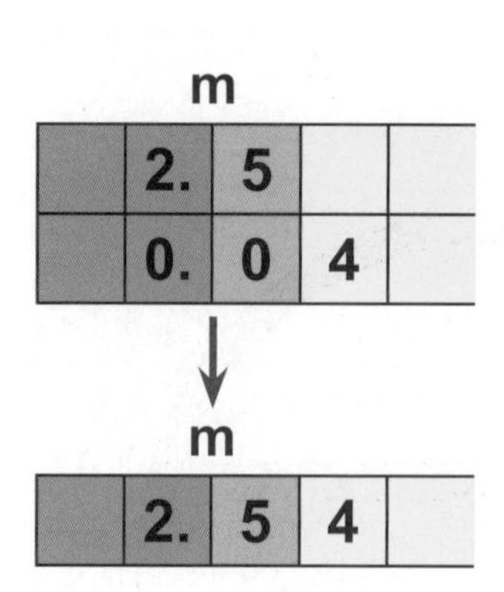

0.1米的$\frac{1}{10}$是0.01米。4个0.01米的长度写作0.04米，读作“零点零四米”。

因此，这把矛的长度就是2.5米和0.04米的总和。

※ 2.5米和0.04米的总长度，写作2.54米，读作“二点五四米”。

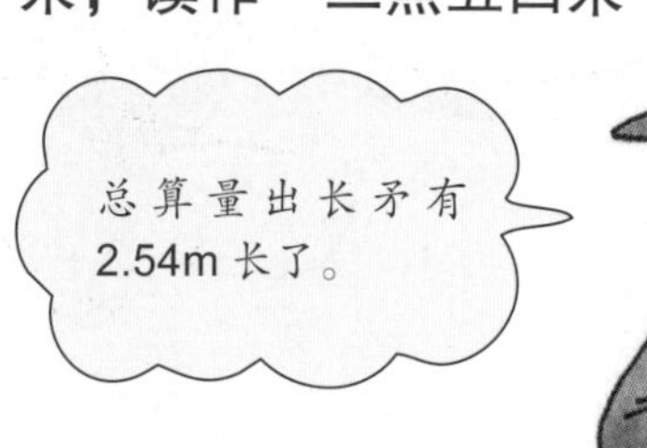

● 0.01的$\frac{1}{10}$的表示法

和前面相同，我们再来想一想0.01的$\frac{1}{10}$该如何表示。

首先，将0和0.01之间的部分分成10等份。

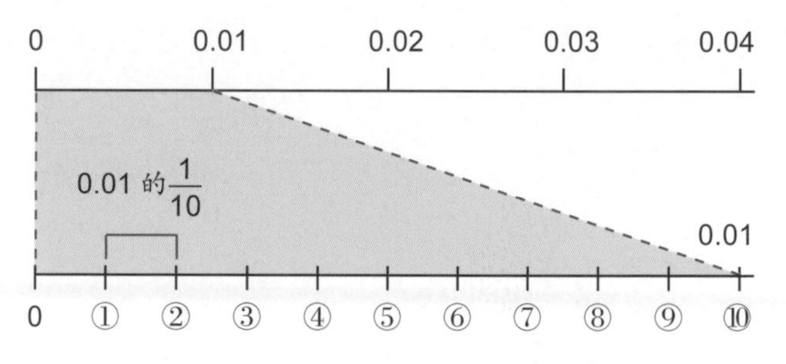

从上图中，我们就可以理解0.01的$\frac{1}{10}$了。

然后，再利用数位表来排列看一看。

		1			
		0.	1		
		0.	0	1	
		0.	0	0	1
百位	十位	个位	十分位		

和前面一样，可以得知 0.01 的 $\frac{1}{10}$ 就是 0.001。0.001 读作“零点零零一”。0.001 相当于 1 的 $\frac{1}{1000}$。

● **小数的数位**

我们把前面出现的小数数位加以整理，就成了以下这个表。

个位以下的数位，依顺序称为十分位、百分位、千分位。

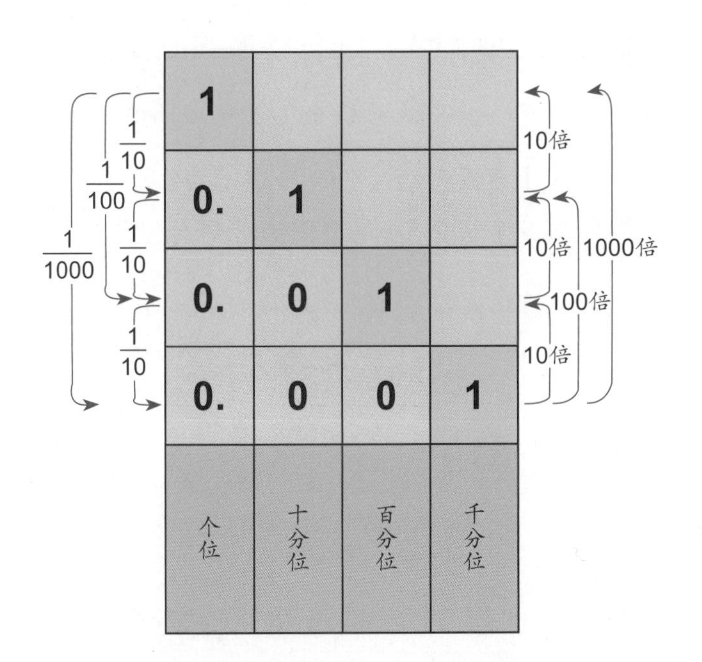

1			
0.	1		
0.	0	1	
0.	0	0	1
个位	十分位	百分位	千分位

0.1 的 $\frac{1}{10}$ 是 0.01。0.01 的 $\frac{1}{10}$ 是 0.001。把 10 个 0.001 集合起来，可以向前进一位，就成了 0.01。把 10 个 0.01 集合起来，同样可以向前进一位，就成了 0.1。另外，把 10 个 0.1 集合起来就成了 1。像这样，每 10 个小数集合起来，就可以向前进一位，可见，小数和整数一样，也是十进位。

◉ 变换单位来代表数

有了这些新数位，我们来想一想，如何以小的数位为准，来表示数的大小。

例如：0.2，若是以 0.01 为单位的话，要用什么样的数来表示呢？

如上图所示，以数线来表示，0.1 的 $\frac{1}{10}$ 是 0.01，集合 10 个 0.01 就是 0.1，那么集合 20 个 0.01，就等于 0.2 了。换句话说，0.2 如果以 0.01 为单位的话，就代表 20。因此，同样的数量，可以用不同的计数单位来表示。

小数的 10 倍、100 倍、$\frac{1}{10}$、$\frac{1}{100}$

小数的 10 倍、100 倍

国王又向数学博士提出了新的问题。

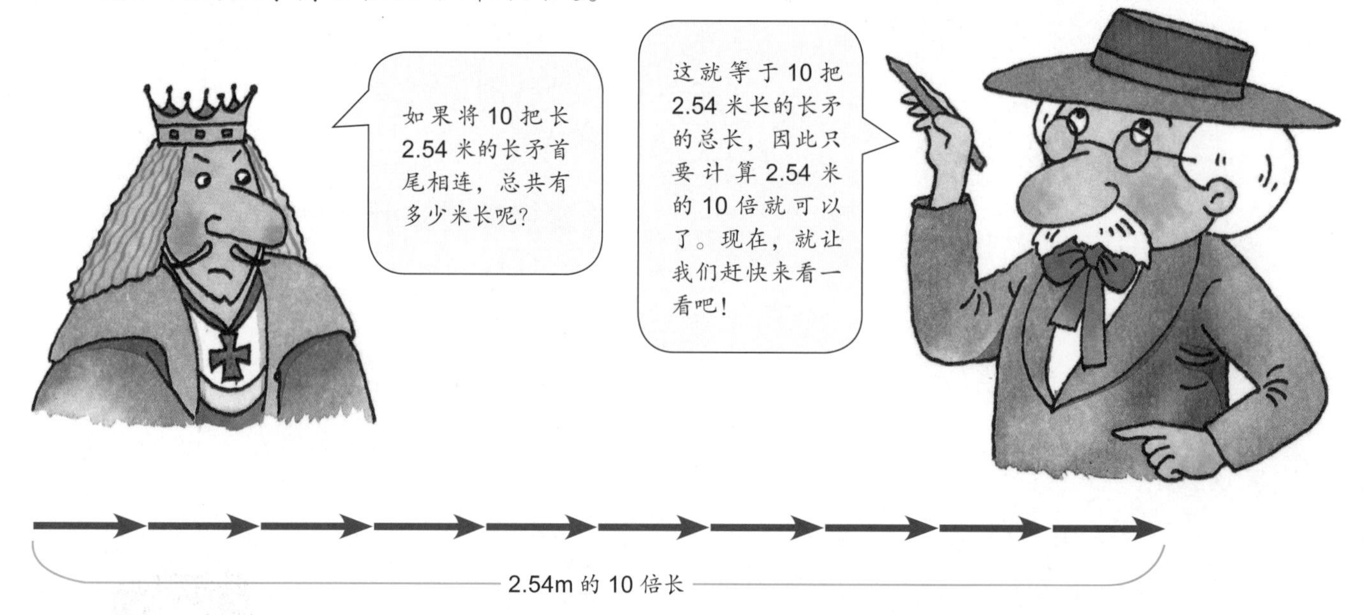

小数的 10 倍

我们用“拆开想”的办法，首先，2.5 米的 10 倍等于多少米呢？

2.5 米等于 2 米和 0.5 米的和。2 米的 10 倍等于 20 米，0.5 米的 10 倍是 5 米，因此 2.5 米的 10 倍等于 25 米。

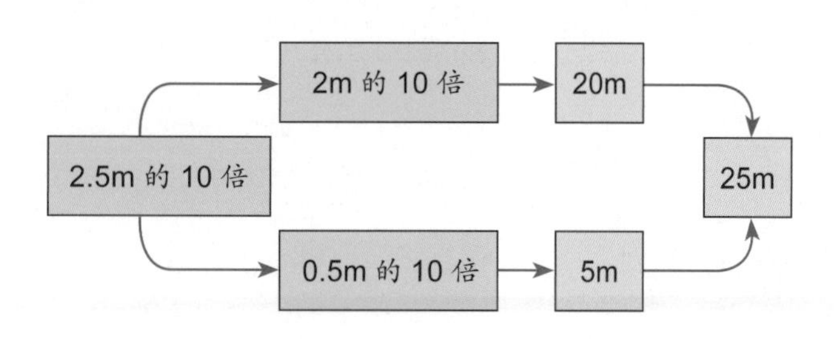

2.54 是 2.5 和 0.04 的和，2.5 米的 10 倍是 25 米，因此，只要算出 0.04 的 10 倍是多少就行了。

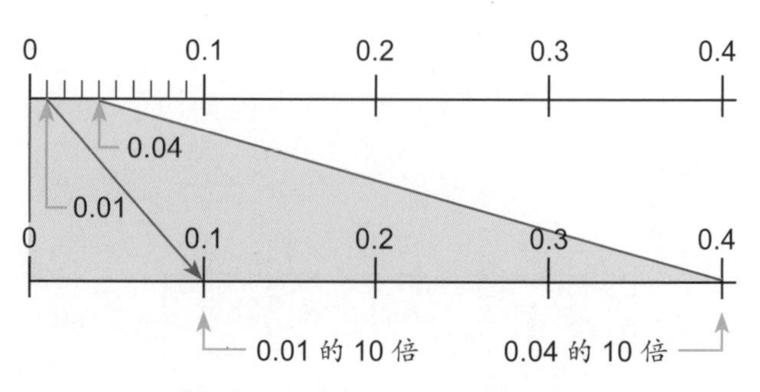

从上面的数线可以知道 0.04 的 10 倍是 0.4，所以 2.54 的 10 倍就等于 25.4。

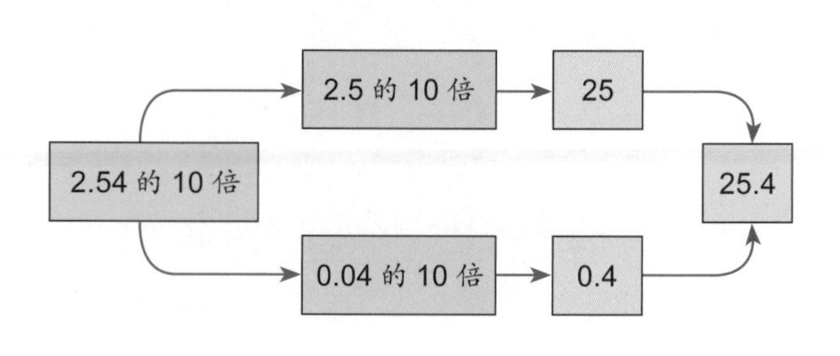

因此，2.54 米的 10 倍等于 25.4 米。

小数点的位置

请你仔细看一看 2.54 和它的 10 倍数 25.4，有没有什么值得注意的地方？

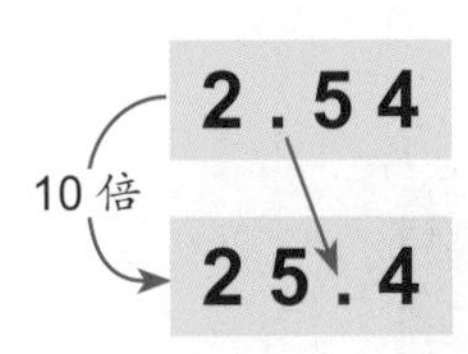

像左边这样，我们把这两个数放在一起，可以发现原先在 2 和 5 之间的小数点，向右移到了 5 和 4 之间。

于是我们知道，把任何一个小数扩大 10 倍，小数点就要向右移一位。

如果我们利用以下的数位表来表示，可以知道小数扩大 10 倍，小数第二位的数就会移到小数第一位，其他数位上的数也会一个一个地往左移。

十位	个位	小数点	十分位	百分位	千分位
	0	.	2	5	4
	2	.	5	4	
2	5	.	4		

（10 倍、10 倍、100 倍）

小数的 100 倍

现在，我们再来想一想，把 2.54 扩大 100 倍后是多少？

100 倍，就是 10 倍的 10 倍，因此如右边所示，小数点要往右移两位。

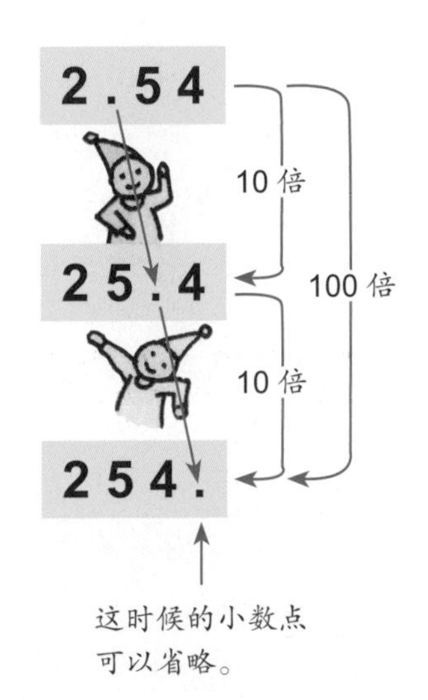

这时候的小数点可以省略。

利用右边的数位表来看，放大 100 倍，数位也要分别往左移两位。

百位	十位	个位	小数点	十分位	百分位
		2	.	5	4
	2	5	.	4	
2	5	4	.		

（10 倍、10 倍、100 倍）

小数的 $\frac{1}{10}$、$\frac{1}{100}$

这一次，我们利用刚刚计算 10 倍、100 倍的想法来思考，看一看 2.54 的 $\frac{1}{10}$ 和 $\frac{1}{100}$ 又该如何表示。

25.4 → 2.54（10 倍、$\frac{1}{10}$）

2.54 扩大 10 倍时，小数点要往右移一位。如果缩小到原来数的 $\frac{1}{10}$ 呢？25.4 变成原来的 $\frac{1}{10}$，小数点只要往左移一位就行了。

另外，$\frac{1}{100}$ 是 $\frac{1}{10}$ 的 $\frac{1}{10}$。因此 25.4 的 $\frac{1}{100}$，就是 25.4 的 $\frac{1}{10}$ 的 $\frac{1}{10}$，也就是 2.54 的 $\frac{1}{10}$，因此小数点要往左移两位。

25.4 → 2.54 → 0.254（$\frac{1}{10}$、$\frac{1}{10}$、$\frac{1}{100}$）

这时我们可以利用数位表来计算，如右表所示，十分位上的数移至百分位上，数位一个一个地往右移。

十位	个位	小数点	十分位	百分位	千分位
2	5	.	4		
	2	.	5	4	
	0	.	2	5	4

（$\frac{1}{10}$、$\frac{1}{10}$、$\frac{1}{100}$）

使用小数点来表示大数

国王又提出了一个新的问题。

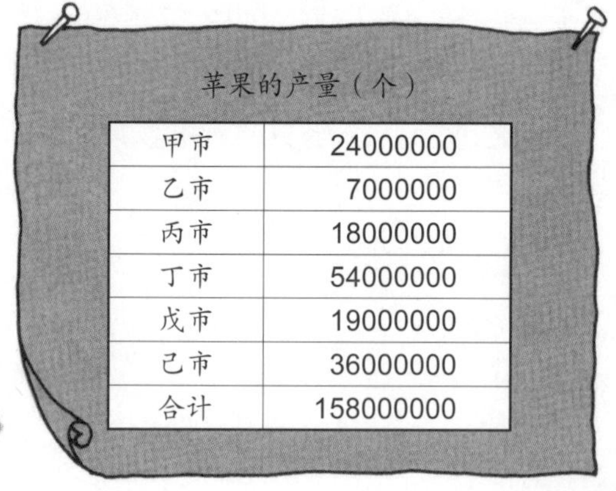

苹果的产量（个）

甲市	24000000
乙市	7000000
丙市	18000000
丁市	54000000
戊市	19000000
己市	36000000
合计	158000000

● 利用百万为单位表示 24000000

首先，我们把苹果的产量分别读一读。

个、十、百、千……百万、千万，从个位依序数到最高数位，可以得到甲市的苹果产量是 24000000 个，乙市的苹果产量是 7000000 个……用这样的方法来数数，真是麻烦极了。

如果我们将数位排列整齐，如右图这样，就可以发现十万以下的数位上全都是 0。

如果我们能用 24 来表示 24000000，不是就简单多了吗？

千万位	百万位	十万位	万位	千位	百位	十位	个位
2	4	0	0	0	0	0	0
	7	0	0	0	0	0	0
1	8	0	0	0	0	0	0
5	4	0	0	0	0	0	0
1	9	0	0	0	0	0	0
3	6	0	0	0	0	0	0

24000000 是集合了 24 个 1000000 的数，因此若是以 1000000 为单位来计算，就可以用 24 来表示了。

所以，我们如果把 24000000 写成 24（单位为百万），比起前面的写法就更一目了然了。但是，这样还是有点儿麻烦。

因此，我们把 24000000 直接用百万为单位来表示：

24000000 ＝ 24 百万

这里，24 百万读作“两千四百万”。这样就可以很明显地看出产量了。

甲市	24 百万
乙市	7 百万
丙市	18 百万
丁市	54 百万
戊市	19 百万
己市	36 百万
合计	158 百万

- **用千万为单位表示 24000000**

24000000，如果以百万为单位来表示，就是 24 百万。

那么，若以千万为单位来表示 20000000 和 24000000 的话，应该写成什么样呢？

2	0	0	0	0	0	0	0
2	4	0	0	0	0	0	0
千万位	百万位	十万位	万位	千位	百位	十位	个位

检查右边的表，因为 20000000 是集合了 2 个 10000000 的数，所以和前面一样，要以2 千万来表示。

2 千万读作“两千万”。

那么，24000000 应该如何表示呢？

例如，我们以 10 为单位来表示 24，如下所示，就是 2 个 10 以及 4 个 10 的 $\frac{1}{10}$，因此可以用 2.4 来表示。

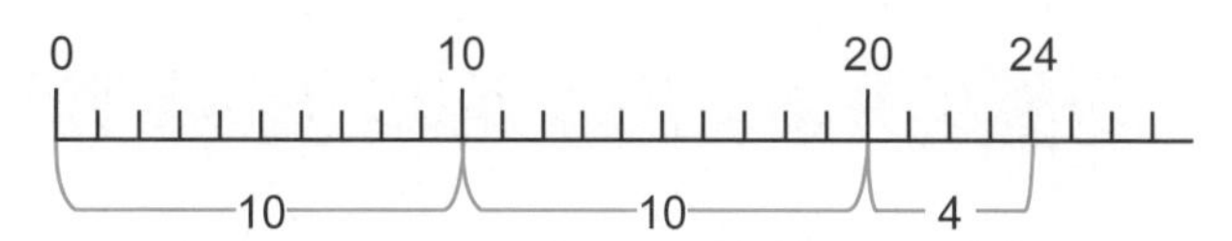

同样的道理，如下所示，24000000 就等于 2 个 10000000 再加上 4 个 10000000 的 $\frac{1}{10}$。因此 24000000 如果以千万为单位来表示，就是2.4 千万。

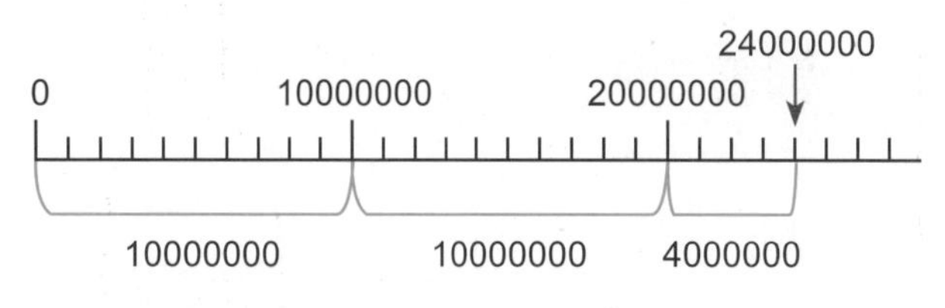

但是 2.4 千万该怎么读呢？

读 2.4 千万的时候，可以先读数字部分，再读单位部分，读作“二点四千万”。同时，在心里还可以知道，它就相当于两千四百万。

像这样，大数便可以利用某个数位为单位，而以简单的整数或小数来表示。

整 理

（1）0.1 的 $\frac{1}{10}$ 等于 0.01，0.01 的 $\frac{1}{10}$ 等于 0.001。

（2）小数和整数都是十进位。

（3）小数每扩大 10 倍，原数的小数点就要往右移一位。

（4）小数每缩小 $\frac{1}{10}$，原数的小数点就要往左移一位。

（5）类似 24000000 的大数，可以像 24 百万或 2.4 千万一样，以某个数位为单位，用简单的数来表示。

乘以整数的计算

小数乘整数的问题

读了以下的问题后，应该列出什么样的算式呢？

现在我们就来想一想，该如何用文字、图形或数线来表示。

问题

把 3 瓶容量为 1.8 升的瓶子加满水。

这些水总共有几升？

1.8ℓ　1.8ℓ　1.8ℓ

→ 总共有几升？

以整数 × 整数的列式方法来想，试着列出算式。

在这个问题中，我们要求的是 3 个瓶子中的水量总和，因此，应该列出的是乘法算式。

是什么样的算式呢？让我们一起来想一想吧。

用文字的算式来思考

用文字列出算式就是：

1 瓶的容量 × 瓶数 = 水的总量

假如 1 瓶的容量是 1 升或 2 升的话，列算式为：

$1 \times 3=3$（升）

$2 \times 3=6$（升）

同样，如果把 1 瓶的容量换成 1.8 升，那么算式就应该列为：

1.8×3

- **用图来思考**

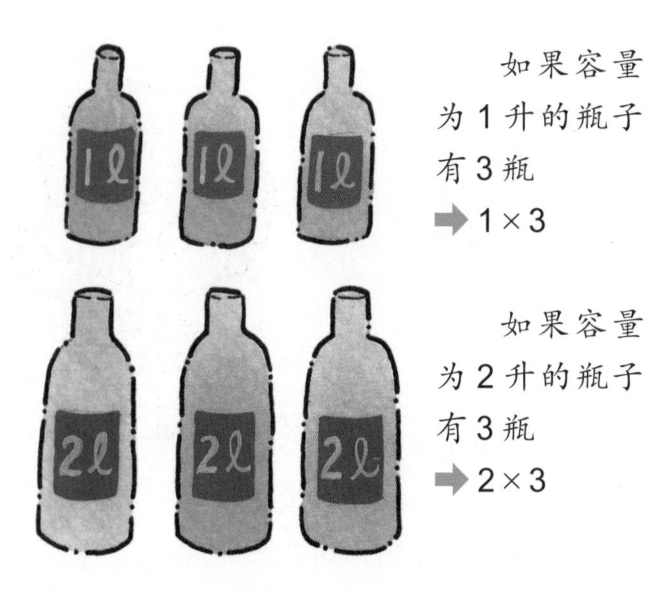

这里每瓶的容量是1.8升。

- **用数线来思考**

若以数线来表示，如下图所示。

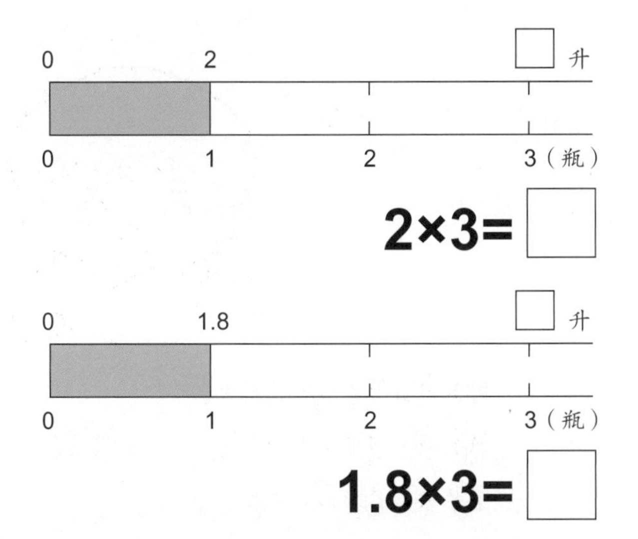

学习重点

①小数 × 整数的计算。
②小数 × 整数的笔算方法。

列算式为：1.8×3。

当乘数是小数时，也和整数一样，可以使用乘法算式。

当我们考虑用什么算式时，只要利用前面学过的文字式子、图画或数线来表示，就很容易解决问题，这叫类比思维。

动脑时间

猜一猜2个未知数

首先，让对方从1到9的数中任意想2个数。

请他把第一个想到的数乘5倍；然后把乘5倍的数加上63；再把所得的数乘2。计算完成之后，再把第二个想到的数加上去。

假设这个数是174，那么，你就可以从这个数，猜出对方心里想的2个数了。

（提示）

$$\begin{array}{r} 174 \\ -126 \\ \hline 48 \end{array} \leftarrow 63\times 2$$

第一个数 第二个数

第一个数是4，第二个数是8。

提示：如果把63的2倍126减掉，就是所想的那2个数并排在一起。

小数 × 整数的计算方法

1.8 升装的瓶子有 3 瓶，总共的容量是多少升这个问题，列成算式为：1.8×3。现在，我们已经列出了小数 × 整数的算式，下面，我们来想一想它的计算方法。

1.8×3 的计算

首先，我们以数线或色带图来表示，并算一算。

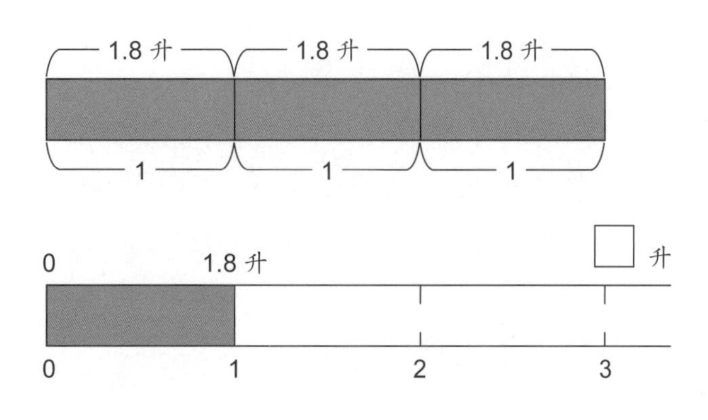

1.8 的 3 倍，列算式为：

1.8+1.8+1.8=5.4，等于 5.4 升。

虽然用加法也可以算出得数，但如果想利用乘法来计算的话，应该怎么办呢？

利用加法计算出的得数是 1.8×3=5.4。想一想，是不是因为不能直接用小数的形式来计算，因此非得以 18×3 的形式来计算呢？

※ 小北的想法

1 升 =1000 毫升

变换单位来想一想看。1.8 升可以换算成 1800 毫升，因此 3 瓶的容量为：1800×3=18×3×100=5400 毫升 =5.4 升。因此，1.8×3=5.4（升）。

※ 大民的想法

我不会直接计算 1.8×3，因此，我可以把 1.8 看成 18。

1.8 是集合了 18 个 0.1 的数，因此，

1.8×3=（0.1×18）×3

=0.1×（18×3）

=0.1×54

0.1×54 表示有 54 个 0.1，54 个 0.1 等于 5.4。因此，得数就是 5.4 升。

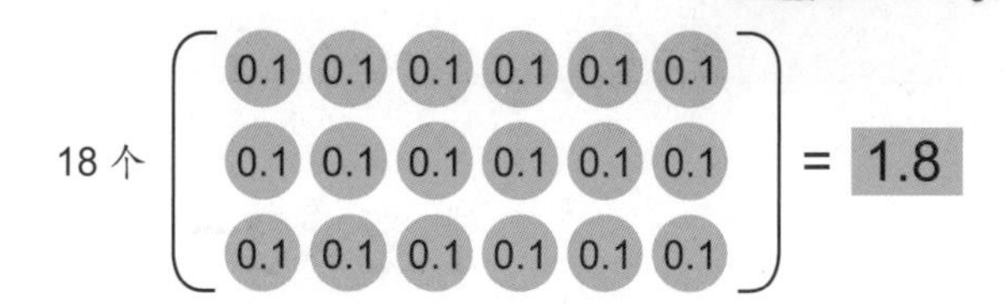

※ 小芳的想法

把 1.8 升代换成 10 倍，就是 18 升的瓶子有 3 瓶，算一算总共变成几升，列算式为：

$18 \times 3=54$（升）

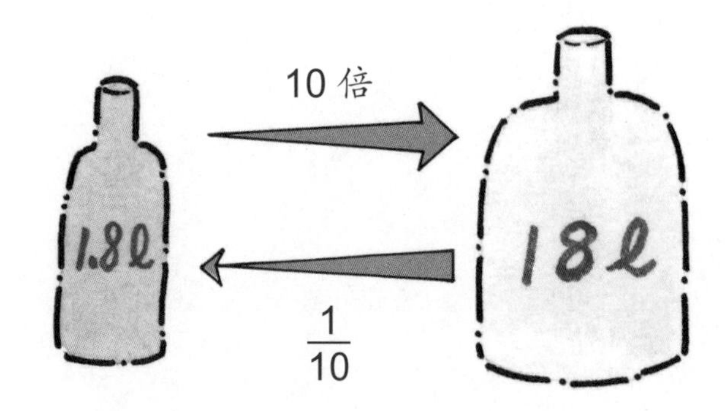

这个 54 升是扩大了 10 倍的数，因此要再缩小到$\frac{1}{10}$，才能回到原来的数。

54 的$\frac{1}{10}$等于 5.4，因此，

$1.8 \times 3=5.4$（升）。

3 个人利用不同的方法，计算出了 1.8×3 的得数。虽然 3 个人的想法各不一样，但他们都先把 1.8×3 看成了 18×3。

你最喜欢哪一种呢？为什么他们都要先进行这样的转化呢？

积可能变成高位整数的特殊小数

如果小数扩大 10 倍，小数点要往右移一位。

$$0.7 \times 10=7$$

如果小数扩大 100 倍，小数点就要往右移两位。若小数扩大 1000 倍，小数点就要往右移三位。

$$0.27 \times 100=27$$

$$0.089 \times 1000=89$$

像这样，小数也是十进位，因此我们知道，如果小数扩大 10 倍、100 倍时，小数可能会变成整数。

此外，当小数扩大 2 倍、4 倍、8 倍之后，小数也可能变成整数哦。

$0.5 \times 2=1.0$　　$0.25 \times 4=1.00$

$0.125 \times 8=1.000$

这些例子可以从下面的计算中给我们启发。

$1 \div 2=0.5$　　$1 \div 4=0.25$

$1 \div 8=0.125$

如果我们把 0.5、0.25、0.125 等当成特殊的数，并牢牢地记下来，那么下面的几道计算题就变得很简单了。

① 0.75×12 的计算

$0.75=0.25 \times 3$。

$12=4 \times 3$，因此上面的计算就变成：

$0.75 \times 12=\underline{0.25 \times 3} \times \underline{4 \times 3}$

（0.25×3 → 0.75，4×3 → 12）

$=\underline{0.25 \times 4} \times 3 \times 3$

（0.25×4 → 1）

$=1 \times 3 \times 3=9$

② 0.625×56 的计算

$0.625 \times 56=\underline{0.125 \times 5} \times \underline{8 \times 7}$

（0.125×5 → 0.625，8×7 → 56）

$=(0.125 \times 8) \times (5 \times 7)$

$=1 \times 35=35$

把下列包含特殊的数的计算牢牢地记下来以方便使用。

$0.375=0.125 \times 3$　　$0.625=0.125 \times 5$

$0.875=0.125 \times 7$

● 1.8×3 的笔算

计算 1.8×3，可以用不同的方法。接下来我们想一想 1.8×3 的笔算方法。

我觉得乙是正确的。在计算 1.8×3 的时候，要列成 18×3 的式子来计算，因此，和整数 × 整数相同，乘数 3 应该和 8 对齐。

小数的乘法应该写成乙的形式。在前一页中，我们把 1.8 想成集合了 18 个 0.1，如果利用这种方法来笔算，就会有下面的结果。

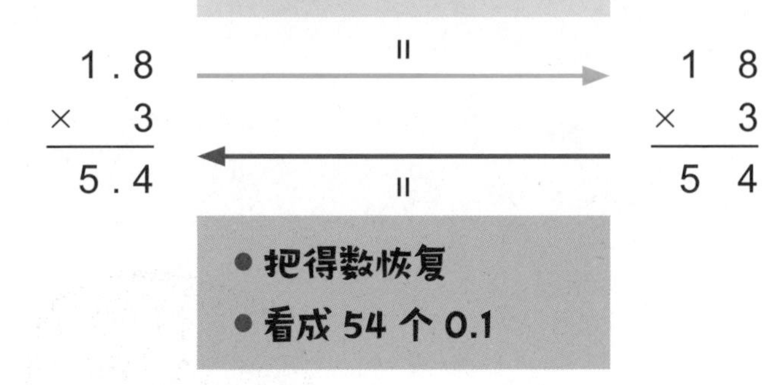

接下来，我们利用 1.8 扩大 10 倍的想法来笔算。

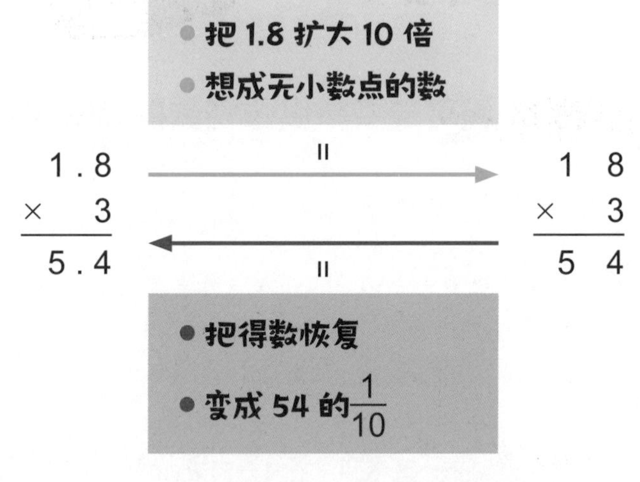

小数 × 整数和整数 × 整数的计算方法相同，只要把所得的积添上小数点就可以了。

◆ 利用 1.54×6 的计算，理解小数 × 整数的计算方法及背后的道理。

求证看一看

1.54×6	→ 想成 154 个 0.01，看成整数 →	154×6
9.24	← 想成有 924 个 0.01，再恢复原数 ←	924

1.54×6	→ 把 1.54 扩大 100 倍，看成整数 →	154×6
9.24	← 把 924 缩小到$\frac{1}{100}$，恢复原数 ←	924

综合测验

1. 下面的问题，可以列成什么样的算式？

①2.8 千克的 4 倍是多少千克？

②长 1.6 厘米、宽 3 厘米的长方形，面积是多少？

2. 下面的话说明了 1.36×6 的计算方法。请在（ ）中填入适当的数。

要计算 1.36×6，可以先把 1.36 扩大（ ）倍，看成（ ），求出的得数再缩小到（ ），结果正确得数是（ ）。

3. 请计算以下的计算题。

① $\begin{array}{r} 3.2 \\ \times\ \ 4 \\ \hline \end{array}$　　② $\begin{array}{r} 12.5 \\ \times\ 24 \\ \hline \end{array}$

整　理

（1）小数和整数一样，也可以扩大 2 倍、3 倍……换句话说，小数 × 整数的算式是成立的。

（2）小数 × 整数的计算，要换算成整数 × 整数的计算。

（3）小数 × 整数的笔算方法，和整数 × 整数的笔算方法相同。

$\begin{array}{r} 7.2 \\ \times\ \ 4 \\ \hline 28.8 \end{array}$

①看成没有小数点的数来计算。

②再添上小数点。

综合测验答案：1. ① 2.8×4；② 1.6×3。2. 100、136、$\frac{1}{100}$、8.16。3. ① 12.8；② 300。

除以整数的计算

小数 ÷ 整数在什么时候使用呢？

◉ 可以分成几个大小相同的东西

当我们碰到“可以分成几个大小相同的东西”（也就是大东西里包含几个相同大小的小东西）这样的问题时，是不是就可以使用小数 ÷ 整数呢？

● 列算式的方法

一条长 26.5 厘米的带子，可以分成几条长 5 厘米的带子呢？另外，还剩下多长的带子呢？我们列出算式来看一看。

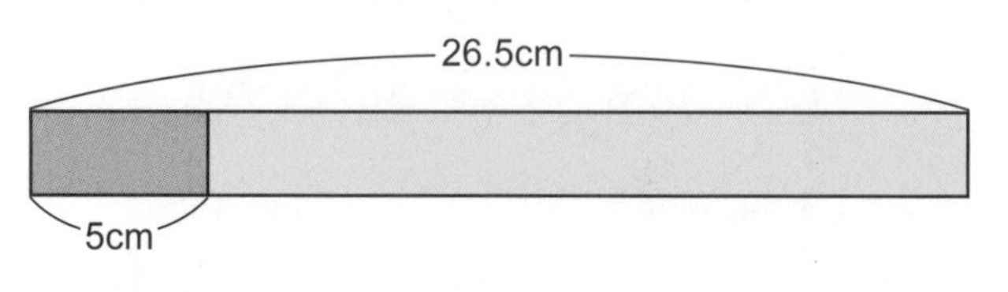

我们可以回想以前所学的整数 ÷ 整数的除法来算一算。

在整数的问题中，我们已经学过使用除法来解决“可以分成几条长度相同的带子”这样的问题，现在的问题也是相同的，因此也可以运用除法来计算。

所以，我们只要算一算 26.5÷5 的商就可以了。

像这样，回想以前学过的知识来计算新问题是非常重要的。

● 计算时的想法

计算 26.5÷5，看一看 26.5 厘米的带子可以分成几条 5 厘米的带子。我们已经学过 26 厘米的带子可以分成几条 5 厘米的带子了。

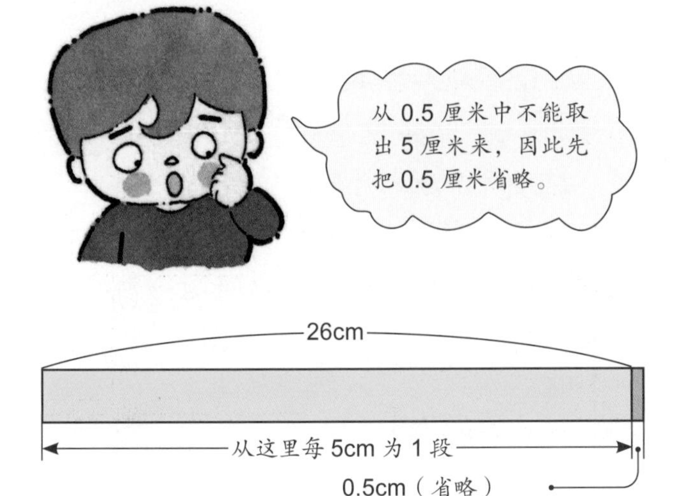

26 厘米长的带子可以分成几条 5 厘米长的带子呢？

26÷5=5（条）……1（厘米），因此可以取得 5 条带子。余数再加上先前省略的 0.5 厘米，等于 1.5 厘米。余数 1.5 厘米比 5 厘米小，因此符合题意。

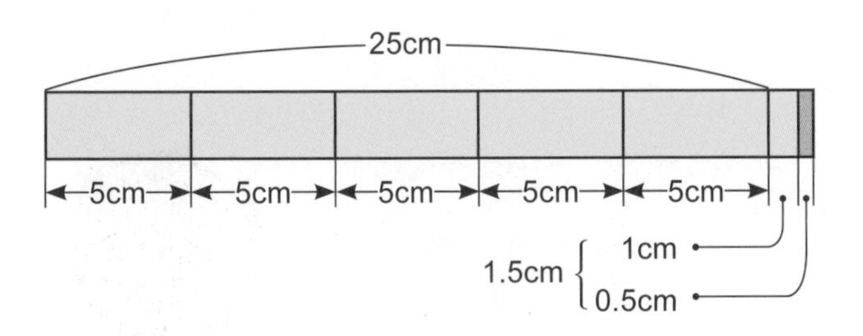

● 笔算的方法

“可以分成几条 5 厘米的带子”这个问题，如果得数不是整数的话就很奇怪了，让我们仔细想一想，并学习下面的笔算方法。

学习重点

①小数 ÷ 整数的计算方法。
②在除尽前的计算方法。
③除不尽时，所出现的余数大小。
④商的近似数。

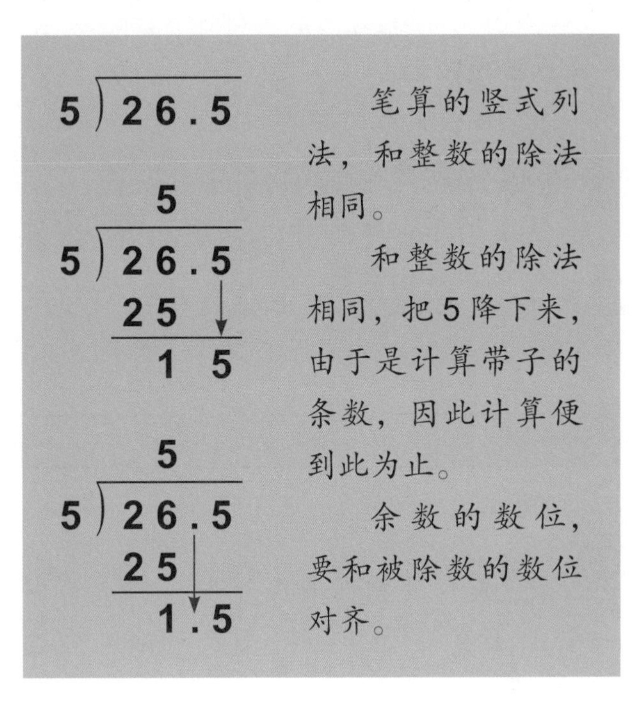

因此，我们可以算出得数是 5 条，余数是 1.5 厘米。

◆ 把前面的部分加以整理

①当我们在计算“一条长带子可以分成几条长度相同的短带子”这种问题时，和整数 ÷ 整数的计算方法相同，可以使用小数 ÷ 整数的计算方法来计算。

②这类问题的除法计算，只要除到整数部分就可以了。

例如，计算 37.4÷8，37÷8=4……5，余数 5 再加上 0.4，等于 5.4，因此，37.4÷8=4……5.4。

◉ 求出分成同等份的一份

“分成相同的几等份后，求出其中的一份”，计算这个问题时，是不是也可以使用小数 ÷ 整数来计算呢？让我们来想一想。

● 列算式的方法

把 16.8 厘米的缎带平均分给 4 个人，每个人可以分得几厘米呢？

这个问题，我们可以从缎带长度为整数时的计算方式来想一想。

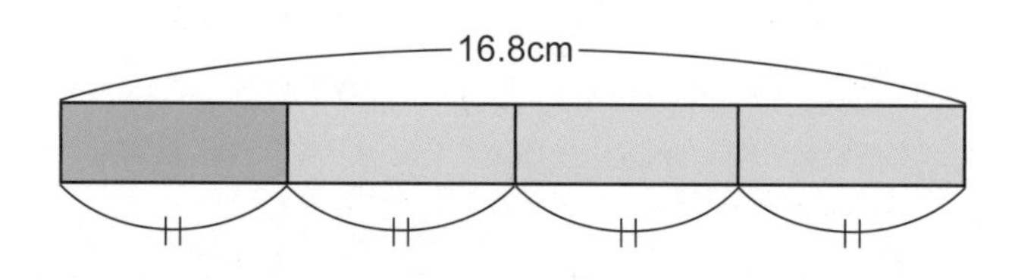

“分成长度相同的几等份，求出其中一份的长度”，我们在整数的除法部分已经学过。

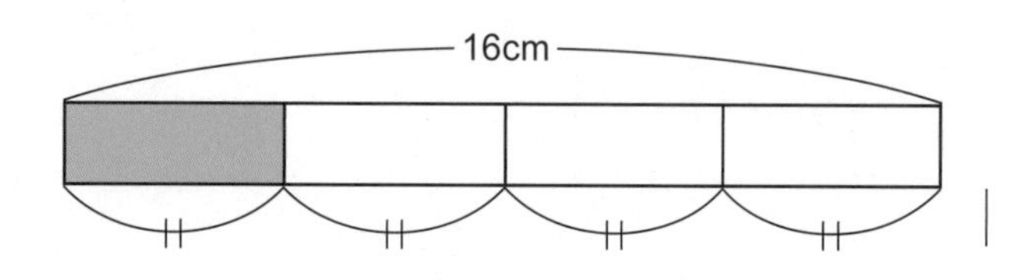

“如果把 16 厘米的带子平均分给 4 人，每人可以分得几厘米呢？”这个问题可以用 16 ÷ 4 的算式来解答，那么，16.8 厘米和 16 厘米的算法不是也相同吗？

带子的长度虽然是小数，但和整数的算法相同，只要把算式列成 16.8 ÷ 4 就可以啦。

这个问题和整数中“分成长度相同的几等份，求出其中一份”问题的算法一样，都使用除法来计算。

因此，针对问题所列的算式就是：16.8 ÷ 4。数字不一样，但问题一样，列式就一样。

● 计算时的想法

计算 16.8 ÷ 4，求出把 16.8 厘米的缎带平均分给 4 个人时，每个人分得的缎带长度。这时候，如果只把整数部分分成 4 等份的话，就不符合问题的要求了。

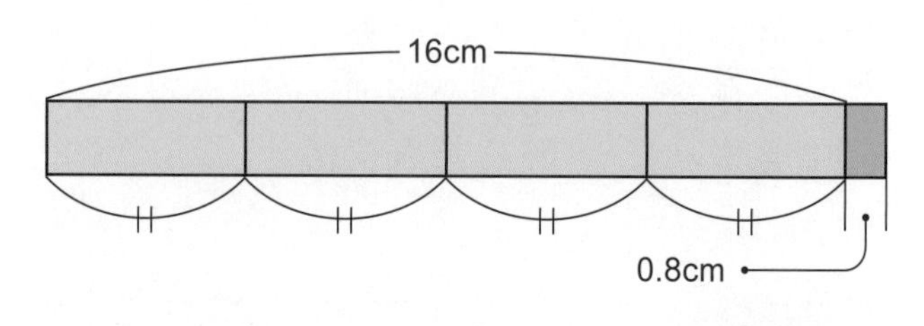

如果是 16 厘米的带子，马上就可以算出得数。如果把 16.8 分成 16 和 0.8 来算的话，会怎么样呢？

16 ÷ 4=4，然后再把 0.8 厘米分成 4 等份，不就成了吗？一个人可以分几厘米长呢？

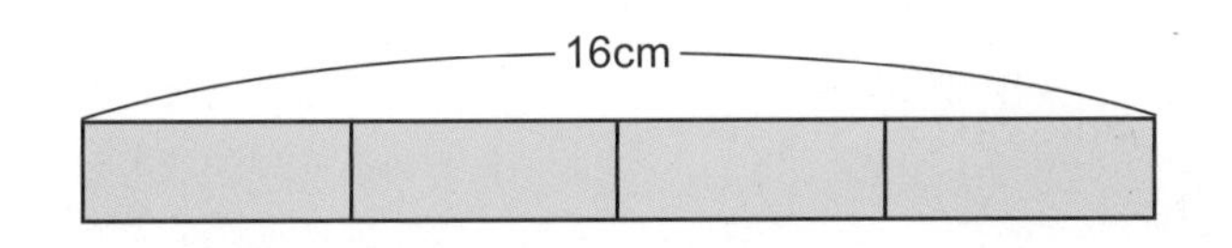

16÷4=4

0.8÷4=？这种“分开除”的方法似乎有点儿麻烦。

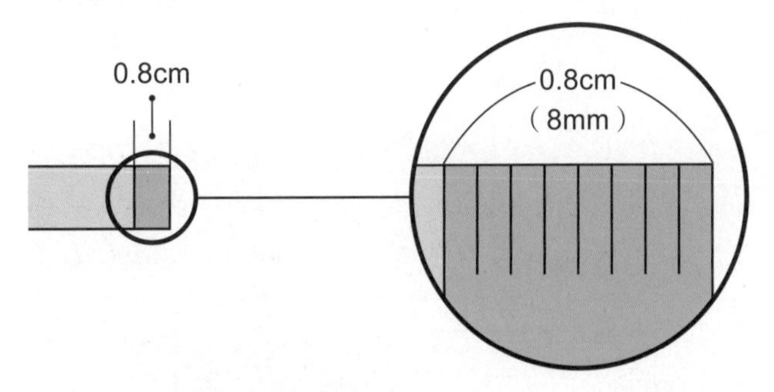

那么，如果把0.8厘米平均分成4等份，应该怎么计算呢？在这里，我们以1毫米为单位来想一想。

因为0.8厘米=8毫米，因此8÷4=2（毫米），2毫米=0.2厘米。

0.2厘米和16÷4=4的4厘米加起来，4+0.2=4.2（厘米），得数是4.2厘米。

这个答案似乎是正确的。但是，这道题还有其他的计算方法哦。在以下的说明中，让我们仔细地想一想。

动脑时间

如果没有笔算，如何计算除法

通常，对于不能用心算来计算的题目，我们都会使用笔算，即使是很难的除法，也可以很容易地求出商。

现在，我们所使用的笔算方法都是靠着从前许多人的努力和研究才被创造出来的。

其中，除法的笔算方法是最晚被发明出来的。

现在，如果我们不知道除法的笔算方法，应该怎么求出以下这个问题的答案呢？

> 仓库里有700袋由38户农家共同产出的米，如果想把这些米平均分配给每一户农家，每一户农家可分到多少袋米呢？

若是不能用笔算来计算的话，只好每一户农家先分配一袋，总共是38袋。然后把剩下的米再重新分配一次，每户一袋，又是38袋。如此反复分配，直到米分完为止。

700 第1次 → 38 第2次 → 38 第3次 → 38 第4次 → 38 →

但是，这种做法太麻烦了。

因此，懂得乘法的人，便先以一户大概可以分配到8袋来计算。那么每次就分掉8×38=304（袋）。

700 第1次 → 304 第2次 → 304

$$\begin{array}{r} 38 \\ \times\ 8 \\ \hline 304 \end{array}$$

第2次分配过后，已经分到了8×2=16（袋），总共分掉了608袋。

700−608=92（袋），余数是92袋。

因为余数较少，因此现在一袋一袋来分配。

92 第3次 → 38 第4次 → 38

因此，我们算出每户分配到18袋。

18 ← 第1次 8 + 第2次 8 + 第3次 1 + 第4次 1

利用这种一部分一部分地分的方法来计算的人，真是个大博士！由此可知，如果不懂得除法的计算，真是太不方便了。

小数 ÷ 整数的计算（1）

“把 17.4 厘米长的带子，平均分给 3 人，每个人可以分得几厘米呢？”让我们来想一想这个问题的计算方法。

● 计算时的想法（1）

如果以 0.1 为单位来计算的话，把被除数看成整数不就能计算了吗？

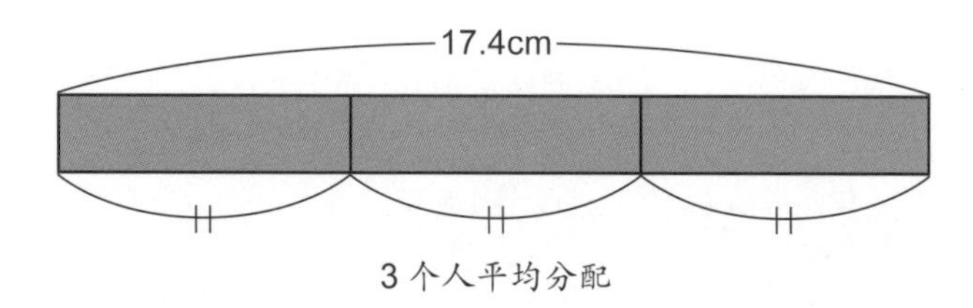

3 个人平均分配

1 厘米等于 10 毫米，因此把 17.4 厘米换算成 174 毫米，就很容易计算了。

17.4cm=174mm

17.4（cm）÷3 ➡ 174（mm）÷3=58（mm）

58mm=5.8cm

17.4÷3=5.8（cm）

这也是个好方法。如果以 0.1 为单位来表示 17.4 的话，结果如何呢？

以 0.1 为单位来表示 17.4，则

17.4 ➡ 174

17.4 可以看成集合了 174 个 0.1 的数。

以 0.1 为单位来表示，则

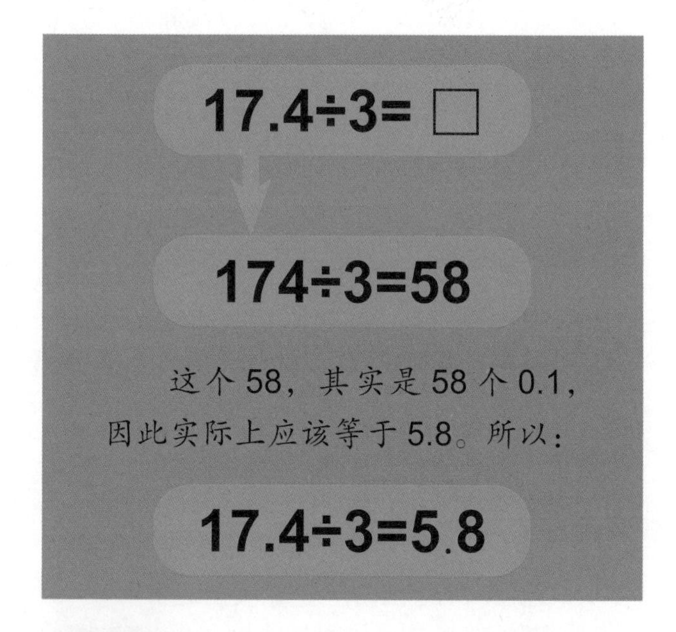

例题

利用同样的方法，我们来算一算 35.2÷8。

以 0.1 为单位来表示 35.2。

● 以 0.1 为单位，则

35.2 → 352

35.2÷8=□ → 352÷8=44

● 单位恢复为 1，则

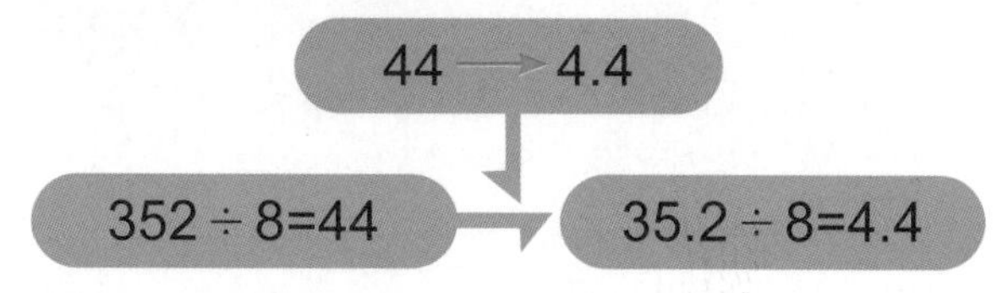

● 计算时的想法（2）

除法中，如果把被除数和商乘上相同的数，这个式子也成立。

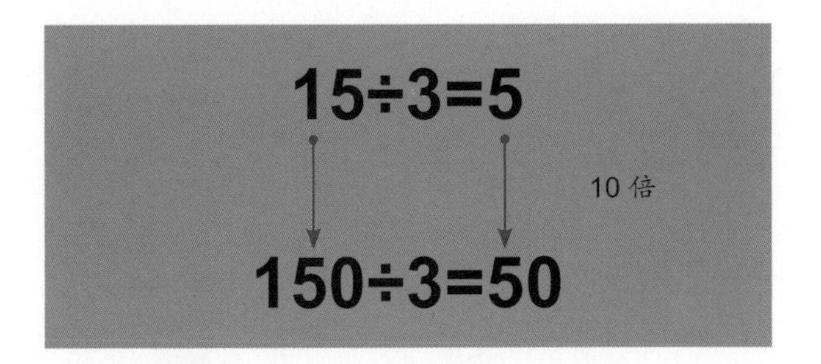

使用这个方法，把 17.4 扩大 10 倍来计算，就成了以下的算式。58 是商的 10 倍，因此 58 的$\frac{1}{10}$，即 5.8 才是商。

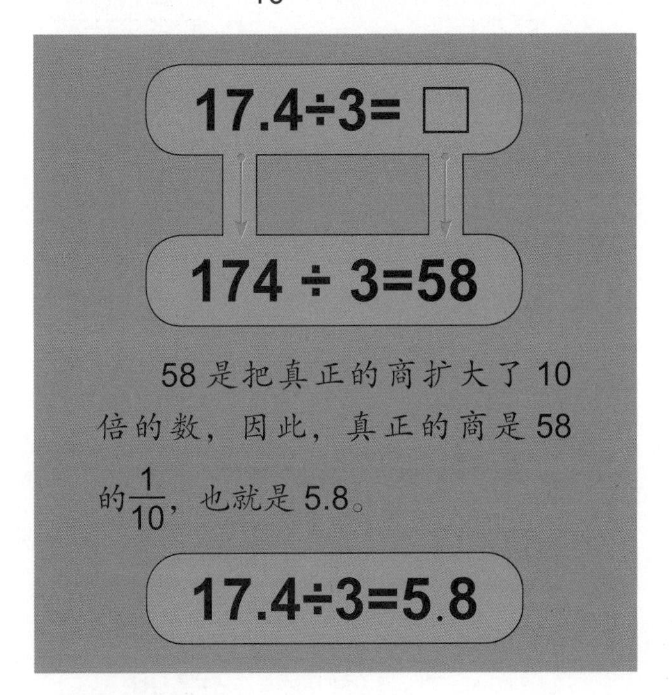

● 笔算的方法

17.4 ÷ 3 的商是 5.8。

把这个除法利用以前学过的笔算方法来写，就成了右边的竖式。

被除数和商的数位完全相同。从这一点，让我们来想一想笔算的方法。

```
    5.8
3 ) 17.4
```

计算方法和以前学过的一样。

```
① 3 ) 17.4

      5
② 3 ) 17.4
      15
       2

      5.
③ 3 ) 17.4
      15
       2

      5.8
④ 3 ) 17.4
      15
       2 4
       2 4
         0
```

①笔算时的写法，和整数的除法相同。

②用整数 17 除以 3。商是 5，余数为 2。

③从这里以下的商就是小数，因此在 5 的右下方标上小数点。

④再把 4 降下来。24 其实是 24 的$\frac{1}{10}$，2.4。

用 3 除 24，商为 8，是 8 个$\frac{1}{10}$，因此写在小数点的右边。

最终的商为 5.8，可以除尽。

除法的验算

小数除法的验算方法，和整数除法的验算方法相同。

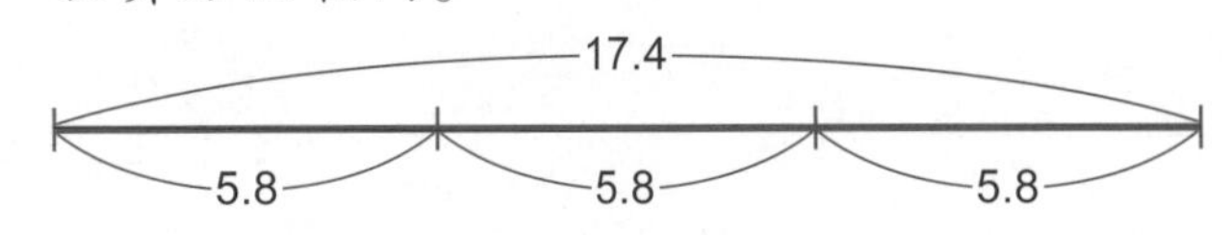

以上的计算，把 17.4 分成 3 等份之后，每一等份用 5.8 来表示。

```
                    5.8
17.4 ÷ 3=5.8 →   ×   3
                   17.4
```

小数 ÷ 整数的计算（2）

现在，我们再来想一想不能正好除尽时的计算方法。

● 8.6÷4 的计算

想一想 8.6÷4 的计算，在除尽之前的计算方法。

好简单哦！我们再用笔算来算一算。

```
    2 1
4 ) 8.6
    8
      6
      4
      2
```

再来怎么做呢？

这个 2，是以 0.1 为单位的 2。如果还要以再小一位的 0.01 为单位的话，0.2 可以想成 20，8.6 则想成 860，因此，用 4 除的时候，就可以继续计算下去了。

```
    2.1              2.15
4 ) 8.6    →    4 ) 8.60
    8               8
      6               6
      4               4
      2               20
                      20
                       0
```

● 7÷5 的计算

让我们再来想一想 7÷5 的计算方法。

4÷5=0.8

```
    0.8
5 ) 4.0
    4 0
      0
```

5.46÷6=0.91

```
    0.91
6 ) 5.46
    5 4
       6
       6
       0
```

24.72÷12=2.06

```
      2.06
12 ) 24.72
     24
        72
        72
         0
```

请计算，例如，把7米长的绳子平均分给5人。

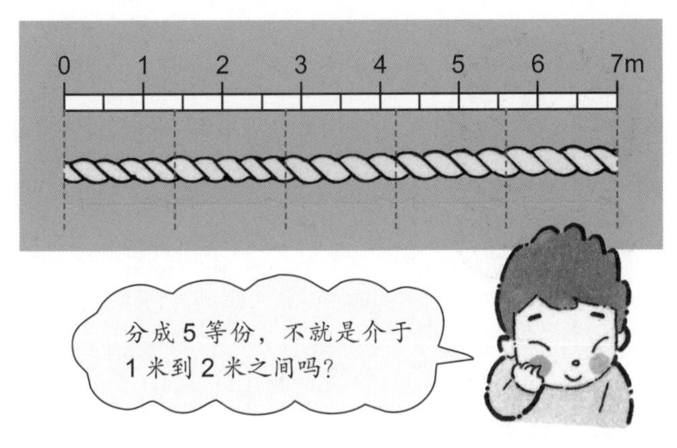

把7分成5等份，因此算出商为1之后，就可以看出结果了，让我们用笔算来计算清楚吧。

```
    1              1.4
5 ) 7    ➡     5 ) 7.0
    5              5
    2              2 0
                   2 0
                     0
```

写上小数点后，再加上0，直到除尽为止。

● 3÷4 的计算

3÷4的计算，个位上的商不成立，商的个位上写上0，然后写上小数点再计算。

```
     0.75
4 ) 3.0      ← 加上小数点
    2 8
      20
      20
       0
```

动脑时间

商的数字呈规则性整齐排列的除法

1÷9=0.11111……

2÷9=0.22222……

3÷9、4÷9会变成什么呢？

也有这样的形式：

1÷99=0.010101……

12÷99=0.010101……×12

=0.121212……

23÷99=0.232323……

56÷99的商也是像这样不断地循环出现的数字吗？试着计算看一看吧。

85.12÷28=3.04

```
        3.04
28 ) 85.12
     84
      1 12
      1 12
         0
```

219.6÷72=3.05

```
        3.05
72 ) 219.6
     216
       3 60
       3 60
          0
```

3÷75=0.04

```
       0.04
75 ) 3.00
     3 00
        0
```

小数 ÷ 整数的计算（3）

“把 2.3 米的带子分成 6 等份，每一等份是几米？”可以用 2.3÷6 来计算。

◉ 余数的大小

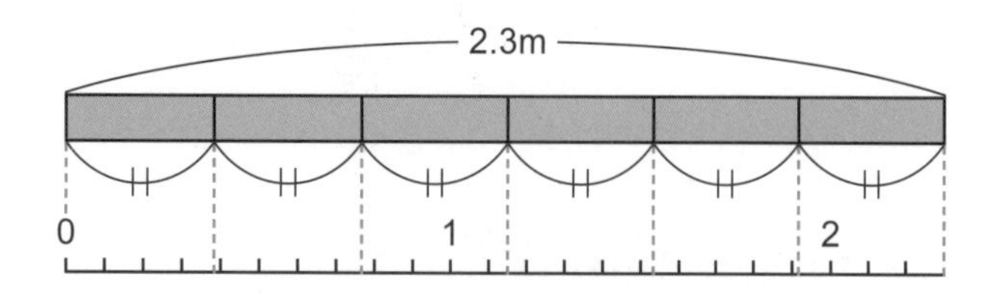

真的是这样吗？

假如商是 0.3，0.3×6=1.8 太小了。

假如商是 0.4，0.4×6=2.4 又超过了。

因此商应该是比 0.4 小一点儿的数。

用笔算计算如下，请注意余数。

```
①    0.3        ②    0.38        ③    0.383        ④    0.3833
   6)2.3     →     6)2.3      →      6)2.3       →      6)2.3
     1 8             1 8               1 8                1 8
       5               50                50                 50
                       48                48                 48
                        2                 20                 20
                                          18                 18
                                           2                  20
                                                              18
                                                               2
```

个位上没有商成立，因此写上 0。接下来再继续把 2.3 看成 23 来计算。

请注意②、③、④的余数都是 2。

①的余数为 0.5

②的余数为 0.02

③的余数为 0.002

④的余数为 0.0002

好像怎么除都除不尽，从②的式子之后，余数都剩下 2，因此商也是 0.3833……3 一直循环下去。

注意这个余数 2，在②的算式中是 0.02，在③的算式中是 0.002，而在④的算式中则是 0.0002。

那么，这时候我们应该计算到哪里为止呢？即使计算到连尺都测量不出来的地步，也没有用啊！

◉ 商的近似数

如果继续除下去，商的数位会越来越小。

0.38333……

通常，把商计算到那么细微、精确的部分是不必要的。

只要在某一个适当的数位四舍五入，求出商的近似数就可以了。

例如，把 2.3 米分成 6 等份的问题中，尺可以量出的单位是毫米，换句话说，就是尺只能量到 0.001 米的单位，因此我们只要在小数点后第四位进行四舍五入就可以了。于是变成：

0.3833 → 0.383
取到小数点后第三位

商大约等于 0.383 米。可以写成 $2.3 \div 6 \approx 0.383$.

综合测验

1. 计算以下各题：

① $9.4 \div 5$　　② $11.8 \div 4$
③ $12.6 \div 5$　　④ $60.4 \div 8$
⑤ $18.4 \div 4$　　⑥ $46.5 \div 3$

2. 计算以下各题：

① $8 \div 5$　　② $17 \div 4$
③ $9 \div 4$　　④ $15 \div 8$

整　理

（1）小数 ÷ 整数，和整数 ÷ 整数一样，都可以在以下两种情况中使用。

①“可以取出几个相同的东西”等问题，即“包含除”问题。

②“平均分成几等份，求其中的一份是多少”等问题，即“等分除”问题。

（2）小数 ÷ 整数的计算，在个位商的商后面写上小数点之后，再求出十分位上和百分位上的商。

（3）如 $8.6 \div 4$ 之类的计算，可以看成 $8.600 \div 4$。

（4）余数要和被除数原来的数位对齐，并写上小数点。

（5）在除不尽的时候，通常会在商的适当数位四舍五入，求出近似数。

综合测验答案：1. ① 1.88；② 2.95；③ 2.52；④ 7.55；⑤ 4.6；⑥ 15.5。2. ① 1.6；② 4.25；③ 2.25；④ 1.875。

巩固与拓展

整　理

1. 小数乘法的意义和计算方法

（1）小数 × 整数的意义

和整数 × 整数一样，小数 × 整数的乘法运算用于求某数的倍数。

例如，4.3 米的 6 倍是多少米?

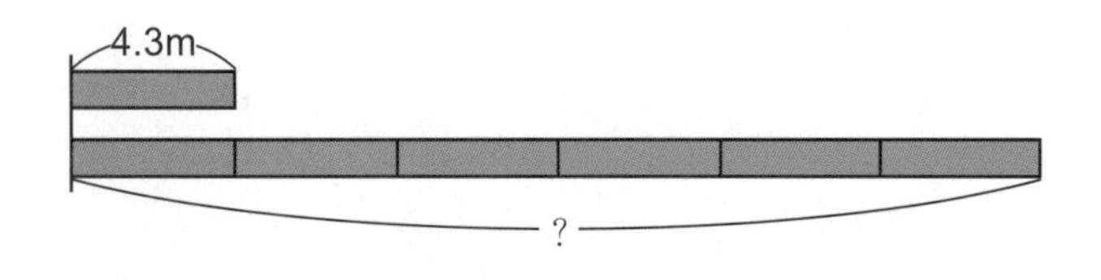

4.3×6=25.8（米）　答：是 25.8 米。

（2）小数 × 整数的计算意义和计算方法

4.3×6，4.3 是 0.1 的 43 倍。

4.3×6=0.1×43×6，因此，可以用这种方式计算。

$$\begin{array}{r}4.3\\ \times\ \ 6\\ \hline\end{array} \rightarrow \begin{array}{r}43\\ \times\ 6\\ \hline 258\end{array} \rightarrow \begin{array}{r}4.3\\ \times\ \ 6\\ \hline 25.8\end{array}$$

（4.3×6）➡[0.1×（43×6）]➡（0.1×258）➡回到以 1 为单位的数（25.8）。

试一试，来做题。

1. 有一座长方形的牧场，周围每隔 1.8 米设立一根木桩，总共有 150 根木桩，木桩上还绕着绳子。牧场的四周一共有多少米?

2. 牧场一共有 18 头牛，每头牛每天产 0.34 升牛奶，1 个月（30 天）总共能生产多少升牛奶?

3. 木桩每根重 1.25 千克，150 根木桩的总重量是多少千克?

2. 小数除法的意义和计算方法

（1）小数 ÷ 整数的意义

和整数 ÷ 整数一样，小数 ÷ 整数的除法运算可用于下面两种情形。

①计算份数，属于“包含除”。

例如，把 13.5 升的油分装到 3 升装的瓶里，一共需要几个瓶子？

13.5÷3=4（个）……1.5（升）

注意，剩余的 1.5 升必须装到另一个瓶子中。

答：一共需要 5 个瓶子。

②计算平分后每一份的数量，属于“等分除”。

例如，把 13.5 升平分为 3 等份，每份是多少升？

13.5÷3=4.5（升）

答：每份是 4.5 升。

（2）小数 ÷ 整数的意义和计算方法

13.5÷3 的笔算方法如下。

13.5 是 0.1 的 135 倍：

13.5÷3=0.1×（135÷3）=0.1×45=4.5

$$\begin{array}{r} 45 \\ 3\overline{)135} \\ \underline{12} \\ 15 \\ \underline{15} \\ 0 \end{array}$$

- **商的个位**

13÷3=4……1

- **写上小数点**
- **商的小数第一位**，15÷3=5

$$\begin{array}{r} 4 \\ 3\overline{)13.5} \\ \underline{12} \\ 1\,5 \end{array} \rightarrow \begin{array}{r} 4.5 \\ 3\overline{)13.5} \\ \underline{12} \\ 1\,5 \\ \underline{1\,5} \\ 0 \end{array}$$

做小数 ÷ 整数的计算时，要注意小数点的位置。

4. 有 64.8 千克的干草，平分给 18 头牛吃，每头牛平均可以吃到几千克的干草？

5. 有 27 升的水，由 18 头牛平分，每头牛可以喝到几升的水？

6. 小明沿着牧场四周的绳子步行了一圈，总共走了 450 步，小明每步的步长是几米？

答案：1. 270 米。2. 183.6 升。3. 187.5 千克。4. 3.6 千克。5. 1.5 升。6. 0.6 米。

解题训练

■ 小数的乘法计算

1 在池塘四周每隔 14.7 米种植一棵树，一共种了 18 棵。池塘的周长是多少米？

◀ 提示 ▶
先计算树和树之间的间隔有几个。

解法 先假设池塘边只种 2 棵或 3 棵树。

（树的棵数）	种 2 棵时	种 3 棵时	种 10 棵时
（树和树之间的间隔数）	2	3	10

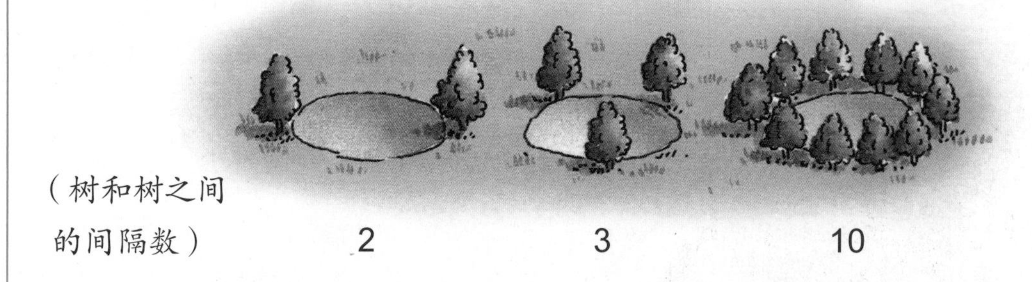

14.7×18=264.6（米）　　答：池塘的周长是 264.6 米。

■ 小数的除法计算

2 13.2 米长的绳子分成 12 等份之后的长度和 14.4 米长的绳子分成 16 等份之后的长度相比，哪一种较长？长多少米？

13.2m

14.4m

◀ 提示 ▶
先求每一等份的长度再做比较。

解法 把两根绳子各分成等份后，再比较每一份的长度。

13.2÷12=1.1（米），14.4÷16=0.9（米），1.1−0.9=0.2（米）

答：13.2 米的绳子分成 12 等份后的长度较长，长 0.2 米。

■ 小数的乘法和除法的应用问题

3

右图是一间长方形的客厅，客厅里铺满了草席，每张草席的长是1.75米，长是宽的2倍。客厅的总面积是多少平方米？

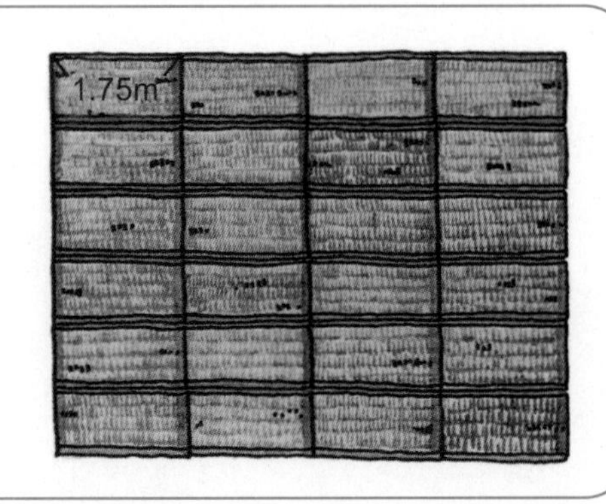

◀ 提示 ▶
草席的长是宽的2倍，所以1张草席的长度等于2张草席的宽度。

解法 先求出客厅的长度（1.75米的4倍）和宽度（1.75米的3倍），再求客厅的面积。

长度：1.75×4=7.00（米），宽度：1.75×3=5.25（米）

面积：5.25×7=36.75（平方米） 答：客厅的总面积是36.75平方米。

4

妈妈替姐姐和妹妹缝制连衣裙，姐姐的连衣裙比妹妹的连衣裙多用了0.85米布，妹妹的连衣裙需要2.3米布。姐姐的2件连衣裙所用的布和妹妹的3件连衣裙所用的布相比，哪一块布较长？长多少？

◀ 提示 ▶
姐姐的每件连衣裙所用的布=（妹妹的每件连衣裙所用的布+0.85米）

解法 姐姐每件所用的布是：2.3+0.85=3.15（米）；妹妹的3件连衣裙所用的布为：2.3×3=6.9（米）；姐姐的2件连衣裙所用的布为：3.15×2=6.3（米）；6.9−6.3=0.6（米）。

答：妹妹的3件连衣裙所用的布较长，长0.6米。

5

长方形花圃的周长为26.4米，花圃的长度比宽度多3.4米。花圃的长和宽各是多少米？

◀ 提示 ▶
先求长+宽。

解法 长+宽等于周长的二分之一。由下图可以看出，长+宽减去3.4米，等于宽的2倍。有以下算式：

长+宽为：26.4÷2=13.2

宽为：（13.2−3.4）÷2=4.9

长为：4.9+3.4=8.3

答：花圃的长为8.3米，宽为4.9米。

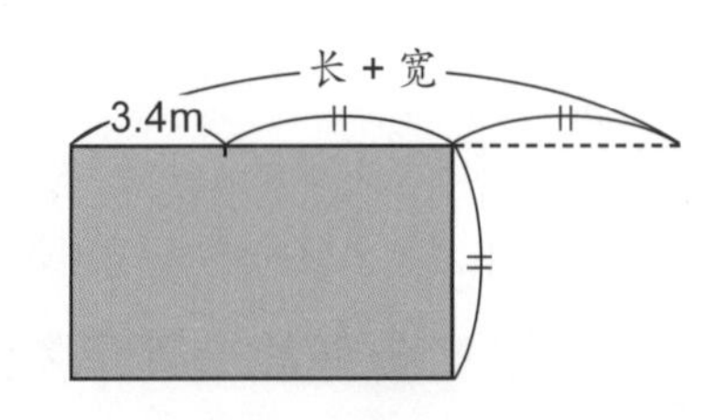

加强练习

1. 用下图的四边形锁链连成一串链子。链子串结完后，如果有 50 个锁链，全部的长是多少米？

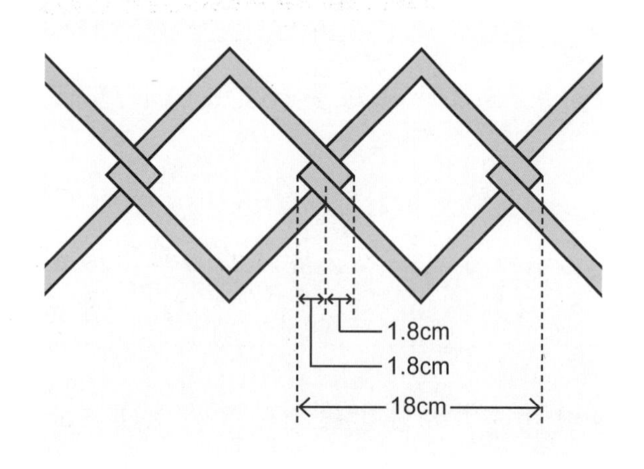

2. 小明在甲、乙两点之间设立木桩，如果木桩和木桩的距离为 2.8 米，木桩会缺 5 根；如果木桩和木桩的距离为 4.8 米，木桩刚好够用。

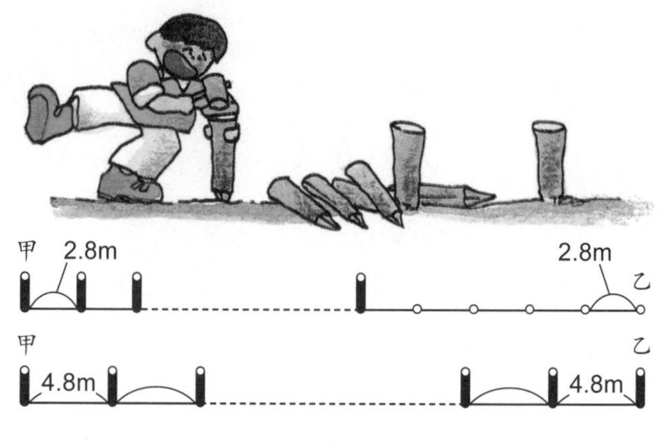

（1）一共有几根木桩？

（2）甲、乙两点相距多少米？

解答和说明

1. 首先化繁为简，以锁链数较少的情形为例，4 个锁链的情形如下图：

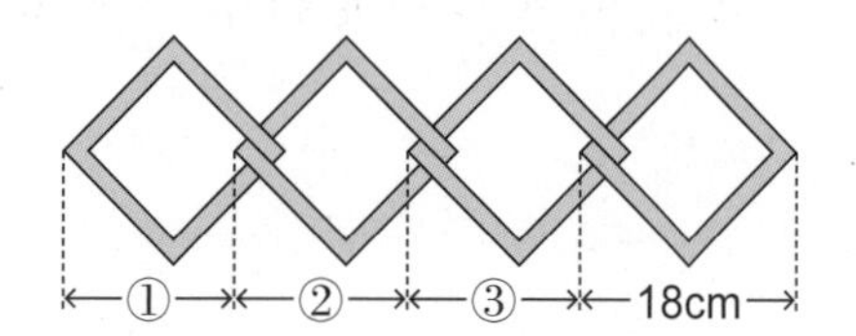

①、②、③的长度各是 18−（1.8×2）=14.4（厘米），4 个锁链连接后的全长是 14.4×3+18=61.2（厘米）。同样，50 个锁链相接后的全长可由下面的算式求出。

18−（1.8×2）=14.4（厘米）

14.4×49+18=723.6（厘米）

答：全部的长是 7.236 米。

2.（1）如果木桩间隔为 2.8 米会缺 5 根，所以未设立木桩的距离总共是：2.8×5=14（米）。如果木桩间隔为 4.8 米，全部的木桩刚好用完，因此，用 14 米除以（4.8 米 −2.8 米），便可求出间隔 4.8 米时木桩和木桩之间的间隔总数。

14÷（4.8−2.8）=7

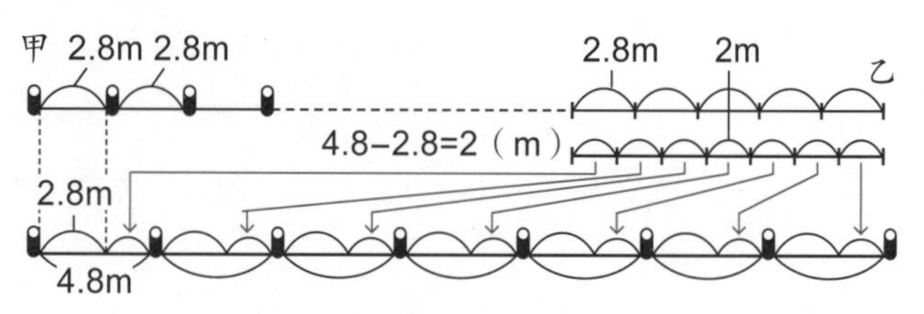

木桩数是 7+1=8（根）

答：一共有 8 根木桩。

（2）间隔 4.8 米时一共需 8 根木桩，所以甲、乙两点间的距离可由下面的算式求得：4.8×（8−1）=33.6（米）

答：甲、乙两点相距 33.6 米。

3. 小英和小华玩猜拳游戏。猜拳赢的人可以前进 3 步，输的人必须倒退 2 步。猜拳 10 次后，小英总共前进了 6 米。两人每走一步的距离都是 0.6 米，请问小英赢了几次？

3. 每次猜拳后，胜负双方的差距是 5 步，也就是：0.6×5=3（米）。如果小英 10 次全都赢了，前进的全部距离是：0.6×3×10=18（米），但小英实际上只前进了 6 米。由下图得知，小英输后折回的距离是 12 米，把 12 米除以胜负双方每次的差距 3 米，便可求得小英输的次数。

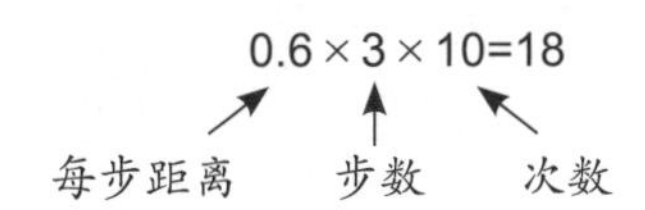

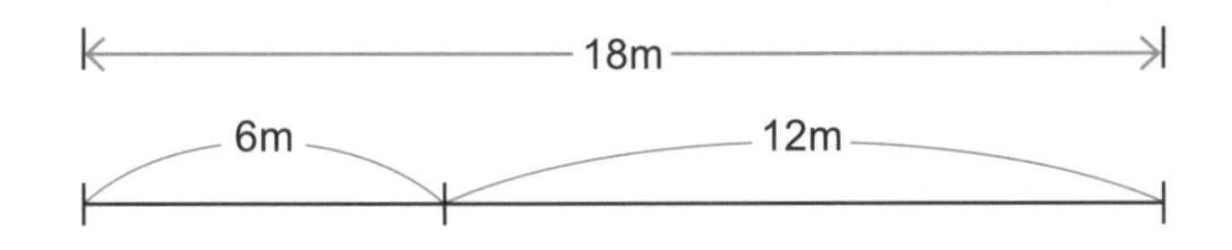

小英输的次数为：12÷3=4（次）

小英赢的次数为：10−4=6（次）

答：小英赢了 6 次。

应用问题

1. 甲柱和乙柱相距 5.8 米。如果在两柱之间装设 6 扇宽度相同的拉门，门和门的重叠部分（如下图所示）是 0.2 米，请问每扇拉门的宽度是多少米？

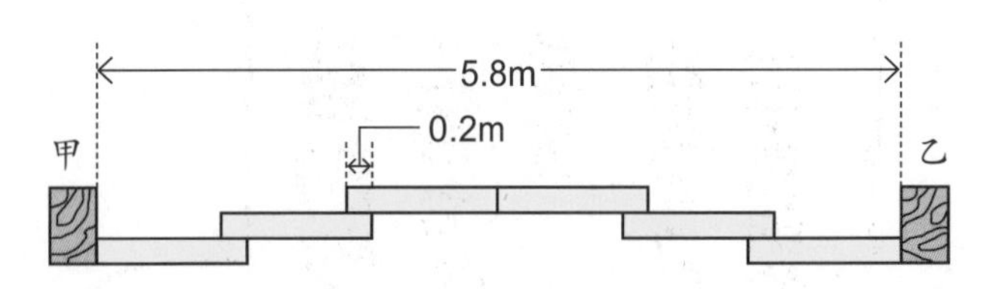

2. 小明和小华一起赛跑 300 米，小明花了 40 秒跑完全程，小华跑了 40 秒时距离终点还有 32 米。

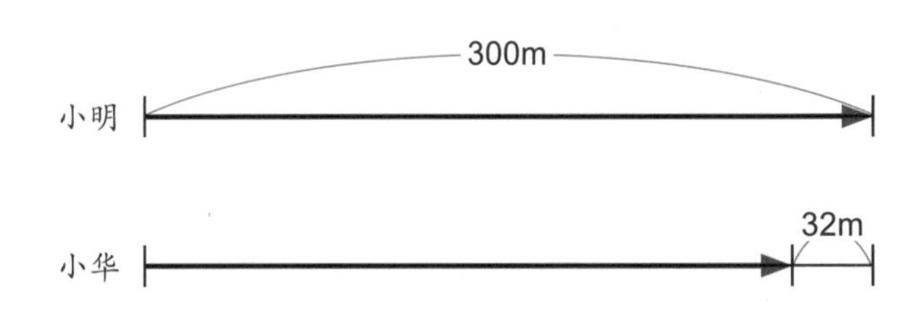

（1）小明平均每秒跑多少米？

（2）两人每秒所跑的距离相差几米？

（3）小华跑完全程需要几秒？（得数保留一位小数）

答案：1. 0.2×4=0.8（米）

（5.8+0.8）÷6=1.1（米）

每扇门的宽度是 1.1 米。

2.（1）7.5 米。

（2）0.8 米。

（3）44.8 秒。

数的智慧之源

虫蛀算术

有人突然发现了一张破纸片，但是这张纸片被蛀虫乱啃一通，有些字已经读不出来了。

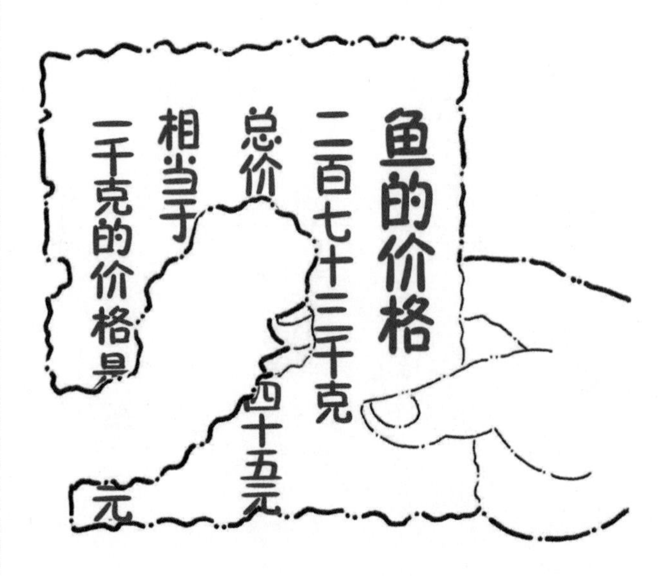

不论怎么仔细查看这张纸片，也无法看出纸片上被蛀虫啃掉的到底是什么字。

但是，如果把纸片上的数字当成线索，就有可能算出被蛀虫啃掉部分的数字。这就是虫蛀算术。

但是，应该怎么计算，才能知道纸上无法读出部分的数字呢？

如果把它列成笔算的算式来看，很容易就可以发现它们的关系了。

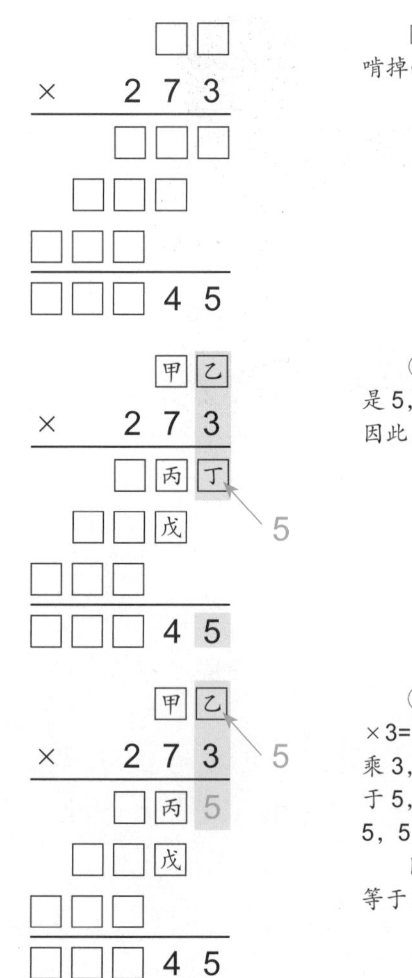

□的部分是指被蛀虫啃掉而无法读出的数字。

①总价的个位上的数是5，是丁直接降下来的。因此，我们知道丁就是5。

②我们再来看一看乙×3=……5的部分。某数乘3，积的个位上的数等于5，可见某数只可能是5，5×3=15。

因此，我们知道乙也等于5。

③乙如果确定是5，而戊是5×7积的个位上的数，因此戊也等于5。接下来，再看一看：

丙+戊=4

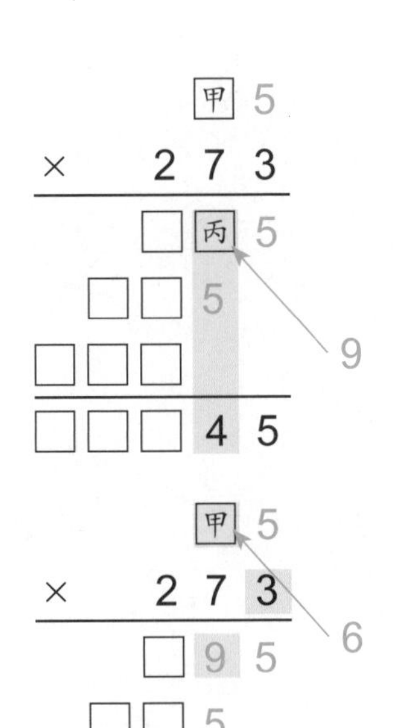

④已经知道戊等于5，某数加上5的个位上的数是4，可见某数一定是9。因此丙等于9。

```
     甲5
×   273
--------
    □丙5
   □□5
 □□□
--------
 □□□45
```

⑤如果丙等于9，甲×3=□8（因为9是加上了5×3进位的1）。因此某数乘以3，个位上的数是8，某数必定等于6。

```
     甲5
×   273
--------
    □95
   □□5
 □□□
--------
 □□□45
```

弄清楚了以上的推算，我们只需要计算65×273的积就可以了。计算后，把□填满。

这样，我们就可以知道蛀虫在啃食之前，纸上原来应该写着以下这些字。

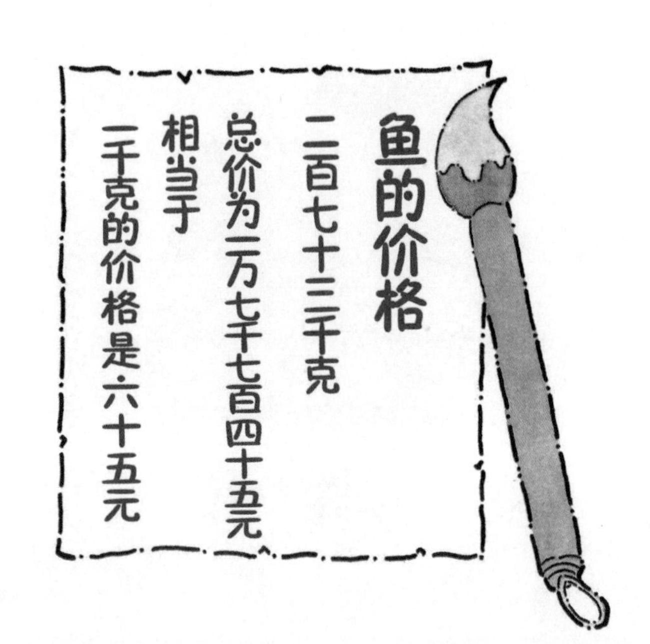

现在，我们已经大概了解了虫蛀算术的解题方法了。

接下来，我们就来算一算下面几道虫蛀算术题吧。

（1）
```
   7□8
   □1□
+ 1492
-------
  □845
```

（2）
```
   1□92
   29□1
   971□
+  2□17
--------
 □7592
```

（3）
```
  □84562
-  8□1□3
---------
   6□7□7□
```

（4）
```
  54□2□
- □58□2
--------
  3□919
```

（5）
```
     3□□□
×      9□
----------
    2□□□1
  30□17
----------
  33□□□1
```

（6）
```
         □3
     ------
  □□ ) 949
       □□
      -----
       □□9
       2□□
      -----
          0
```

以上的每一题都不难，因此没有提示，请你自己试一试吧！

答案：

（1）738+615+1492=2845。

（2）1992+2971+9712+2917=17592。

（3）784562−87183=697379。

（4）54721−15802=38919。

（5）3413×97=331061。

（6）949÷73=13。

分数的加
法、减法

分数的表示方法和意义

除法和分数

大明、小强和小惠3个人，为了做实验，他们想把2升的食盐水分成3等份。

把2升分成3等份以后，每一份是多少升呢？

会变成多少升呢？

如果把这2升的食盐水分成3等份，每一份是多少升？

● 把2升分成3等份

把2升等分成3份，要用除法，列成算式就是：2÷3。

我把0.666……变成0.6，舍去后面的数字。所以每份应该是0.6升。

小惠

2÷3=0.666……，四舍五入就是0.7。每份0.7升就可以啦！

大明

我们来看一看两人计算出的结果。

大明和小惠的得数，都在0.7升和0.6升之间，而没有精确的得数。

难道我们不能精确地表示把2升分成3等份后每一份到底是多少升吗？

- **用分数来表示整数的除法**

把 2 升分成 3 等份，画成图形如右图所示。

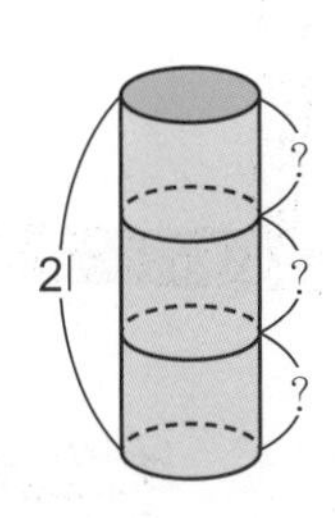

现在我们再把它恢复原状，用数线来表示。

学习重点

①整数除法的商和分数。
②真分数、假分数、带分数的意义。
③利用带分数和整数来表示假分数。
④用假分数来代表带分数。

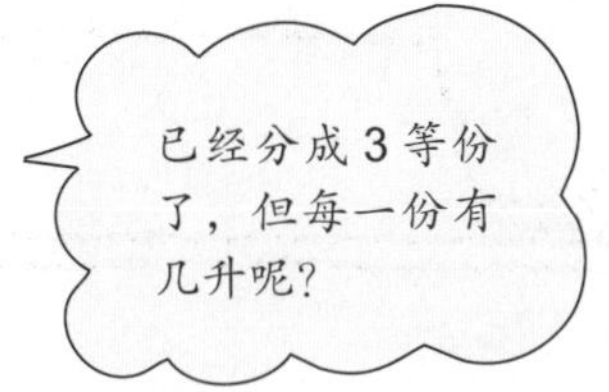

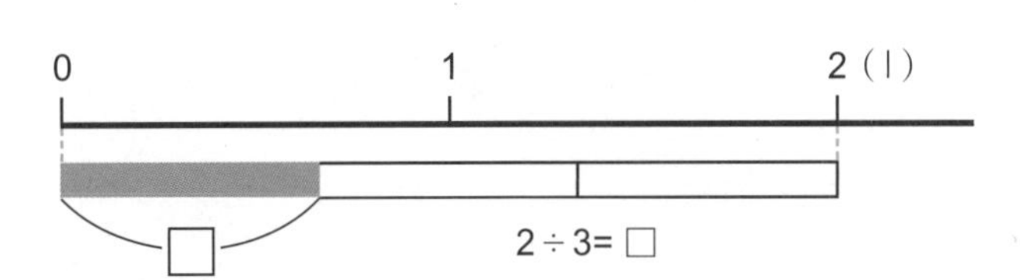

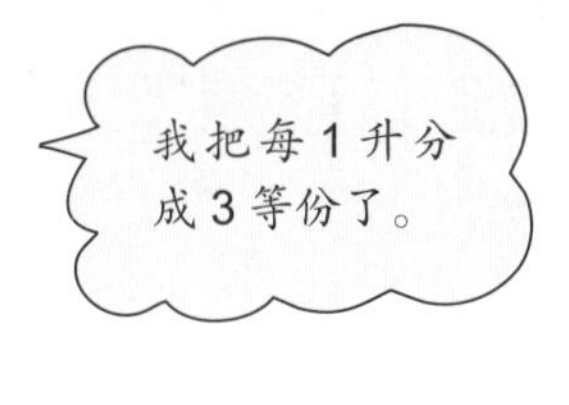

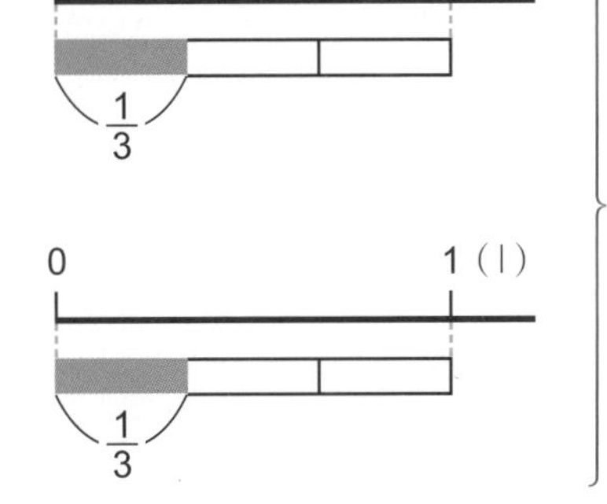

$\frac{1}{3}$有 2 份，因此表示成$\frac{2}{3}$。

$\frac{1}{3}+\frac{1}{3}=\frac{2}{3}$……$\frac{2}{3}$ 升

◆ 把 2 人的想法综合后表示出来。

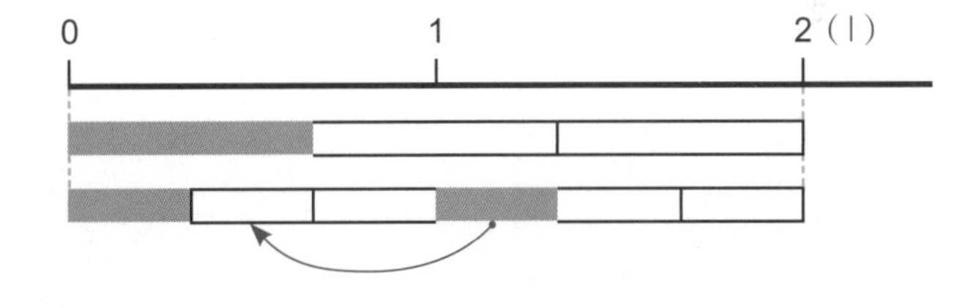

把 1 升分成 3 等份，每 1 份是$\frac{1}{3}$升。2 升是 1 升的 2 倍，因此若把 2 升分成 3 等份，就等于 2 个$\frac{1}{3}$升，也就是$\frac{2}{3}$升。

因此，2 升分成 3 等份，每 1 份就是$\frac{2}{3}$升。

换句话说，就变成了

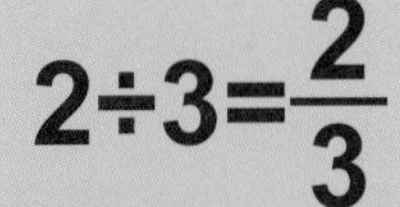

像这样，整数除法的商可以用下图来表示。

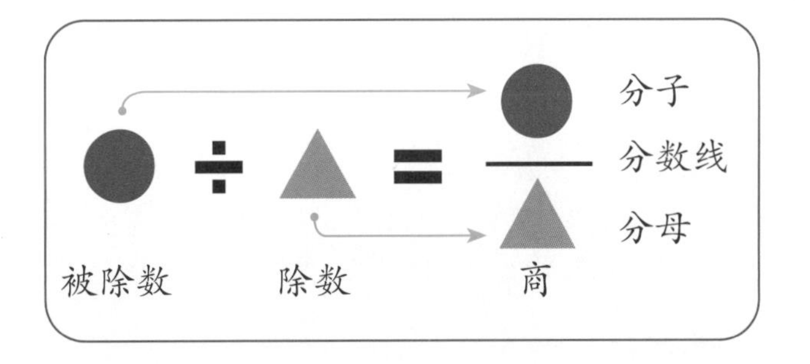

分数的种类

小惠他们想检查一下，教室里的花瓶中有多少升水。

如果利用容量为$\frac{1}{3}$升的小杯，往花瓶中装水，刚好可以装入 4 杯。那么花瓶的容量是多少升呢？

● 真分数、假分数

◆ 首先，利用$\frac{1}{3}$升容量的小杯，一杯一杯地倒进去，请算一算花瓶中装入的水量。

$\frac{1}{3}$ l

用小杯装进 1 杯，就是$\frac{1}{3}$升。

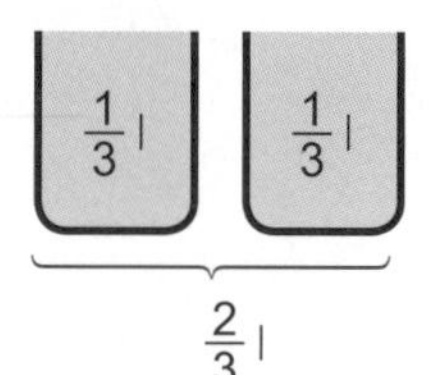

用小杯装进 2 杯，就是 2 个$\frac{1}{3}$升，等于$\frac{2}{3}$升。

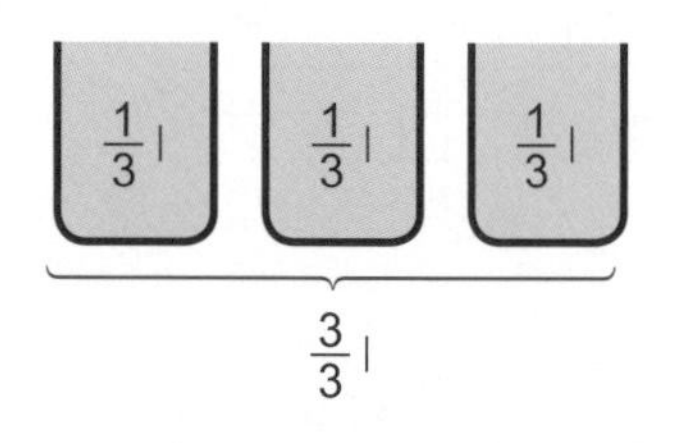

用小杯装进 3 杯，就是 3 个$\frac{1}{3}$升，等于$\frac{3}{3}$升。

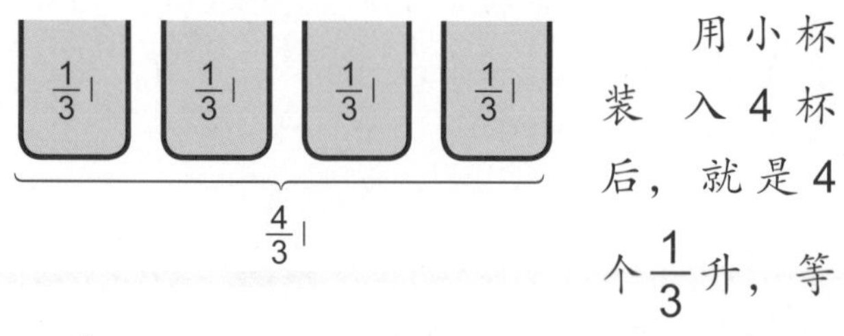

用小杯装入 4 杯后，就是 4 个$\frac{1}{3}$升，等于$\frac{4}{3}$升。

装入 4 杯小杯的水，花瓶就满了，因此花瓶的容量为$\frac{4}{3}$升。

列成算式表示为：

$\frac{1}{3}+\frac{1}{3}+\frac{1}{3}+\frac{1}{3}=\frac{4}{3}$（升）

◆ 用数线来表示$\frac{1}{3}$、$\frac{2}{3}$、$\frac{3}{3}$、$\frac{4}{3}$

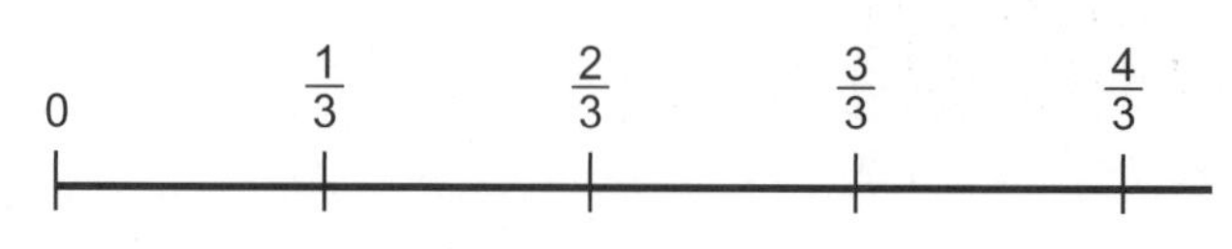

从这条数线中，我们可以得知$\frac{1}{3}$、$\frac{2}{3}$都是比 1 小的分数。

另外，3 个$\frac{1}{3}$是$\frac{3}{3}$，因此$\frac{3}{3}$是和 1 相等的数。

而$\frac{4}{3}$，是 4 个$\frac{1}{3}$，因此$\frac{4}{3}$是比 1 大的分数。

※ 像$\frac{1}{3}$和$\frac{2}{3}$，分子比分母小的分数，被称为真分数。真分数小于 1。

※ 像$\frac{3}{3}$和$\frac{4}{3}$，分子和分母相等或分子比分母大的分数，被称为假分数。假分数等于 1 或大于 1。

● 带分数

4个$\frac{1}{3}$升，可以用$\frac{4}{3}$升这样的假分数来表示。

除此之外，还有其他的表示方式吗？

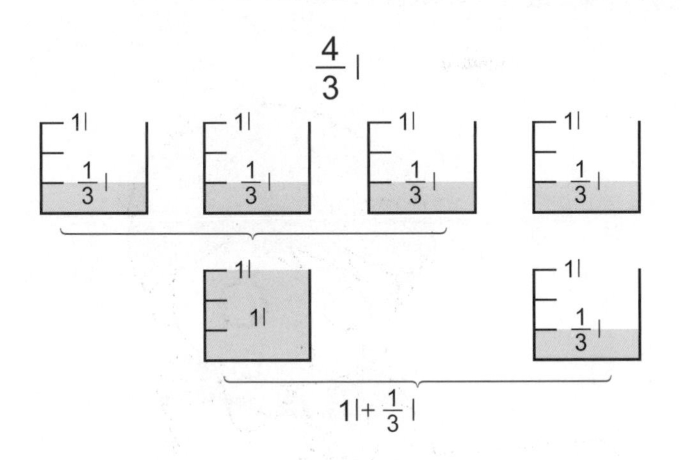

如左下图，$\frac{4}{3}$升是$\frac{3}{3}$升再加$\frac{1}{3}$升。$\frac{3}{3}$升等于1升，因此，$\frac{4}{3}$升可以化成$1\frac{1}{3}$升。

也就是：$\frac{4}{3}$升 $=\frac{3}{3}$升 $+\frac{1}{3}$升

$=1$升 $+\frac{1}{3}$升

像这样，把1升和$\frac{1}{3}$升加起来的容量，写作$1\frac{1}{3}$升，读作“一又三分之一升”。

像$1\frac{1}{3}$和$1\frac{2}{3}$这样由整数和真分数的和所组成的分数，被称为带分数。

● 把假分数化为带分数，带分数化为假分数

◆ 把$\frac{9}{4}$化为带分数

$0 \quad \frac{1}{4} \quad \frac{2}{4} \quad \frac{3}{4} \quad \frac{4}{4}(1) \quad \frac{5}{4} \quad \frac{6}{4} \quad \frac{7}{4} \quad \frac{8}{4}(2) \quad \frac{9}{4}$

$\frac{9}{4}$等于9个$\frac{1}{4}$。

4个$\frac{1}{4}$等于1，因此，$9\div4=2\cdots\cdots1$。

$\frac{9}{4}$为2个1再加$\frac{1}{4}$，所以，$\frac{9}{4}=2\frac{1}{4}$。

◆ 把$1\frac{2}{3}$化为假分数

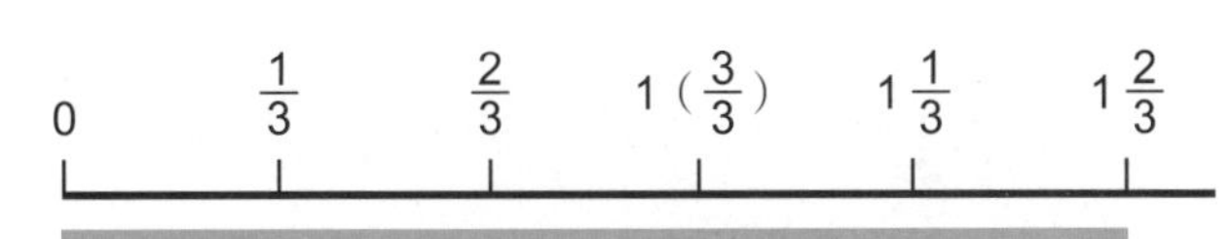

$1\frac{2}{3}$可以分成1和$\frac{2}{3}$。

因为1等于$\frac{3}{3}$，所以$\frac{3}{3}$加上$\frac{2}{3}$等于$\frac{5}{3}$。

因此，$1\frac{2}{3}=\frac{5}{3}$。

整　理

（1）整数 ÷ 整数的商，可以用分数表示。　●÷▲＝$\frac{●}{▲}$

（2）像$\frac{1}{3}$或$\frac{3}{4}$，分子比分母小的分数，被称为真分数。真分数小于1。

（3）像$\frac{3}{3}$或$\frac{4}{3}$，分子等于或大于分母的分数，被称为假分数。假分数大于或等于1。

（4）像$1\frac{1}{3}$或$2\frac{2}{3}$，由整数和真分数所组成的分数，被称为带分数。

分母相同的分数的加法、减法

真分数的加法和减法

◉ 真分数＋真分数的计算

在实验中，小诚先用掉了$\frac{2}{6}$米的漆包线，后来又用掉了$\frac{3}{6}$米的漆包线。他总共用掉了多少米的漆包线呢？

● 列成算式

在这个问题中，我们要计算先用掉的$\frac{2}{6}$米和后来用掉的$\frac{3}{6}$米的漆包线的总长度：

$$\frac{3}{6} + \frac{2}{6} = \square \text{（米）}$$

$\frac{3}{6}$ ↓（先前用掉的长度） $\frac{2}{6}$ ↓（后来用掉的长度） $\square$ ↓（总长度）

我们可以用加法来计算。

● $\frac{2}{6}+\frac{3}{6}$的计算方法

◆ 想一想，$\frac{2}{6}+\frac{3}{6}$这样的分数加法，应该怎么计算呢？

小诚立刻开始计算。现在，我们来看一看他用什么样的计算方法吧。

$$\frac{2}{6}+\frac{3}{6}=\frac{2+3}{6+6}=\frac{5}{12}\text{（米）}$$

那么，小诚的计算方法正确吗？

我们用小诚计算的得数$\frac{5}{12}$米，和后来用掉的$\frac{3}{6}$米比一比。$\frac{3}{6}$可以用$\frac{6}{12}$来表示，这时会发现，后来用掉的长度$\frac{3}{6}$米竟然比算出的总长$\frac{5}{12}$米还要长，好奇怪哦！

小诚的计算方法到底错在哪里呢？

假设有 1 千克砂糖，昨天被用掉了$\frac{1}{2}$千克，今天又被用掉了$\frac{1}{2}$千克，结果容器里什么都没剩下，砂糖被全部用光了。

用算式表示为：

$\frac{1}{2}+\frac{1}{2}=1$（千克）

如果用小诚的方法来计算，就变成：

$\frac{1}{2}+\frac{1}{2}=\frac{1+1}{2+2}=\frac{2}{4}=\frac{1}{2}$（千克）

结果应该还剩下$\frac{1}{2}$千克的砂糖咯？

学习重点

- 分母相同的分数加法、减法的计算方式。
- 真分数的加、减法的计算方式。
- 带分数的加、减法的计算方式。

像这样，在分数的加法中，如果把两个分数的分子、分母分别相加的话就错了。那么，应该怎么计算才对呢？

◆ 依图中所示来计算看看。

$\frac{2}{6}$米是指 2 个$\frac{1}{6}$米，$\frac{3}{6}$米是指 3 个$\frac{1}{6}$米，用图来表示如下。

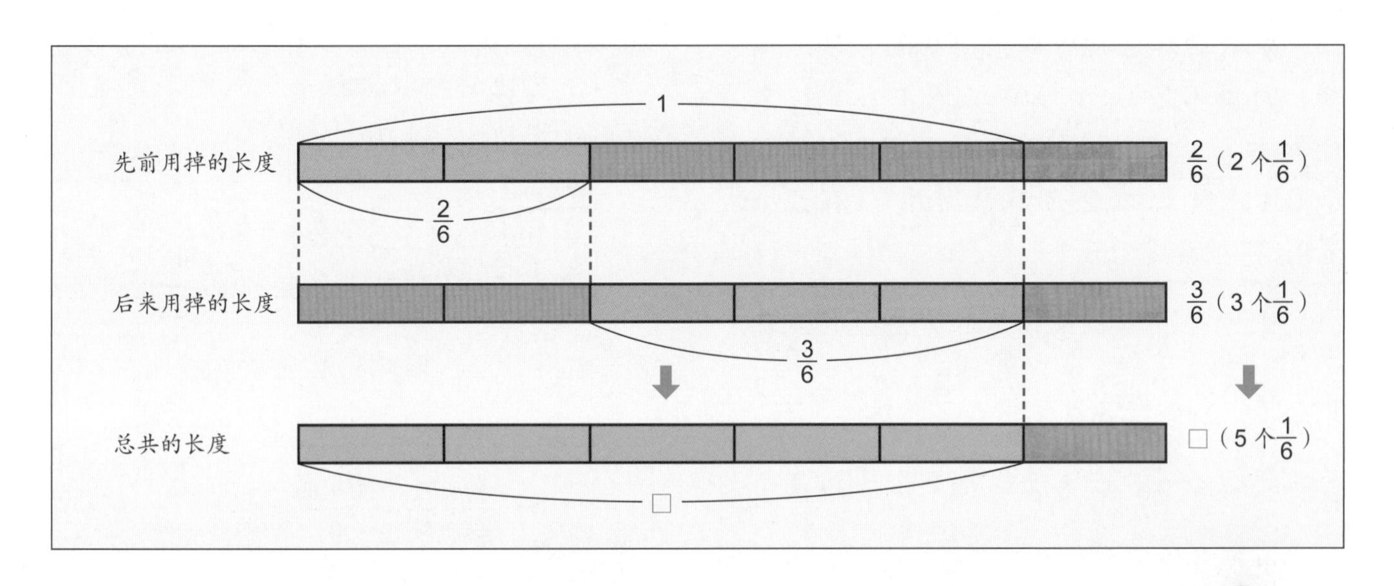

从图中我们知道，总共的长度是 5 个$\frac{1}{6}$的长，也就是$\frac{5}{6}$。

用算式表示为：

（2 个$\frac{1}{6}$）+（3 个$\frac{1}{6}$）=（5 个$\frac{1}{6}$）

$$\frac{2}{6}+\frac{3}{6}=\frac{5}{6}$$

以单位来计算

像$\frac{2}{6}+\frac{3}{6}$这样的加法，可以算一算有几个$\frac{1}{6}$，然后求出得数。换句话说，就是以$\frac{1}{6}$为单位来计算。

这样的计算方法，我们以前已经学过了，还记得吗？

例如，以百为单位来计算 200+300。可以把 200 想成 2 个 100，把 300 想成 3 个 100，因此以 2+3=5 来计算，得数是 5 个 100，等于 500。

小数的加法也可以用同样的方法。例如，计算 0.2+0.3，如果以 0.1 为单位来计算的话，0.2 就是 2 个 0.1，0.3 就是 3 个 0.1，因此以 2+3=5 来计算，有 5 个 0.1，得数就是 0.5。

像这样以单位来计算的方法应用到$\frac{2}{6}+\frac{3}{6}$中，就是以$\frac{1}{6}$为单位，$\frac{2}{6}$就是 2 个$\frac{1}{6}$，$\frac{3}{6}$就是 3 个$\frac{1}{6}$，$\frac{2}{6}+\frac{3}{6}$就是 2 个$\frac{1}{6}$加 3 个$\frac{1}{6}$，等于 5 个$\frac{1}{6}$，得数就是$\frac{5}{6}$。

换句话说，这三种计算，虽然单位不一样，但计算方法是一样的。

计算的方法

我们来看一看它的计算方法。

$$\frac{2}{6}+\frac{3}{6}=\frac{2+3}{6}=\frac{5}{6}$$

像这样，分母相同的分数相加，分母保持不变，只要将分子相加就可以了。

如果用记号来表示，写作：

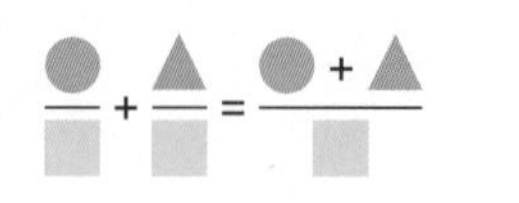

用其他的分数来试一试，是不是也可以用这样的方法相加，例如：

$\frac{1}{3}+\frac{2}{3}$

以$\frac{1}{3}$为单位来计算的话，$\frac{1}{3}$就是 1，而$\frac{2}{3}$就等于 2，因此，就变成 1+2。

$$\frac{1}{3}+\frac{2}{3}=\frac{1+2}{3}=\frac{3}{3}=1$$

$\frac{3}{5}+\frac{1}{5}$

以$\frac{1}{5}$为单位来计算的话，$\frac{3}{5}$就是 3，$\frac{1}{5}$就是 1，因此，就变成 3+1。

$$\frac{3}{5}+\frac{1}{5}=\frac{3+1}{5}=\frac{4}{5}$$

现在我们知道了其他的分数也可以用这种方法来进行加法计算。

真分数 - 真分数的计算

原本有$\frac{3}{4}$升牛奶，喝掉了$\frac{2}{4}$升，还剩下多少升呢？

● **列成算式**

这是求剩余量的问题，因此要用减法来计算，列成算式为：$\frac{3}{4}-\frac{2}{4}$。

● **$\frac{3}{4}-\frac{2}{4}$的计算方法**

想一想分母相同的分数加法的计算方法，是否可以运用到减法中呢？

◆ **以图来表示。**

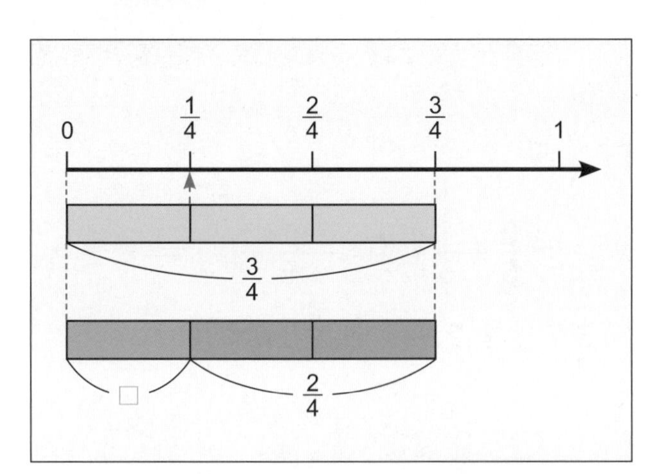

从图中，我们可以看出得数是$\frac{1}{4}$。

◆ 和加法的计算方法相同，用同一单位计算看一看。

用同一单位来计算的话，$\frac{3}{4}$就是3个$\frac{1}{4}$，$\frac{2}{4}$就变成2个$\frac{1}{4}$。换句话说，如果以$\frac{1}{4}$为单位来计算的话，就变成3–2=1，得数是1个$\frac{1}{4}$，也就是$\frac{1}{4}$。

列成算式就是：

$$\frac{3}{4}-\frac{2}{4}=\frac{3-2}{4}=\frac{1}{4}\text{（升）}$$

像这种分母相同的分数的减法，和加法的计算方法相同，分母也保持不变，只要分子相减就可以了。

如果用记号来表示，写作：

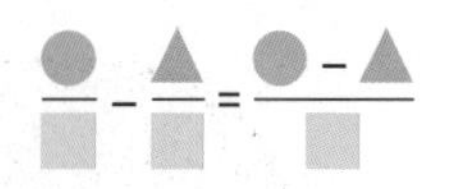

动脑时间

比较分数的计算和时间的计算

♠ 35分钟+45分钟=80分钟〈60分钟，20分钟〉1小时20分钟

♤ $\frac{3}{5}+\frac{4}{5}=\frac{7}{5}$〈$\frac{5}{5}$→1，$\frac{2}{5}$〉$1\frac{2}{5}$

这和把1单独拿出来的情况很相似。

♣ 1天–15小时：把1天换算成24小时

24（小时）–15（小时）=9（小时）

♧ $1-\frac{3}{5}$……把1换算成$\frac{5}{5}$

$\frac{5}{5}-\frac{3}{5}=\frac{2}{5}$

这和1的换算的情况很相似。

◆求出的得数，尽可能提到高的计数单位。

① $\frac{2}{5}+\frac{3}{5}=\frac{5}{5}=1$

（60分钟=1小时）

② $\frac{3}{4}+\frac{2}{4}=\frac{5}{4}=1\frac{1}{4}$

（75分钟=1小时5分钟）

③ $\frac{2}{3}+\frac{2}{3}+\frac{2}{3}=\frac{6}{3}=2$

（120分钟=2小时）

整数－真分数的计算

原本有 1 升油，小文用掉了$\frac{1}{4}$升，还剩下多少升呢？

• 1-$\frac{1}{4}$的计算方法

这个问题也是求剩余量，因此依照

总量－使用量＝剩余量

列成算式为：$1-\frac{1}{4}$。

像$1-\frac{1}{4}$这种整数－真分数的计算，该怎么做呢？

我们知道，整数 1 如果用分数来表示的话，就变成：

$$1=\frac{1}{1}=\frac{2}{2}=\frac{3}{3}=\frac{4}{4}=\frac{5}{5}=\cdots\cdots$$

首先，如果我们把 1 看成$\frac{2}{2}$，那么$1-\frac{1}{4}$就变成$\frac{2}{2}-\frac{1}{4}$。但是，这样的话，它们的分母不相同，因此不能计算。

如果我们把 1 看成$\frac{4}{4}$呢？

列出算式就是：

$$1-\frac{1}{4}=\frac{4}{4}-\frac{1}{4}$$
$$=\frac{4-1}{4}=\frac{3}{4}$$

这样就可以计算了。

整数－真分数的计算，要先把整数变成和减数分母相同的假分数之后再计算。

3 个以上的分数的加法、减法

你是不是已经很了解真分数的加法、减法了呢？

下面的题目虽然是 3 个以上的分数相加减，但是和前面的计算方法一样，分母保持不变，只要分子相加、相减就可以了。

① $\frac{2}{5}+\frac{1}{5}+\frac{3}{5}=\frac{2+1+3}{5}$
$=\frac{6}{5}$

② $1-\frac{2}{9}-\frac{3}{9}=\frac{9}{9}-\frac{2}{9}-\frac{3}{9}$
$=\frac{9-2-3}{9}$
$=\frac{4}{9}$

无论有几个分数相加减，计算方法都不变。

带分数的加法、减法

◉ 带分数+带分数的计算

从学校到小荣家有 $1\frac{1}{5}$ 千米。

从学校到小秋家有 $2\frac{2}{5}$ 千米。

小荣从自己家经过学校前，再走到小秋家去玩。

小荣总共走了多少千米呢？

● 把 $1\frac{1}{5}+2\frac{2}{5}$ 换算成小数来计算

这个问题是计算从小荣家到学校，再从学校到小秋家的距离总和，因此要使用加法。

◆ 想一想 $1\frac{1}{5}+2\frac{2}{5}$ 的计算方法

小秋把带分数换算成假分数，用如下方法来计算：

$$
\begin{aligned}
1\frac{1}{5}+2\frac{2}{5} &= \frac{6}{5}+\frac{12}{5} \\
&= \frac{6+12}{5} \\
&= \frac{18}{5} \\
&= 3\frac{3}{5}
\end{aligned}
$$

换算成带分数

小荣的做法则是把分数换算成小数，用如下方法来计算：

$$1\frac{1}{5}+2\frac{2}{5}=1.2+2.4=3.6$$

从学校到小荣家的距离是 1.2 千米，从学校到小秋家的距离是 2.4 千米。

从小荣家走到小秋家的路程，如果使用小数来计算就是：

1.2 + 2.4 = 3.6（千米）

答：小荣总共走了 3.6 千米。

$$\frac{3}{5}=\frac{6}{10}$$ ➡

$\frac{3}{5}$

$\frac{6}{10}$

用分数计算出的得数，和用小数计算的得数，虽然表示方法不同，但它们是一样的。

我们以分数和小数两种方法来计算：

① $2\frac{5}{10}+1\frac{8}{10}$　② $2.5+1.8$

◆ 把$1\frac{1}{5}+2\frac{2}{5}$的计算，以带分数来计算。

分别用图表示如下：

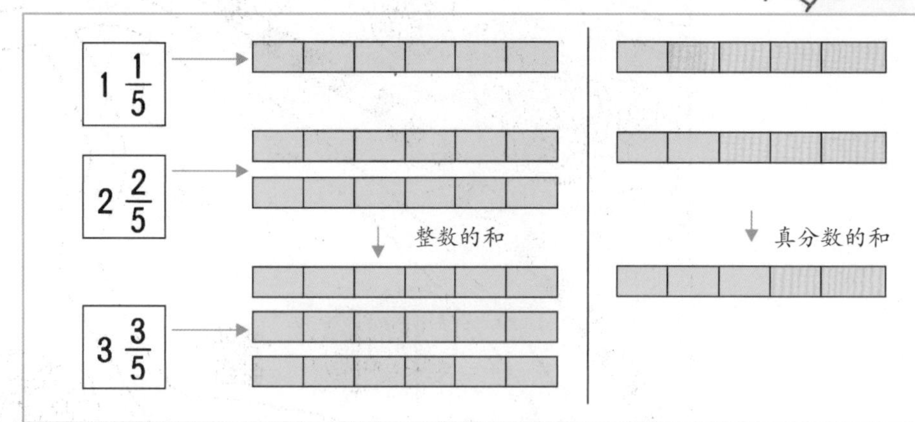

从图中我们知道，带分数是整数和真分数的和形成的分数。因此，把整数和分数分开，$1\frac{1}{5}$就是1和$\frac{1}{5}$，$2\frac{2}{5}$就是2和$\frac{2}{5}$，只要分别把整数部分、分数部分相加，再求和就可以了。

用算式表示为：

$$1\frac{1}{5}+2\frac{2}{5}=(1+2)+(\frac{1}{5}+\frac{2}{5})$$
$$=3\frac{3}{5}$$

◆ **其他的分数，也可以用相同的方法计算**

①$2\frac{3}{7}+4\frac{2}{7}=(2+4)+(\frac{3}{7}+\frac{2}{7})$
$=6\frac{5}{7}$

②$1\frac{3}{4}+3\frac{2}{4}=(1+3)+(\frac{3}{4}+\frac{2}{4})$
$=4\frac{5}{4}=5\frac{1}{4}$

将假分数化成带分数

③$2\frac{1}{9}+1\frac{3}{9}+3\frac{8}{9}=(2+1+3)+(\frac{1}{9}+\frac{3}{9}+\frac{8}{9})$
$=6\frac{12}{9}$
$=7\frac{3}{9}=7\frac{1}{3}$

（$7\frac{3}{9}$可以约分成$7\frac{1}{3}$）

在带分数的加法计算中，分数可以分成整数部分和分数部分，然后分别计算再求和。

带分数-带分数的计算

小秋今天将$2\frac{4}{5}$千克黏土带到了学校。后来给了圆圆$1\frac{1}{5}$千克，请问小秋还剩下几千克的黏土呢？

$2\frac{4}{5}-1\frac{1}{5}$的计算方法

这个问题是要计算从总数中拿出一部分

给圆圆后还剩下的量，因此算式可以列成：

$2\frac{4}{5}-1\frac{1}{5}$。

那么，$2\frac{4}{5}-1\frac{1}{5}$ 应该怎么计算呢？

和加法的计算方法相同，我们把带分数分成整数和真分数来计算。

$2\frac{4}{5}$ →	2	$\frac{4}{5}$
$1\frac{1}{5}$ ← −)	1	$\frac{1}{5}$
$1\frac{3}{5}$ ←	1	$\frac{3}{5}$

我们可以把 $2\frac{4}{5}$ 分成 2 和 $\frac{4}{5}$，把 $1\frac{1}{5}$ 分成 1 和 $\frac{1}{5}$，然后再分别计算。

$$2\frac{4}{5}-1\frac{1}{5}=(2-1)+(\frac{4}{5}-\frac{1}{5})$$
$$=1\frac{3}{5}(\text{千克})$$

答：小秋还剩下 $1\frac{3}{5}$ 千克的黏土。

● $2\frac{1}{4}-1\frac{2}{4}$ 的计算方法

现在，我们再来计算 $2\frac{1}{4}-1\frac{1}{4}$。

和前面相同，把带分数的整数和分数分开来计算。

	1	$\frac{4}{4}$			
$2\frac{1}{4}$ →	2	$\frac{1}{4}$	→	1	$\frac{5}{4}$
$1\frac{2}{4}$ → −)	1	$\frac{2}{4}$	−)	1	$\frac{2}{4}$
		?			$\frac{3}{4}$

在这个计算中，分数的部分 $\frac{1}{4}-\frac{2}{4}$ 无法计算，所以我们把整数部分的 2 分成 1 和 $\frac{4}{4}$，$\frac{4}{4}+\frac{1}{4}=\frac{5}{4}$，从 $\frac{5}{4}$ 中减掉 $\frac{2}{4}$ 来算一算。

用算式表示如下：

$$2\frac{1}{4}-1\frac{2}{4}=1\frac{5}{4}-1\frac{2}{4}$$
$$=(1-1)+(\frac{5}{4}-\frac{2}{4})$$
$$=\frac{3}{4}$$

答：$\frac{3}{4}$。

因此，带分数的减法，也要把整数部分和分数部分分开来计算。另外，如果分数部分无法计算，就要从整数部分借 1 过来计算。这个道理就和整数的一个数位不够减，就从高一位上退 1，道理是一样的。

整　理

(1) 分母相同的分数加法、减法的计算方法，分母保持不变，分子相加或相减。

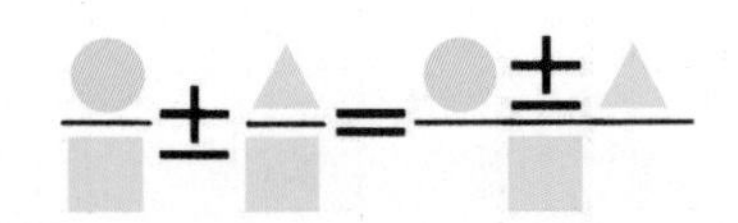

(2) 带分数的加法、减法，要将带分数分成整数部分和分数部分分别来计算。

(3) 计算结果为 $\frac{5}{5}$、$\frac{6}{3}$、$\frac{7}{2}$ 等假分数的时候，就要分别换算成整数或带分数。

巩固与拓展

整理

1 分数的加法

分数和分数相加时，如果分母相同，只要把分子和分子相加，分母则保持不变。

带分数和带分数相加时，带分数的整数部分和分数部分要分开计算。

相加后的答案若是假分数，通常把假分数改写成带分数。

① $\frac{1}{5}+\frac{3}{5}=\frac{1+3}{5}=\frac{4}{5}$

（1个$\frac{1}{5}$加上3个$\frac{1}{5}$等于$\frac{4}{5}$）

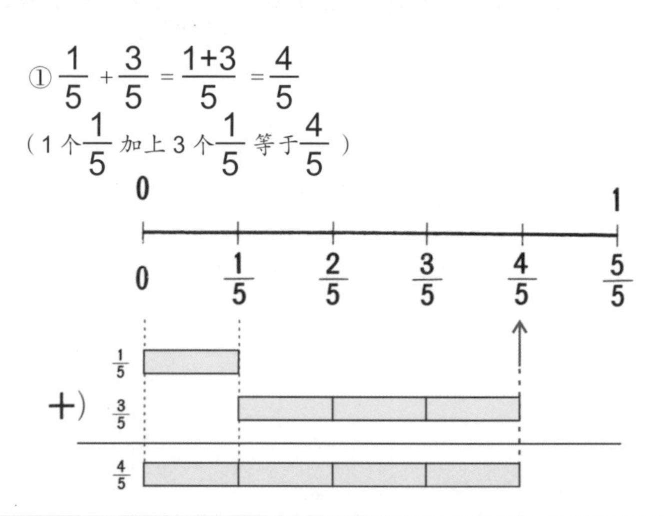

试一试，来做题。

1 药剂师总共调制了多少升的药？

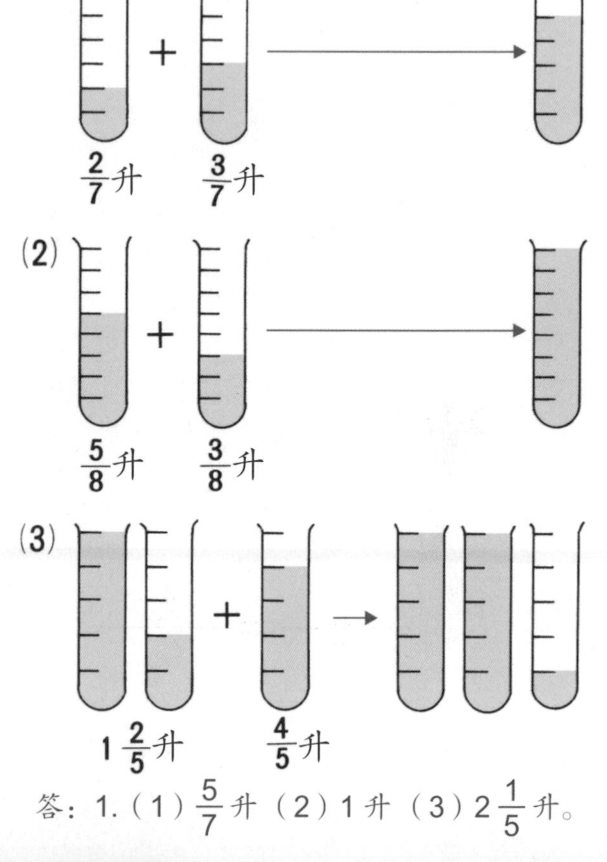

答：1.（1）$\frac{5}{7}$升（2）1升（3）$2\frac{1}{5}$升。

② $1\frac{1}{5}+2\frac{3}{5}=(1+2)+(\frac{1}{5}+\frac{3}{5})$

$=3+\frac{4}{5}=3\frac{4}{5}$ $\frac{19}{5}$

+)

$(1+2)$ + $(\frac{1}{5}+\frac{3}{5})$

2 分数的减法

分数和分数相减时，如果分母相同，只要把分子相减，分母保持不变。

带分数和带分数相减时，带分数的整数部分和分数部分须分开计算。分数部分不能相减时，由整数取 1 再做计算。

$2\frac{1}{3}-\frac{2}{3}=1\frac{4}{3}-\frac{2}{3}=1\frac{2}{3}$

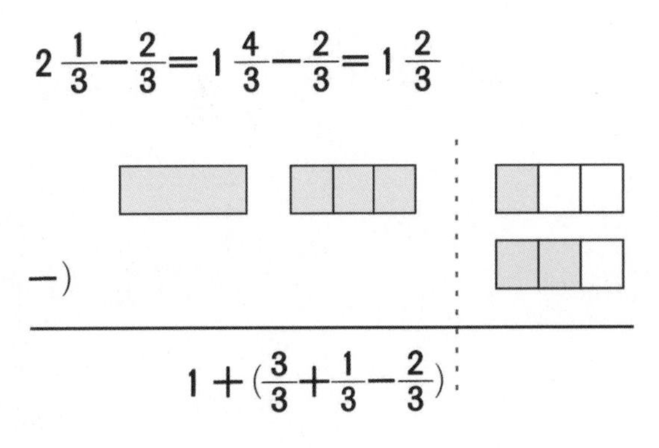

$\frac{1}{3}-\frac{2}{3}$ 不能相减，所以从整数的 2 取 1，使 $2\frac{1}{3}=1\frac{4}{3}$，然后再进行计算。

2 把 $\frac{5}{6}$ 升的药和另外 $\frac{5}{6}$ 升的药相互混合，混合后的新药是多少升？

3 现在有 $1\frac{3}{4}$ 升的药，若再制作 $1\frac{2}{4}$ 升，混合后共有多少升？

4 原有 $\frac{4}{5}$ 升的药，用了 $\frac{1}{5}$ 升后，还剩几升？

5 原有 $1\frac{7}{10}$ 升的药，用了 $\frac{3}{10}$ 升后，还剩多少升的药？

6 把 $\frac{5}{12}$ 升的药和 $\frac{3}{12}$ 升的药相互混合制成新药，如果用掉了 $\frac{1}{12}$ 升，还剩多少升的药？

7 一共有 $1\frac{3}{4}$ 升的药，第 1 天用了 $\frac{2}{4}$ 升，第 2 天用了 $\frac{3}{4}$ 升，最后还剩多少升的药？

2. $1\frac{4}{6}$ 升（$1\frac{2}{3}$ 升） 3. $3\frac{1}{4}$ 升 4. $\frac{3}{5}$ 升 5. $1\frac{4}{10}$ 升（$1\frac{2}{5}$ 升） 6. $\frac{7}{12}$ 升 7. $\frac{2}{4}$ 升（$\frac{1}{2}$ 升）。

解题训练

真分数的加法、减法

1 缎带的全长是 5 米。姐姐用了$\frac{3}{5}$米，妹妹用了$\frac{1}{5}$米。

(1) 两人总共用了多少米？

(2) 最后还剩下多少米？

● 解法

◀ 提示 ▶

$\frac{3}{5}$米和$\frac{1}{5}$米相加后成为$\frac{4}{5}$米。

(1) 两人使用的缎带长度分别是$\frac{3}{5}$米和$\frac{1}{5}$米。

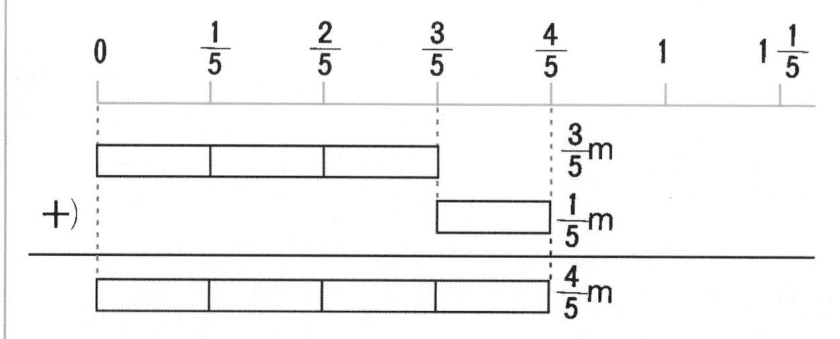

$\frac{3}{5}+\frac{1}{5}=\frac{3+1}{5}=\frac{4}{5}$(米)　　答：两人总共用$\frac{4}{5}$米。

◀ 提示 ▶

$5=4\frac{5}{5}$

(2) $5-\frac{4}{5}=4\frac{5}{5}-\frac{4}{5}=4\frac{1}{5}$(米)　　答：最后还剩下$4\frac{1}{5}$米。

带分数的加法、减法

2 在$1\frac{2}{5}$千克重的容器里装$2\frac{4}{5}$千克重的糖，容器和糖的总重量是多少千克？

◀ 提示 ▶

整数部分和分数部分分开计算。

● 解法

$$1\frac{2}{5}+2\frac{4}{5}=(1+2)+(\frac{2}{5}+\frac{4}{5})$$
$$=3+\frac{6}{5}=3+1\frac{1}{5}=4\frac{1}{5}\text{(千克)}$$

答：容器和糖的总重量是$4\frac{1}{5}$千克。

■带分数的减法练习

3 容器里有 $2\frac{6}{7}$ 升的水，倒出 $1\frac{1}{7}$ 升之后，容器里还剩下多少升的水？

◀ 提示 ▶

整数部分和分数部分分开计算。

● 解法

$$2\frac{6}{7}-1\frac{1}{7}=(2-1)+(\frac{6}{7}-\frac{1}{7})=1+\frac{5}{7}=1\frac{5}{7}\text{（升）}$$

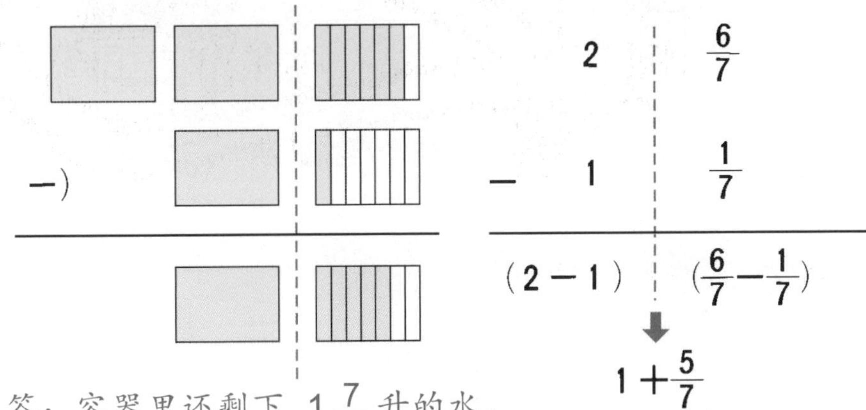

答：容器里还剩下 $1\frac{7}{5}$ 升的水。

■带分数的减法练习

4 绳子的全长是 $3\frac{1}{4}$ 米，剪去 $1\frac{3}{4}$ 米制作跳绳，绳子还剩多少米？

◀ 提示 ▶

分数部分无法相减时，先从整数部分取 1，使 $3\frac{1}{4}=2\frac{5}{4}$，再计算。

● 解法

$3\frac{1}{4}-1\frac{3}{4}=(3-1)+(\frac{1}{4}-\frac{3}{4})$……$\frac{1}{4}$不够减 $\frac{3}{4}$，所以把 $3\frac{1}{4}$ 改写成 $2\frac{5}{4}$ 再做计算。

⬇

$$3\frac{1}{4}-1\frac{3}{4}=2\frac{5}{4}-1\frac{3}{4}=(2-1)+(\frac{5}{4}-\frac{3}{4})$$

$$=1+\frac{2}{4}=1\frac{2}{4}=1\frac{1}{2}\text{（米）}$$

答：绳子还剩 $1\frac{1}{2}$ 米。

加强练习

1 请看下图并回答问题。

(1) 从火车站到学校的路程是多少千米?

(2) 从邮局到小明家的路程是多少千米?

(3) 若把火车站到警察局的路程和邮局到小明家的路程互相比较，哪一条的路程较长？长多少千米?

(4) 从小明家到火车站有两条不同的路线，一条路线经过学校，另一条路线经过警察局，2 条路线相差多少千米?

解答和说明

1 (1) 从火车站到学校的路程:

$$1+1\frac{1}{3}=(1+1)+\frac{1}{3}=2+\frac{1}{3}=2\frac{1}{3}\text{(千米)}$$

答：从火车站到学校的路程是 $2\frac{1}{3}$ 千米。

(2) 从邮局到小明家的路程:

$$1\frac{1}{3}+1\frac{1}{3}=(1+1)+(\frac{1}{3}+\frac{1}{3})$$
$$=2+\frac{2}{3}=2\frac{2}{3}\text{(千米)}$$

答：从邮局到小明家的路程是 $2\frac{2}{3}$ 千米。

(3) 火车站到警察局是 $2\frac{1}{3}$ 千米。邮局到小明家是 $2\frac{2}{3}$ 千米。

$$2\frac{2}{3}-2\frac{1}{3}=(2-2)+(\frac{2}{3}-\frac{1}{3})=0+\frac{1}{3}=\frac{1}{3}\text{(千米)}$$

答：从邮局到小明家的路程较长，长$\frac{1}{3}$千米。

(4) 路线 1：小明家→学校→邮局→火车站

$$1\frac{1}{3}+1\frac{1}{3}+1=(1+1+1)+(\frac{1}{3}+\frac{1}{3})$$
$$=3\frac{2}{3}\text{(千米)}$$

路线 2：小明家→警察局→火车站

$$1\frac{2}{3}+2\frac{1}{3}=(1+2)+(\frac{2}{3}+\frac{1}{3})=3+\frac{3}{3}=4\text{(千米)}$$

$$4-3\frac{2}{3}=3\frac{3}{3}-3\frac{2}{3}=\frac{1}{3}\text{(千米)}$$

答：两条路线相差 $\frac{1}{3}$ 千米。

2 用假分数书写的话，$1\frac{3}{5}=\frac{8}{5}$，$4\frac{2}{5}=\frac{22}{5}$，$\frac{8}{5}<\frac{□}{5}<\frac{22}{5}$，由上面的式子得知□比 8 大，但比 22 小，如下列数:

$\frac{9}{5}$、$\frac{10}{5}$、$\frac{11}{5}$、$\frac{12}{5}$……$\frac{21}{5}$

(1) $\frac{9}{5}$是上列数中最小的假分数。

(2) 只列出分子的话，就是 9、10、11、12……20、21，所以，上列数中全部的个数是 21 − (9 − 1) = 13 个。

2 $1\frac{3}{5} < \square < 4\frac{2}{5}$

在上面算式的□里填上分母是5的假分数。这个假分数必须比$1\frac{3}{5}$大，比$4\frac{2}{5}$小。

因为$1=\frac{5}{5}$，$2=\frac{10}{5}$，所以整数也可以写成假分数。

现在回答下面的问题。

(1) 在□里填上最小的假分数。

(2) □里可以填几个假分数?

(3) □里的假分数若依照大小顺序排列，最中间的假分数是多少?

3 求出下面的路程。

(1) 从甲地经乙地到丙地的总路程。

(2) 从甲地经丙地到乙地的总路程。

(3) 从甲地经乙地和丙地，再回到甲地的总路程。

(4) 从丙地到甲地的路程，和从丙地到乙地的路程相差多少千米?

(5) 从甲地经丙地到乙地的路程，和甲地经乙地到丙地的路程相差多少?

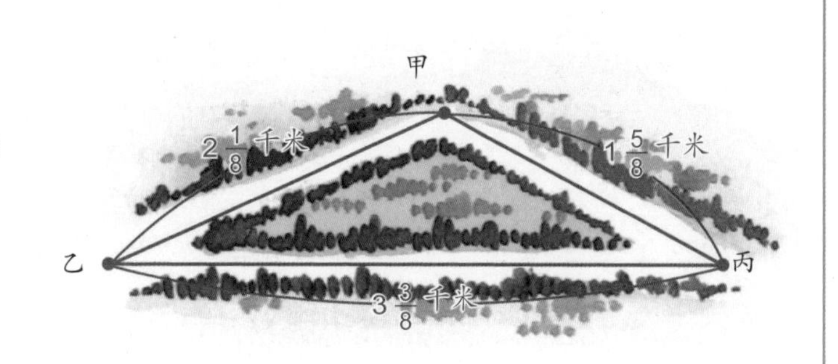

(3) 上列数中最中间的假分数的计算方法为：

$(13+1)\div 2=7$，所以是第7个假分数

$8+7=15$，分子是15，即$\frac{13}{5}$。

答：(1) $\frac{9}{5}$；(2) 13个；(3) $\frac{15}{5}$。

3 (1) $2\frac{1}{8}+3\frac{3}{8}=(2+3)+(\frac{1}{8}+\frac{3}{8})$

$=5+\frac{4}{8}=5\frac{4}{8}=5\frac{1}{2}$（千米）

答：从甲地经乙地到丙地的总路程为$5\frac{1}{2}$千米。

(2) $1\frac{5}{8}+3\frac{3}{8}=(1+3)+(\frac{5}{8}+\frac{3}{8})$

$=4\frac{8}{8}=4+1=5$（千米）

答：从甲地经丙地到乙地的总路程为5千米。

(3) $2\frac{1}{8}+3\frac{3}{8}+1\frac{5}{8}=(2+3+1)+(\frac{1}{8}+\frac{3}{8}+\frac{5}{8})=6+\frac{9}{8}=6+1\frac{1}{8}$

$=7\frac{1}{8}$（千米） 答：从甲地经乙地和丙地，再回到甲地的总路程为$7\frac{1}{8}$千米。

(4) $3\frac{3}{8}-1\frac{5}{8}=2\frac{11}{8}-1\frac{5}{8}=(2-1)+(\frac{11}{8}-\frac{5}{8})=1\frac{6}{8}=1\frac{3}{4}$（千米）

答：从丙地到甲地的路程，和从丙地到乙地的路程相差$1\frac{3}{4}$千米。

(5) 因为两条路程都包含了从乙地到丙地的路程，所以只要求出甲地与乙地间和甲地与丙地间距离的差就可以了。

$$2\frac{1}{8}-1\frac{5}{8}=\frac{4}{8}=\frac{1}{2}\text{（千米）}$$

答：路程相差$\frac{1}{2}$千米。

应用问题

1 有5千克糖，第1天用了$1\frac{2}{3}$千克，第2天用了$2\frac{1}{3}$千克，最后剩多少千克的糖?

2 红色的水有$2\frac{2}{5}$升，蓝色的水有$1\frac{4}{5}$升。

(1) 两种颜色的水混合后一共有多少升?

(2) 两种颜色的水相差多少升?

答案：**1** 1千克。**2** (1) $4\frac{1}{5}$升；(2) $\frac{3}{5}$升。

步印童书馆 编著

北京市数学特级教师 丁益祥
北京市数学特级教师 司梁
『卢说数学』主理人 卢声怡
联袂力荐

数学分级读物

第四阶

3 四边形的性质

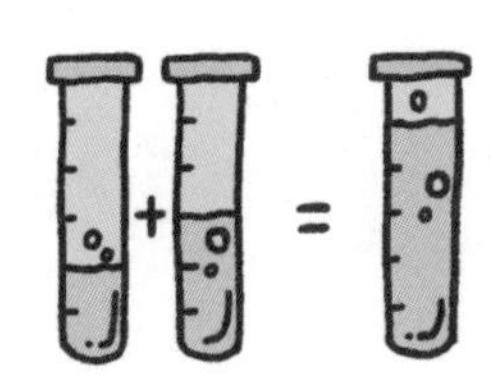

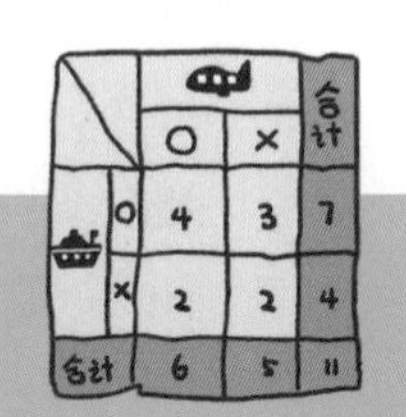

中国儿童的数学分级读物
培养有创造力的数学思维

讲透原理 → 系统进阶 → 思维转换

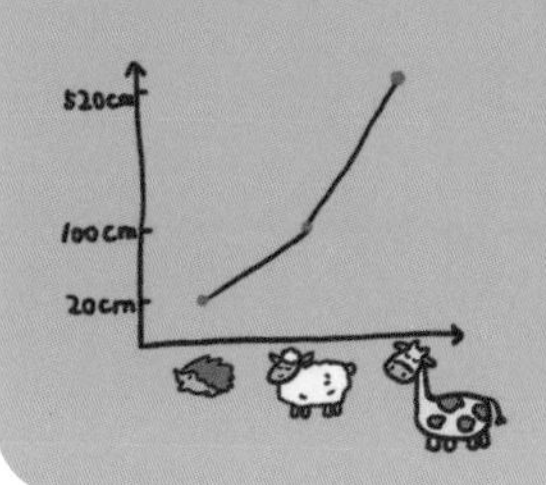

電子工業出版社
Publishing House of Electronics Industry
北京·BEIJING

图书在版编目（CIP）数据

小牛顿数学分级读物. 第四阶. 3, 四边形的性质 / 步印童书馆编著. -- 北京：电子工业出版社, 2024.6

ISBN 978-7-121-47628-0

Ⅰ. ①小… Ⅱ. ①步… Ⅲ. ①数学－少儿读物 Ⅳ. ①O1-49

中国国家版本馆CIP数据核字(2024)第068406号

特别鸣谢本书组稿策划人郑利强先生。

责任编辑：赵　妍　季　萌
印　　刷：当纳利（广东）印务有限公司
装　　订：当纳利（广东）印务有限公司
出版发行：电子工业出版社
　　　　　北京市海淀区万寿路173信箱　邮编：100036
开　　本：889×1194　1/16　　印张：15.25　　字数：304.8千字
版　　次：2024年6月第1版
印　　次：2024年6月第1次印刷
定　　价：80.00元（全4册）

凡所购买电子工业出版社图书有缺损问题，请向购买书店调换。若书店售缺，请与本社发行部联系，联系及邮购电话：（010）88254888，88258888。

质量投诉请发邮件至zlts@phei.com.cn，盗版侵权举报请发邮件至dbqq@phei.com.cn。

本书咨询联系方式：（010）88254161转1860，jimeng@phei.com.cn。

目录

面积

面积和它的表示方法

◉ 面积的比法

来到小人国的魔鬼博士，自称对数学很在行，他提出了一个问题，让大家很伤脑筋，那就是右图的长方形甲和正方形到底哪个占地比较大？

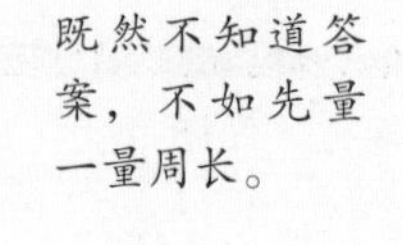

学习重点

①面积的意义和单位。
②长方形和正方形面积的表示方法。

量周长

小人国的孩子们因为不知道哪个占地比较大，所以决定先量一量周长。

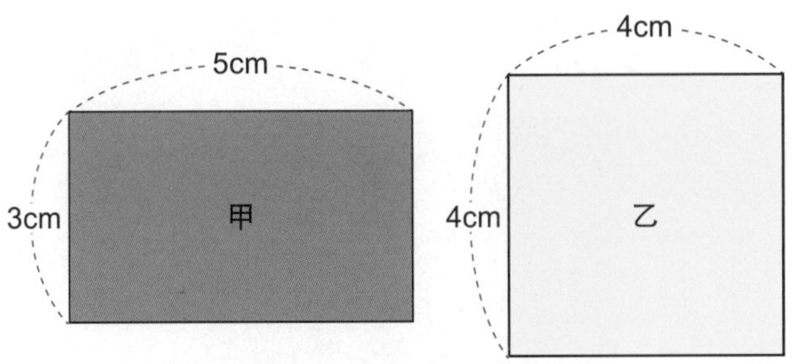

孩子们测量的结果如下。

甲长方形的周长是：
（3+5）×2=16cm

乙正方形的周长是：
（4+4）×2=16cm

“周长都是16厘米，不过，乙占地好像比甲大一点儿。”

“光看周长无法知道哪个占地比较大，如果把两个重叠起来，比较呢？”

重叠比较

周长虽然一样，面积却不一样哦。所以，把甲和乙重叠起来比较一下。

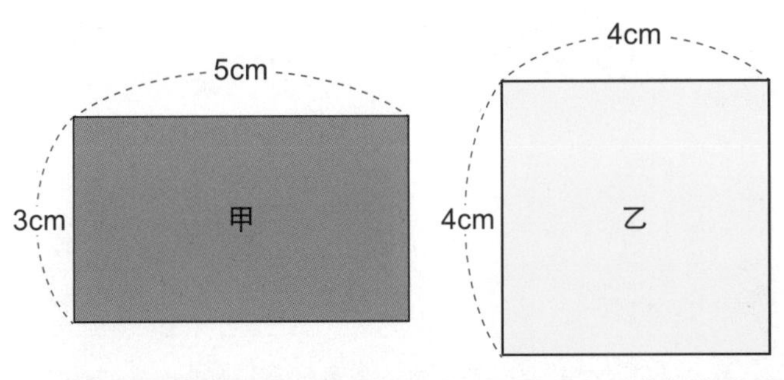

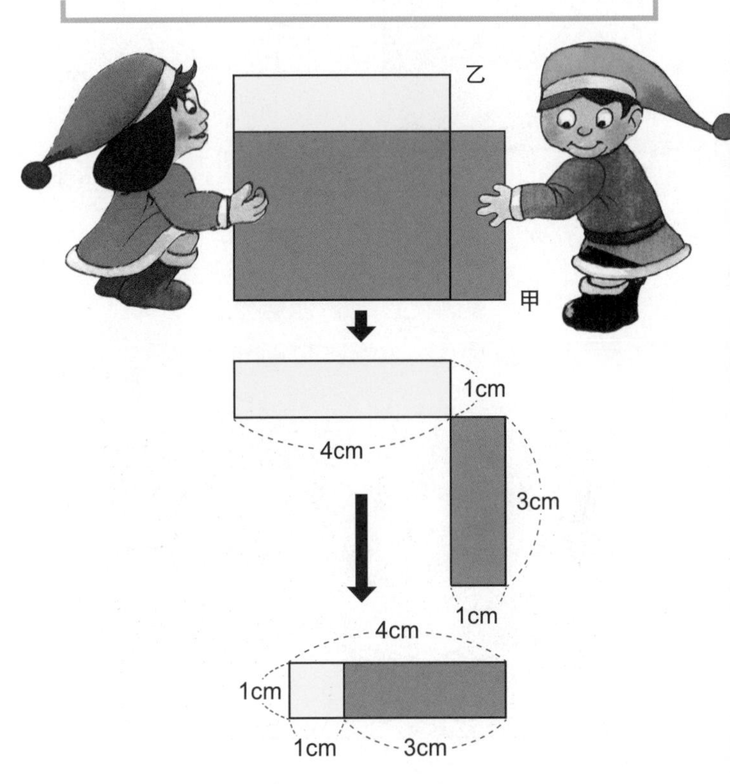

甲和乙重叠的话，就能知道哪个面积比较大了。乙正方形比甲长方形大了如下图所示这么多。

1cm
1cm

动脑时间

可以制作多少正方形?

有一张如右图所示的长方形纸。从这张纸中，尽可能剪下最大的正方形。

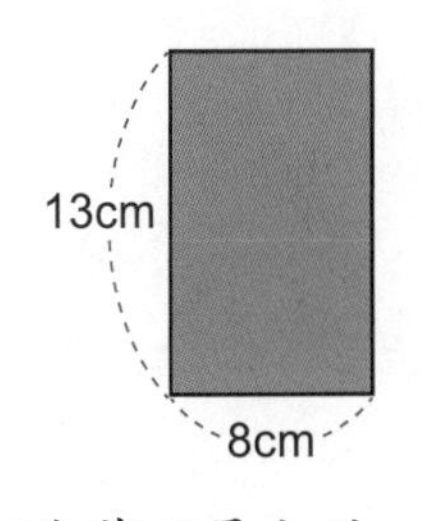

从剩下的纸中，再尽可能剪下最大的正方形。这样连续剪下正方形，直到最后剪成边长为1厘米的正方形为止。请问能够剪出边长为几厘米的正方形各几张?

动脑时间答案： 边长为8厘米的正方形1张，边长为5厘米的正方形1张，边长为3厘米的正方形1张，边长为2厘米的正方形1张，边长为1厘米的正方形2张。

● **不重叠比较**

如果不重叠，如何比较甲、乙的面积呢？

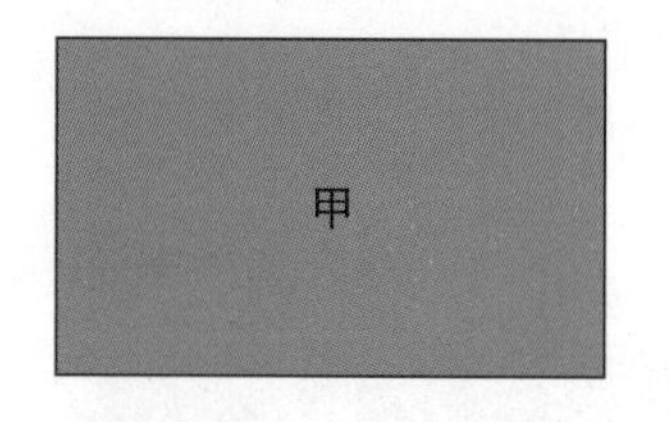

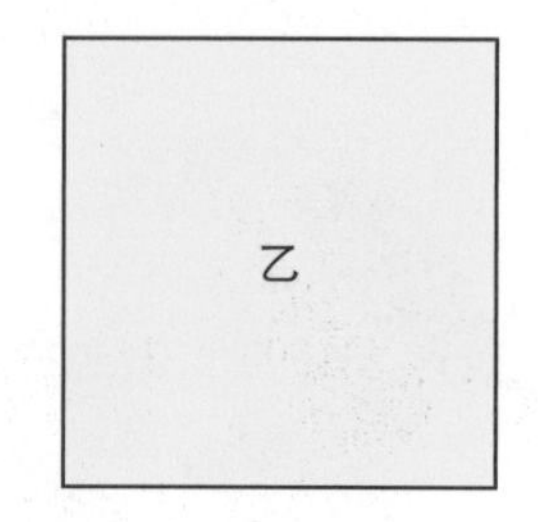

想一想

如果在甲和乙中分别贴上边长为 1 厘米的相片会怎么样？

边长为 1 厘米的正方形可以摆多少个呢？比较看一看。

甲长方形可以摆放边长为 1 厘米的正方形的数目是：宽摆放 3 个，长可以摆放 5 个。所以，摆放边长为 1 厘米的正方形数目是：

$3 \times 5=15$（个）

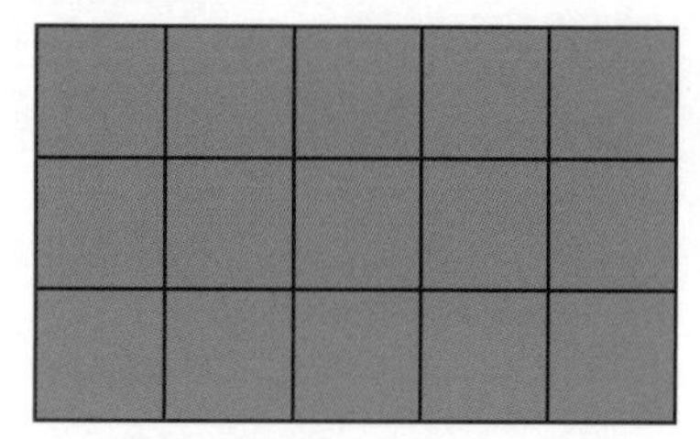

乙正方形可以摆放边长为 1 厘米的正方形数目是：宽摆放 4 个，长摆放 4 个。

所以，摆放边长为 1 厘米的正方形数目是：

$4 \times 4=16$（个）

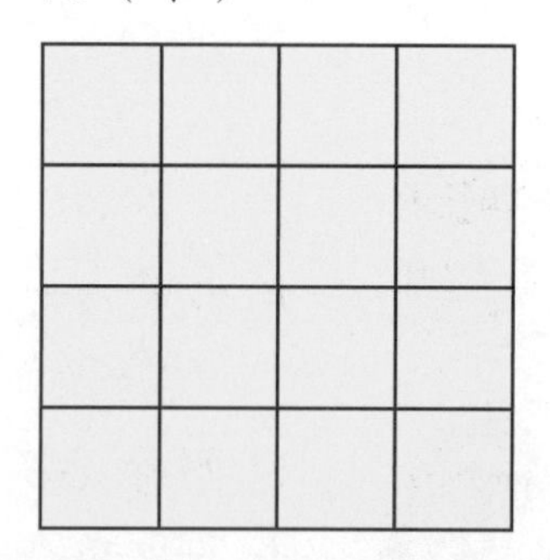

综合测验

①并排摆放 1 平方厘米的正方形，作出像甲、乙的形状。它们的面积各为多少平方厘米？

3cm 1cm 甲 2cm 3cm 1cm 1cm 1cm 3cm 4cm 乙

②下图中的丙、丁，哪一个的面积大？大多少？

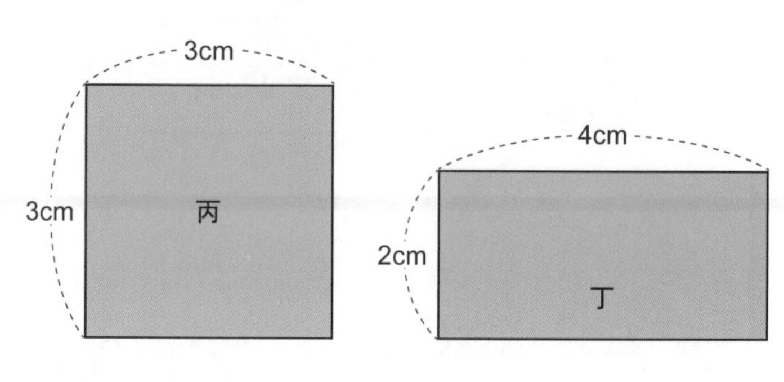

综合测验答案：①甲 $5cm^2$；乙 $12cm^2$；②丙的面积较大，大 $1cm^2$。

不论是通过重叠比较还是通过计算比较，我们都可以知道，乙正方形比甲长方形大了一个边长为 1 厘米的正方形。

如果将边长为 1 厘米的正方形的大小作为单位，就可以比较面积的大小了。

查一查

以边长为 1 厘米的正方形为单位，比较下图中甲、乙和丙的面积。

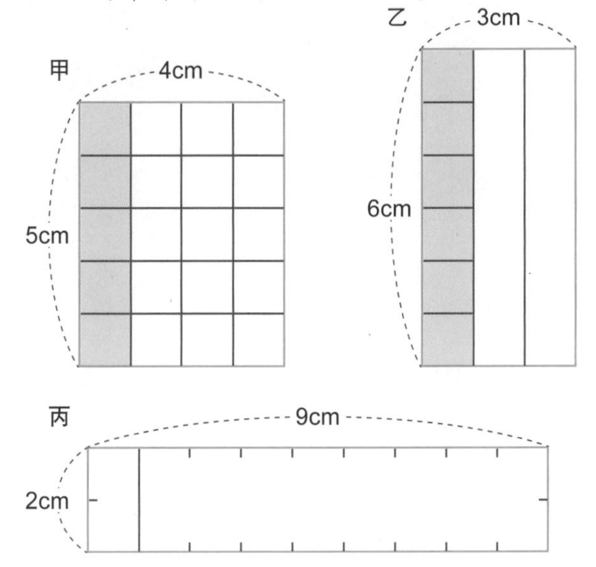

如果以边长为 1 厘米的正方形为单位，甲包含 20 个小正方形，乙包含 18 个，丙包含 18 个。

甲比乙或丙大了 2 个边长为 1 厘米的正方形，乙和丙的大小一样。

封闭图形的大小称为面积。

每边 1 厘米的正方形面积是 1 平方厘米，写作 $1cm^2$。

cm 是长度的单位。cm^2 是面积的单位。

甲的面积是 $20cm^2$，乙和丙的面积是 $18cm^2$。甲比乙大了 $2cm^2$。

◆ 想一想 $1cm^2$ 的大小

边长为 1 厘米的正方形面积是 $1cm^2$。

旁边那些图形虽不是正方形，但只要跟边长为 1cm 的正方形面积一样，那么它们的面积就都是 $1cm^2$。

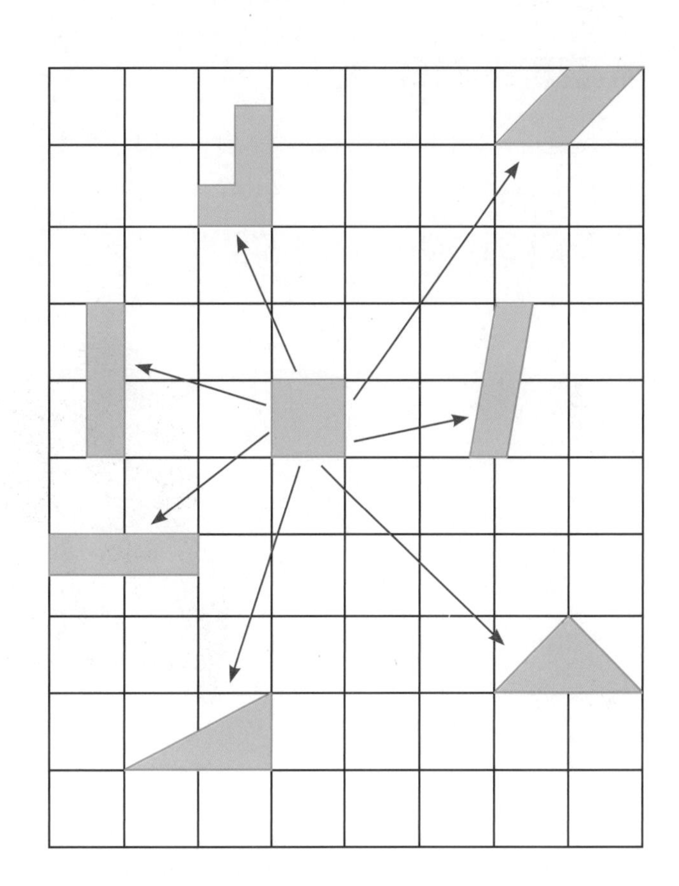

整　理

（1）面积的比较方法。

①两个图形重叠作比较。

②以能放多少个边长为 1cm 的正方形来作比较。

（2）封闭图形的大小称为面积。

边长为 1cm 的正方形面积为 $1cm^2$（1 平方厘米）。

长方形和正方形的面积

◉ 面积的计算方法

知道了面积的比较方法后，魔鬼博士又很不服气地说：“那你们知不知道像下图这样的长方形面积的计算方法呢？”

想一想

怎样才能求出长方形的面积呢？

面积可以通过摆放多少个边长为 1cm 的正方形来计算。看一看下图，想一想。

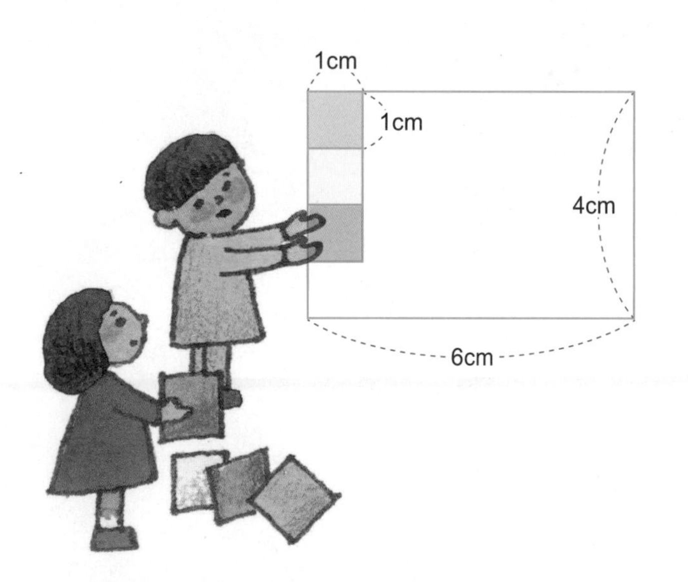

数一数 $1cm^2$ 的正方形有多少个。

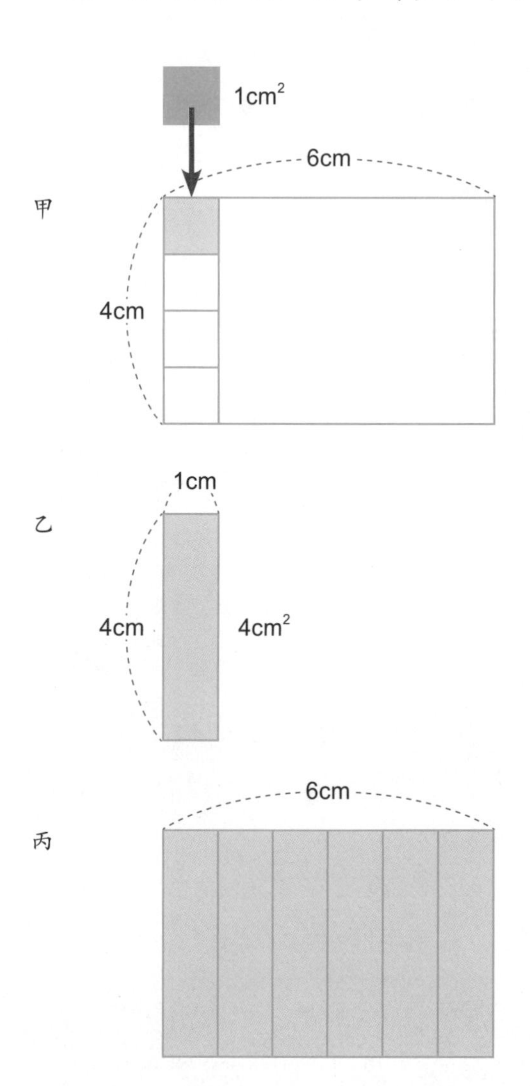

图甲、乙表示宽可以摆放 4 个 $1cm^2$ 的正方形。$1cm^2$ 的 4 倍，就是 $4cm^2$。

图丙表示长可以摆放 6 个如乙图这样的 $4cm^2$ 的长方形，也就是 $4cm^2$ 的 6 倍。

所以，长方形的面积是 $24cm^2$。

学习重点

①计算出长方形或正方形的面积。理解长方形的宽和长变为 2 倍、3 倍甚至更多倍时，面积的变化。
②大面积的单位，掌握已知一个边长，求另一边长的方法。掌握组合图形面积的求法。

● 长方形面积的求法

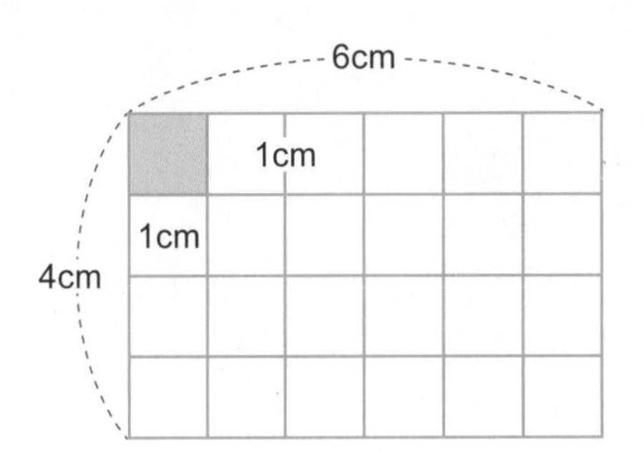

如上图所示的长方形，因为宽是 4cm，所以可以摆放 4 个 $1cm^2$ 的正方形。

它的长是 6cm，所以，这个长方形的面积是：$4\times6=24$（cm^2）。

无论边的长度如何改变，长方形的面积都可以按以下的方式求出，这就是求长方形面积的公式。

长方形的面积 = 长 × 宽

● 正方形面积的求法

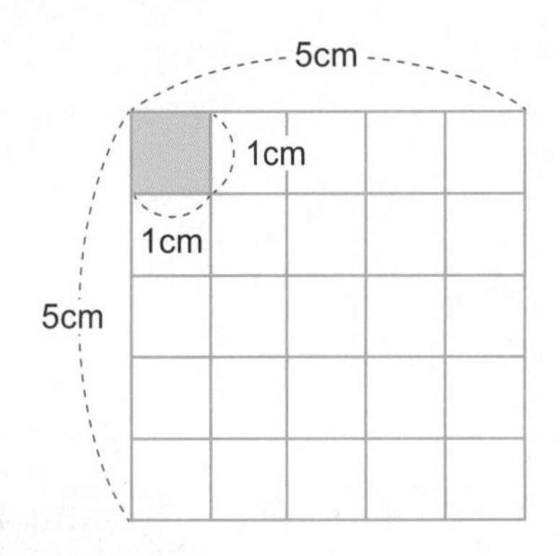

如上图所示的正方形，因为宽是 5cm，所以可以摆放 5 个 $1cm^2$ 的正方形。

它的长也是 5cm，所以，这个正方形的面积是 $5cm^2$ 的 5 倍。用下列的计算求出：$5\times5=25$（cm^2）。

正方形的面积 = 边长 × 边长

如果把正方形看成长、宽相等的长方形，那么，求正方形的面积也可以套用求长方形面积的公式。

整　理

（1）求长方形面积的公式。

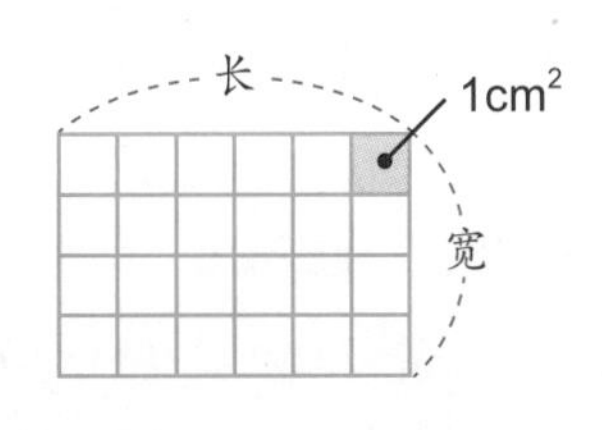

长方形的面积 = 长 × 宽

（2）求正方形面积的公式。

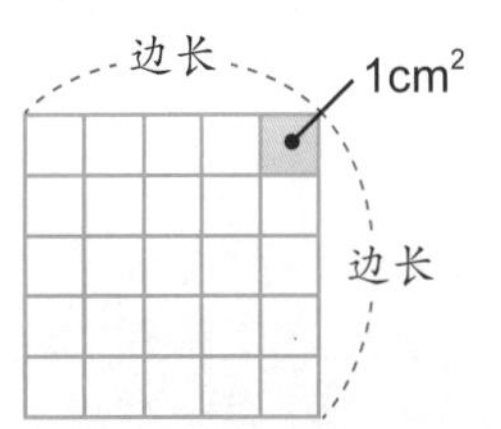

正方形的面积 = 边长 × 边长

边长和面积的关系

◉ 面积会怎么改变呢?

因为小矮人们把问题一个一个地解决了,魔鬼博士有点儿着急了,所以他又提出一个难题。

有一个宽 2cm、长 3cm 的长方形。如果长或宽有一边的长度改变,那么,面积会有什么样的变化呢?

查一查

长方形的宽不变,长扩大 2 倍、3 倍甚至更多倍时,这个长方形的面积是原来面积的几倍呢?画出长扩大 2 倍、3 倍的长方形来看一看。

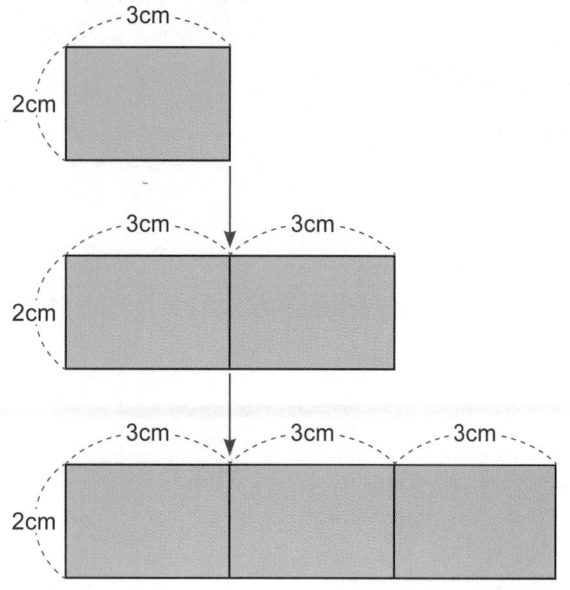

◆ 面积到底改变了多少?

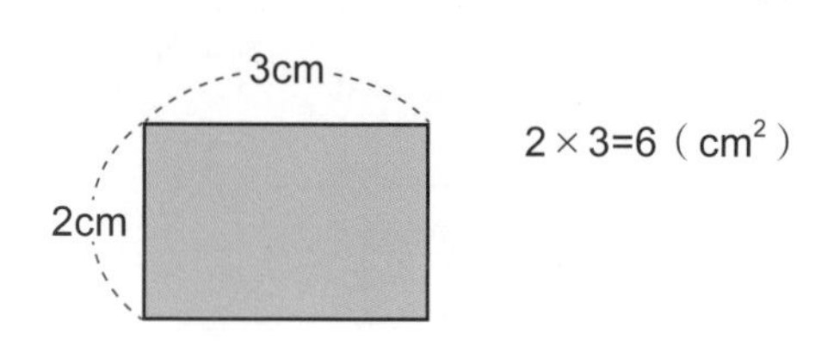

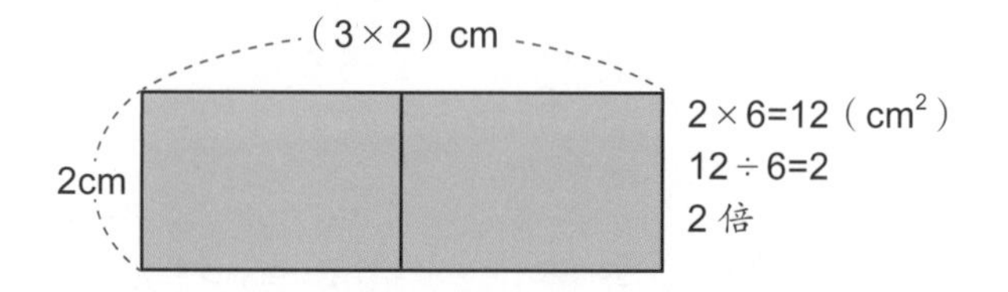

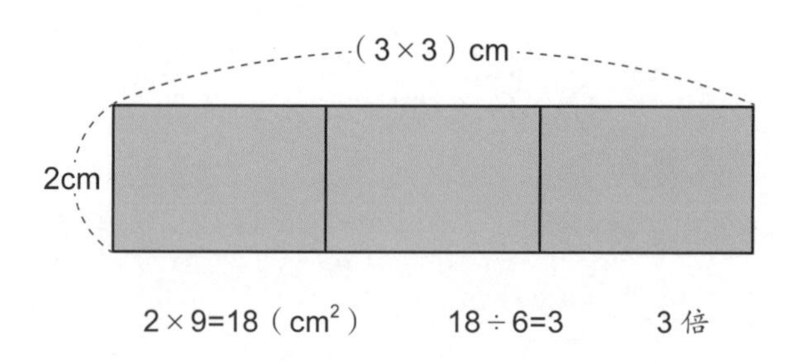

如上图所示,长方形的宽不变,长扩大 2 倍、3 倍……,面积也是原来长方形面积的 2 倍、3 倍……

想一想

长方形的宽不变,只有长扩大 2 倍、3 倍时,照上面的计算,我们知道长方形的面积也会扩大 2 倍、3 倍。

现在,如果长不变,只有宽扩大 2 倍、3 倍时,这个长方形的面积是原来面积的几倍呢?画图想一想。

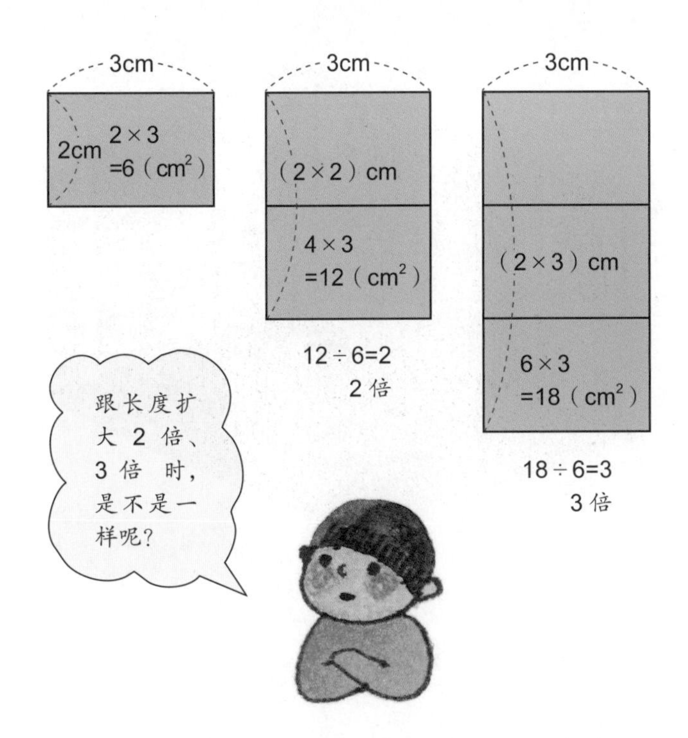

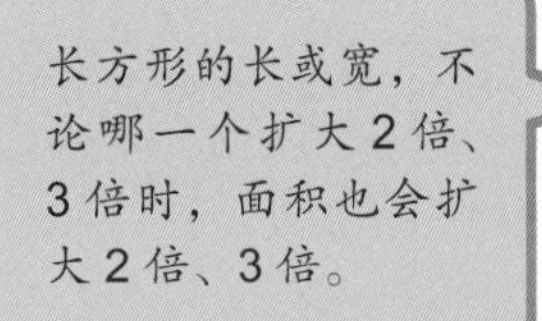

从上图中可以知道，长方形的长不变，宽扩大 2 倍、3 倍时，面积是原来长方形面积的 2 倍、3 倍。

例 题

从前面的例子中知道，长方形的长或宽扩大 2 倍、3 倍时，面积也会扩大为原长方形面积的 2 倍、3 倍。

那么如果长方形的长和宽各扩大 2 倍时，面积会扩大为原长方形面积的几倍呢？

原长方形的面积是：$2\times3=6$（cm^2）。

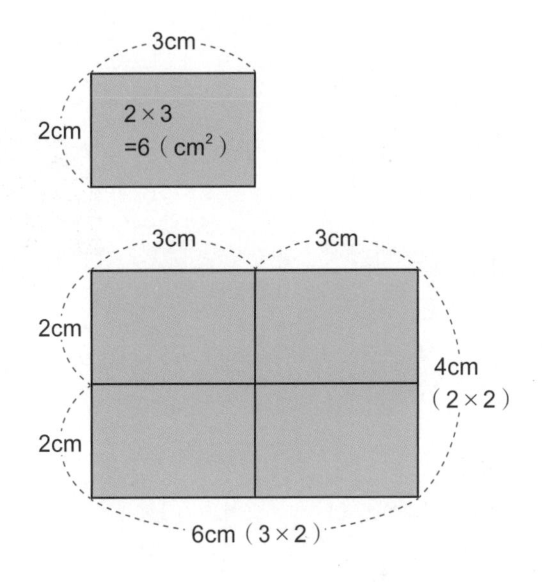

$4\times6=24$（cm^2），$24\div6=4$（倍），是原来面积的 4 倍。

由此可以知道，长方形的长和宽各扩大 2 倍时，面积会扩大为原长方形面积的 4 倍。

整 理

（1）长方形的长与宽，其中一个不变，另一个扩大到 2 倍、3 倍……，面积就会也扩大到 2 倍、3 倍……

（2）长方形的长与宽，两个同时扩大 2 倍、3 倍……，面积会扩大两次 2 倍、3 倍……也就是扩大 4 倍、9 倍……

大面积的单位

小人国城堡的大厅是长 9m、宽 7m 的长方形。求一求，这个大厅的面积是多少？

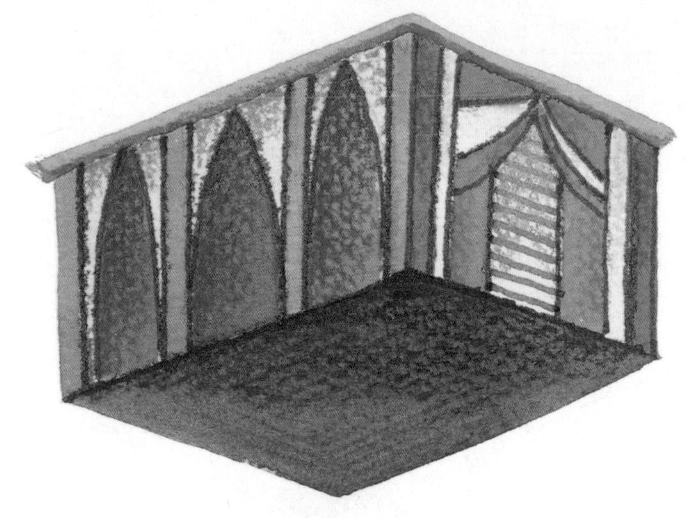

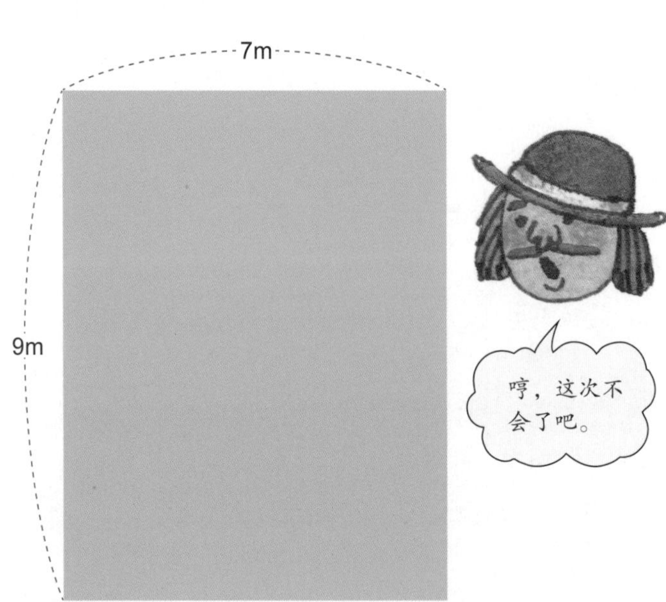

想一想

如果大厅摆放 $1cm^2$ 的正方形会变成怎样？长 9m 等于 900cm，宽 7m 等于 700cm。

如果用求长方形面积的公式计算，$900\times700=630000$（cm^2）。

这么大的数真是太麻烦了。有没有比较简单的表示方法呢？

谈到长度时，比 1cm 大的单位还有 1m，现在，以每边为 1m 的正方形作单位算算。

● 城堡大厅的面积求法

边长为 1m 的正方形的面积是 $1m^2$（1 平方米）。

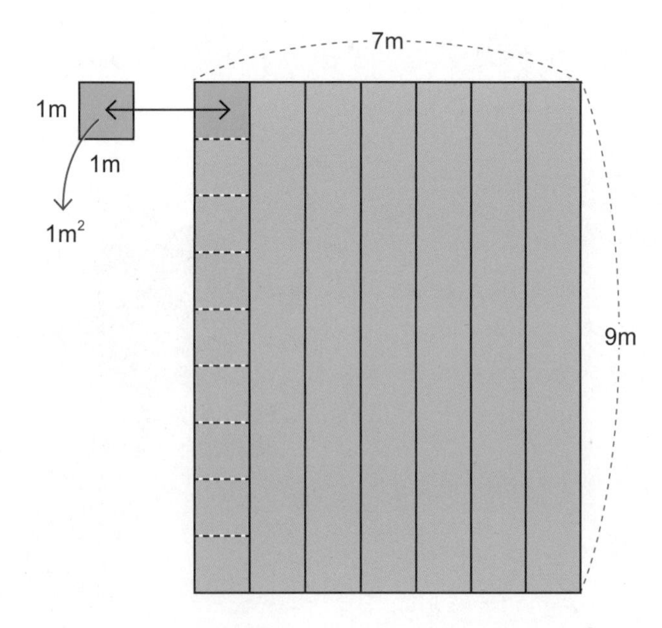

因为长是 9m，可以摆放 9 个 $1m^2$ 的正方形。宽是 7m，所以，城堡大厅的面积可以照下面的方法求出。

$9\times7=63$（m^2）

答：这个大厅的面积是 $63m^2$。

像城堡大厅那种大场所，如果以边长为 1m 的正方形作单位的话，就可以很容易地求出面积。

● $1m^2$ 和 $1cm^2$ 的关系

◆ 查一查，$1m^2$ 和 $1cm^2$ 的关系到底如何。

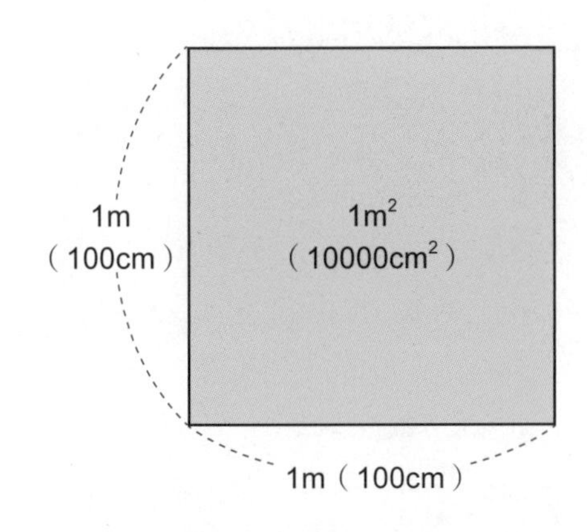

边长为 1m 的正方形的面积是 $1m^2$。

因为 1m 等于 100cm，

$100 \times 100=10000$（cm^2）

所以，$1m^2$ 等于 $10000cm^2$

※ 要注意，面积和长度不同，单位的进率也不同哦！

那么，表示更大的面积时，它的单位是什么呢？下面我们来查一查。

● 更大的面积单位

前面我们已经学过像 $1cm^2$ 这样小面积的表示方法，那么，较大的面积要怎么表示呢？

小人国还有更大的场所，它的面积是用边长为 1 千米的正方形作单位的。

边长为 1 千米的正方形的面积是 $1km^2$（1 平方千米）。

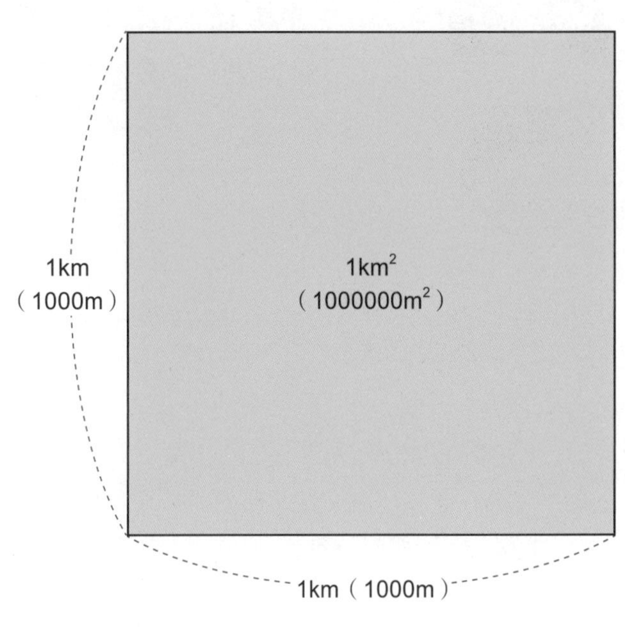

边长为 1 千米的正方形的面积是 $1km^2$。因为 1 千米等于 1000 米，

$1000 \times 1000=1000000$（m^2），

所以，$1km^2$ 等于 $1000000m^2$。

整　理

（1）边长为 1 米的正方形的面积是 $1m^2$（1 平方米）。

（2）边长为 1 千米的正方形的面积是 $1km^2$（1 平方千米）。

（3）面积单位的关系为：

① 1 平方米 =10000 平方厘米

② 1 平方千米 =1000000 平方米

求长方形的长

魔鬼博士最后又提出一个问题，就是要做一个面积为 96 平方厘米、宽为 8 厘米的长方形，请问长应该是多少厘米？

“这个问题太难了。我不知道应该怎样去想。”

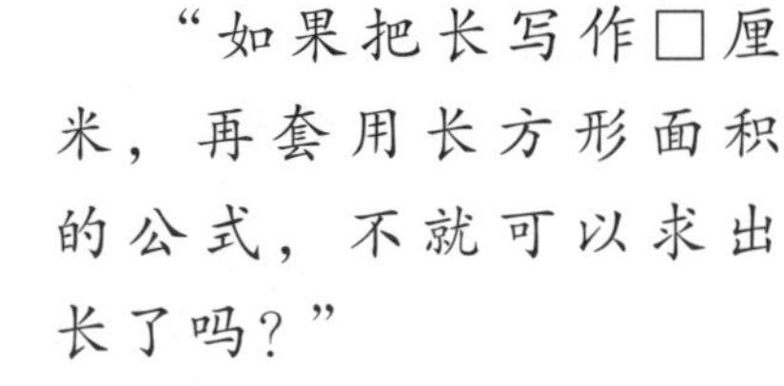

“如果把长写作□厘米，再套用长方形面积的公式，不就可以求出长了吗？”

◆ 试一试长的求法

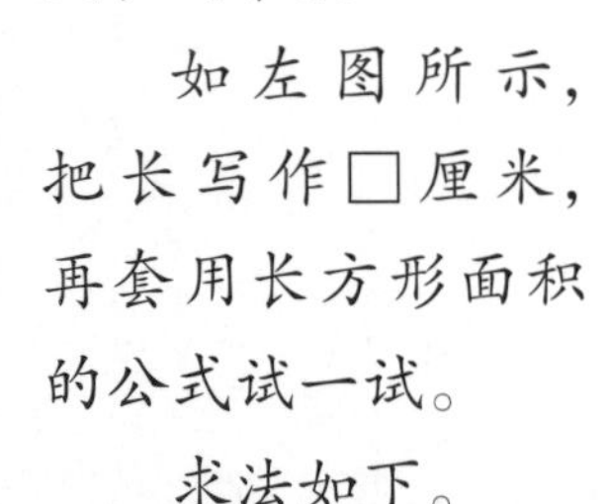

如左图所示，把长写作□厘米，再套用长方形面积的公式试一试。

求法如下。

长方形的面积 = 长 × 宽

既然 96= □ ×8

那么□ =96÷8

所以□ =12（厘米）

答：长是 12 厘米。

长可以用面积 ÷ 宽求出。

组合图形的面积

◆ 想一想，如何求出下图的面积？

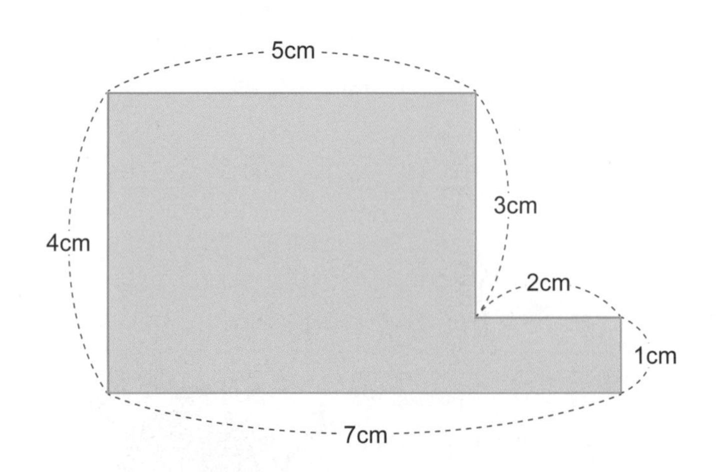

上图不是长方形，也不是正方形。可是，仔细看的话，原来是两个长方形合起来的形状。

想一想，应该怎么求呢？

动脑时间

榻榻米的铺法

日式房间铺榻榻米时，最好不要像右图这样有十字交叉，以免弱点集中在一起。

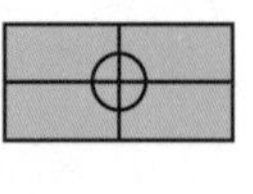

右中图是在 4 个半榻榻米大的房间内铺榻榻米。

右下图是在 6 个榻榻米大的房间铺榻榻米。

8 个榻榻米大的房间，要铺上 8 个榻榻米。

请问这些榻榻米要怎样铺才会又好看又牢固？

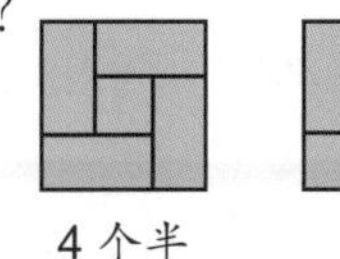

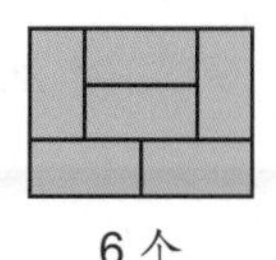

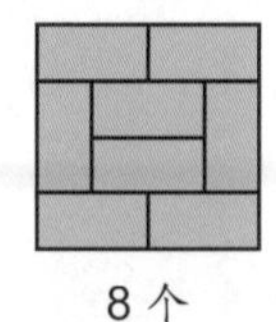

答案如上图所示。

◆ 为了求出组合图形的面积，两个人动了不少脑筋。

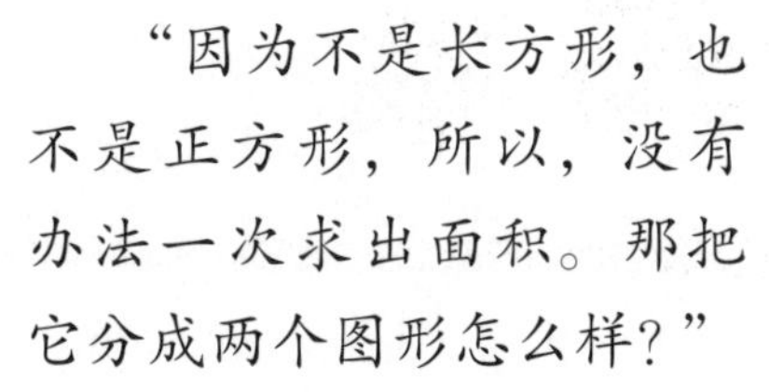

“因为不是长方形，也不是正方形，所以，没有办法一次求出面积。那把它分成两个图形怎么样？”

“对啊。只要分成 2 个长方形，就很容易分别求出面积了。”

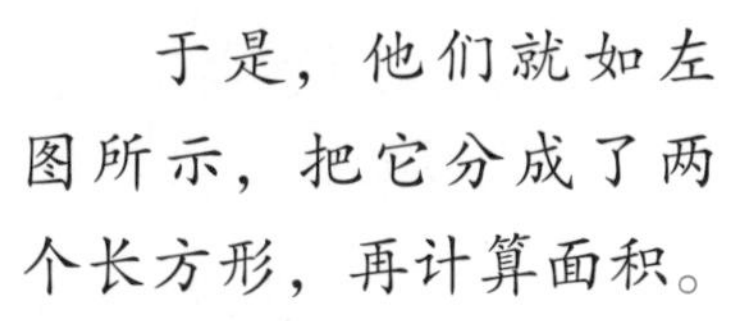

于是，他们就如左图所示，把它分成了两个长方形，再计算面积。

※ 先分别求出两个长方形的面积，再加起来，就是全部图形的面积。

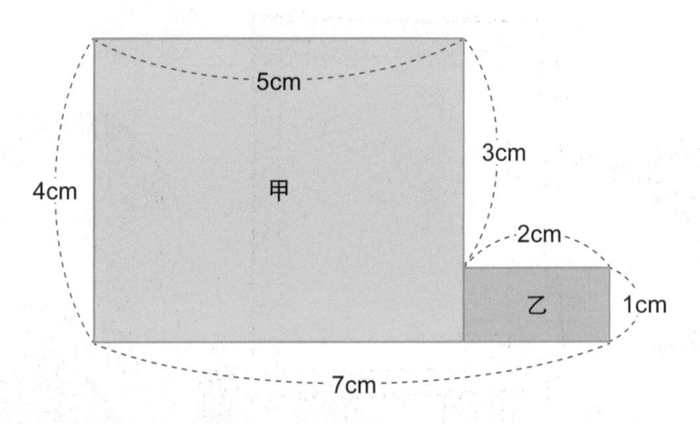

甲的面积是：$4\times5=20$（cm^2）。

乙的面积是：$1\times2=2$（cm^2）。

甲和乙加起来的面积是：$20+2=22$（cm^2）。

答：图形面积是 $22cm^2$。

◆ 想一想，还有没有其他的求法。

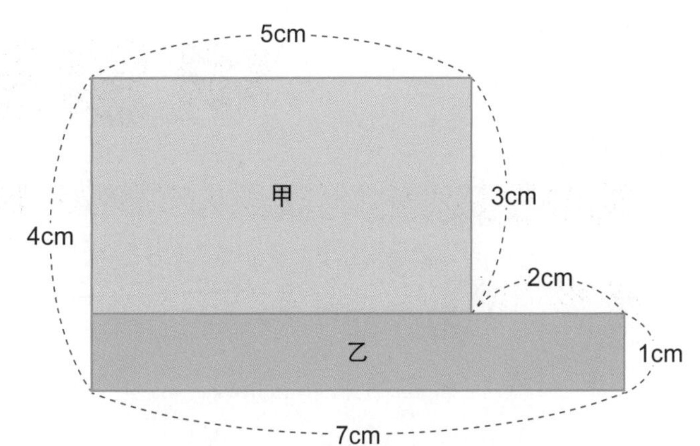

甲的面积是：$3\times5=15$（cm^2）。

乙的面积是：$1\times(2+5)=7$（cm^2）。

甲和乙的面积加起来是：$15+7=22$（cm^2）。

答：图形的面积是 $22cm^2$。

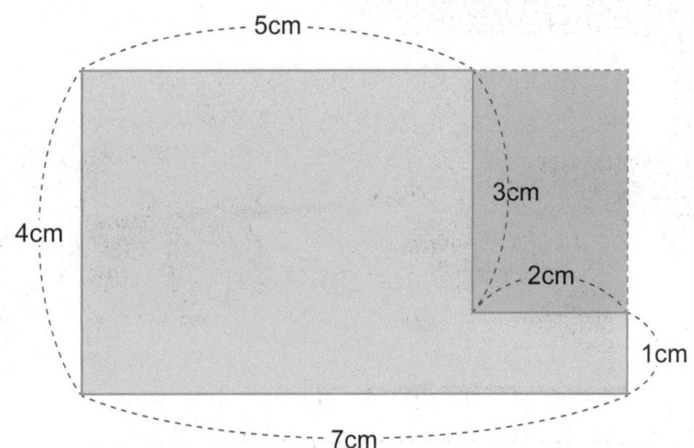

大长方形的面积是：$4\times7=28$（cm^2）。

小长方形的面积是：$3\times2=6$（cm^2）。

所以，$28-6=22$（cm^2）。

答：图形面积是 $22cm^2$。

整　理

（1）长的求法

长方形的面积 = 长 × 宽

长 = 长方形的面积 ÷ 宽

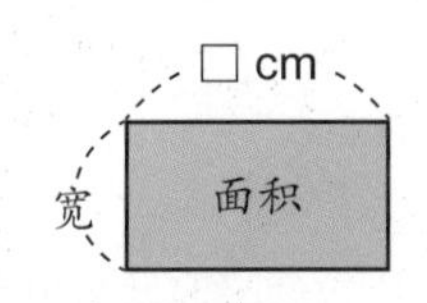

（2）组合图形面积的求法

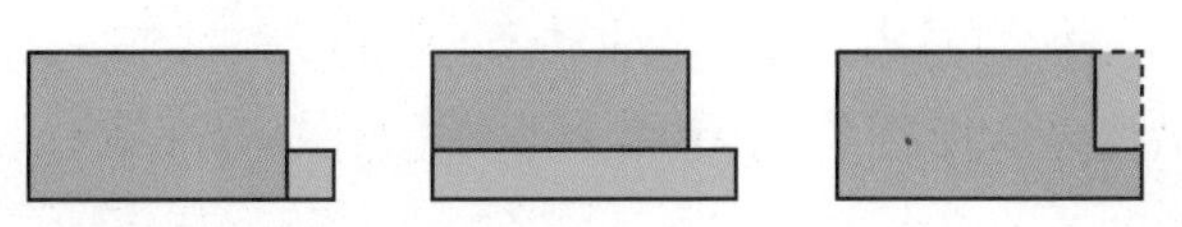

巩固与拓展

整理

1. 面积和面积的表示方法

（1）封闭图形的大小称为面积。

（2）边长为 1cm 的正方形面积为 $1cm^2$。

2. 长方形、正方形的面积求法

求长方形与正方形的面积的方法如右图所示。

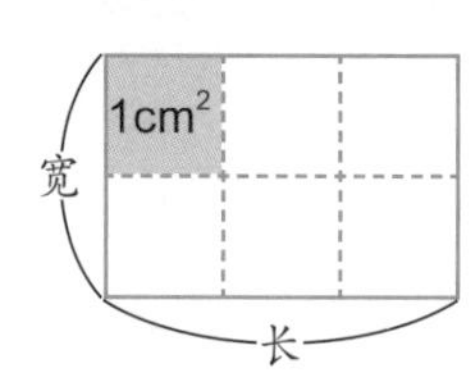

长方形的面积 = 长 × 宽

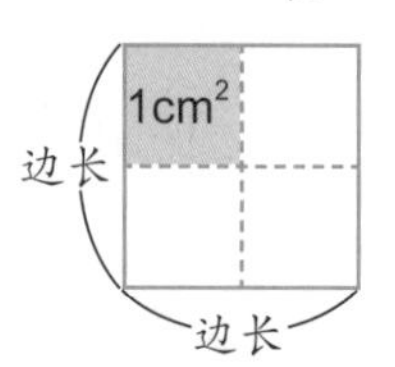

正方形的面积 = 边长 × 边长

试一试，会几题？

1. 如果上图中每 1 小方格的边长是 1m，图中画了两种图形，每种图形的面积各是多少 cm^2？

2. 长方形板的长是 45 厘米，宽是 35cm，上面列着动物村守则。这张长方形板的面积是多少 cm^2？

3. 面积的单位

（1）边长为 1m 的正方形，面积等于 $1m^2$（示意图如下）。

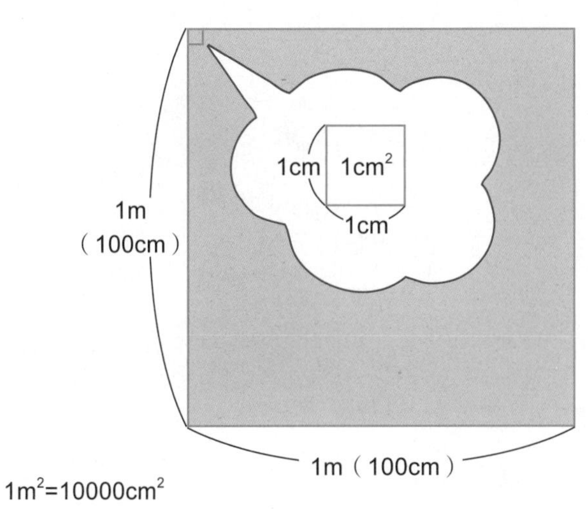

$1m^2=10000cm^2$

（2）边长为 1km 的正方形，面积等于 $1km^2$（示意图如下）。

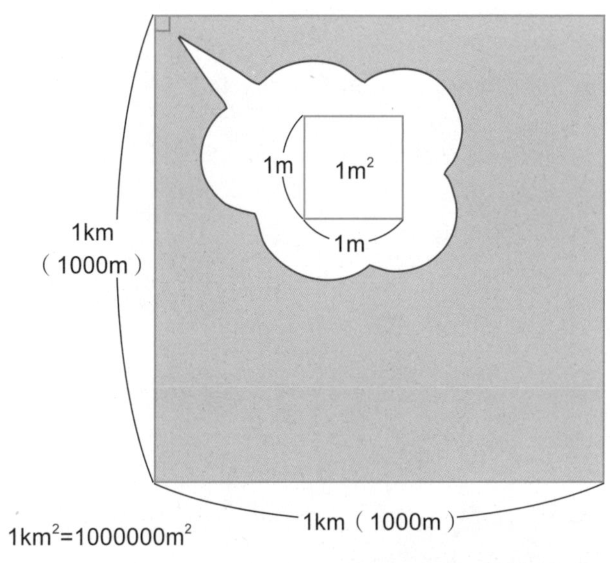

$1km^2=1000000m^2$

3. 正方形纸的边长是 12cm，每张纸的面积是多少 cm^2？

4. 长方形花圃的长是 6m，宽是 3m50cm。长方形花圃的面积是多少 m^2？

5. 动物村是长方形的，东西方向长约 9km，南北方向长约 3km。动物村的面积大约多少 km^2？

答案：1. ① $11m^2$；② $16m^2$。2. $1575cm^2$。3. $144cm^2$。4. $21m^2$。5. $27km^2$。

解题训练

■ 用大面积减去小面积，再求剩余的面积

1 右图所示是一片长方形的草坪，草坪中央有一个水池。除去水池，草坪的实际面积是多少 m^2？

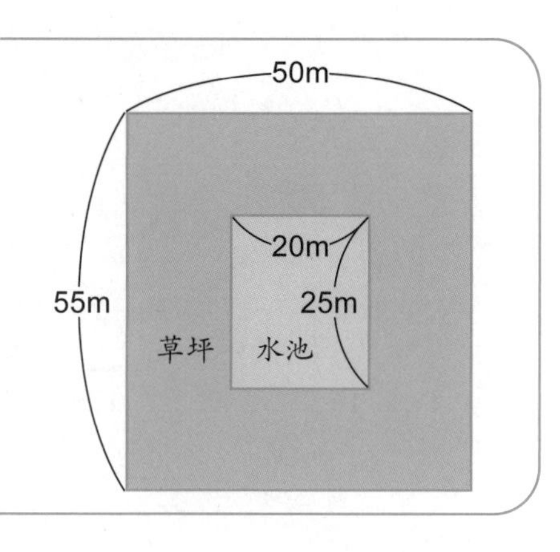

◀ 提示 ▶
用大的长方形面积减去水池的面积。

解法　用大的长方形面积减去水池的面积，便可求得草坪的实际面积。

大的长方形面积为：$55\times50=2750$（m^2）

水池的面积为：$25\times20=500$（m^2）

草坪的实际面积为：$2750-500=2250$（m^2）

答：草坪的实际面积是 $2250m^2$。

■ 求出边长并计算面积，再求面积的和

2 右图所示的田地里种植着蔬菜和麦子，这块田地的总面积是多少 m^2？

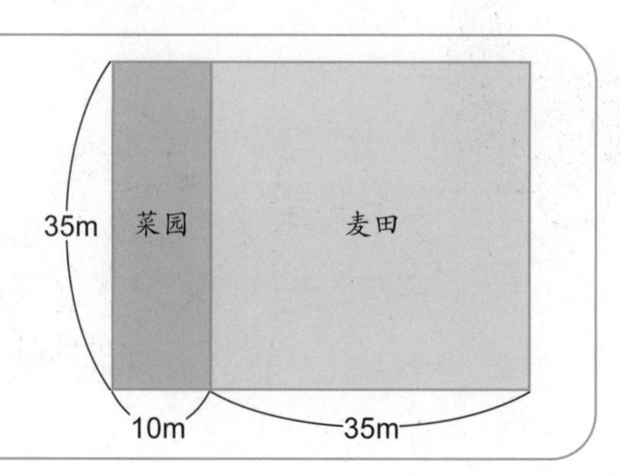

◀ 提示 ▶
可以求两块长方形面积的和，也可以把两块长方形当成一块大的长方形

解法　把菜园和麦田的面积相加。

菜园的面积为：$35\times10=350$（m^2）

麦田的面积为：$35\times35=1225$（m^2）

田地的总面积为：$350+1225=1575$（m^2）

答：田地的总面积是 $1575m^2$。

另一种解法　把整片田地当成一块长为 45（10+35）m，宽为 35m 的长方形。$35\times$（$10+35$）$=35\times45=1575$（m^2）

答：田地的总面积是 $1575m^2$。

■ 求不规则图形的面积

3

右图所示庭院的面积是多少平方米？

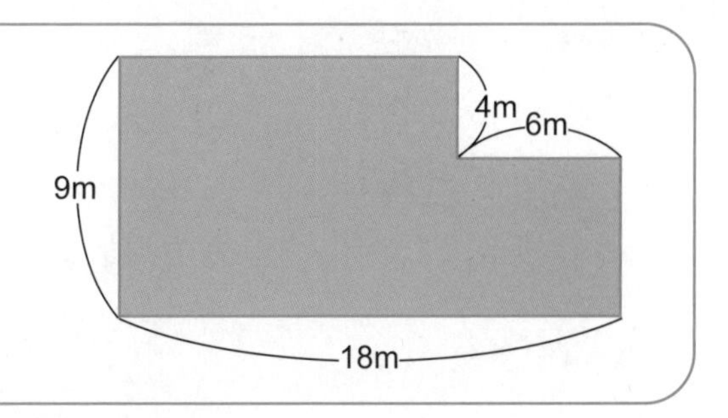

◀ 提示 ▶
可以把两个长方形面积相加，也可以添上缺角的部分再求解。①②是分割的方法；③是补的方法。

解法 将庭院面积当作两个长方形面积的和。

①

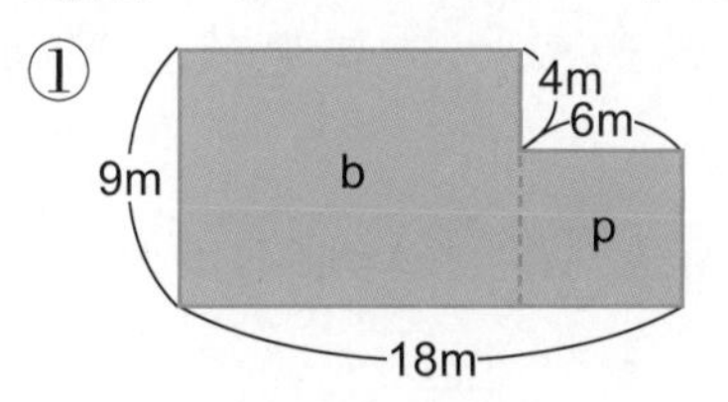

①b 的面积是：9×（18−6）=108（m^2）

p 的面积是：（9−4）×6=30（m^2）

b 与 p 的面积和是：108+30=138（m^2）

答：庭院面积是 138m^2。

②

b 4m 6m 9m p 18m

②b 的面积是：4×（18−6）=48（m^2）

p 的面积是：（9−4）×18=90（m^2）

b 与 p 的面积和是：48+90=138（m^2）

答：庭院面积是 138m^2。

③ 先添加缺角的部分，求大块长方形的面积，然后再减去添加部分的面积。

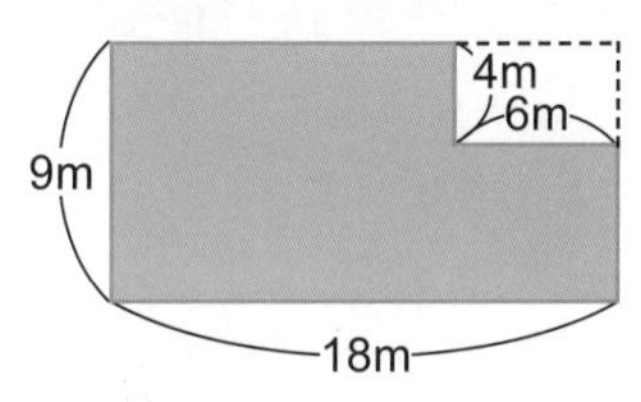

大块长方形的面积是：9×18=162（m^2）

添加部分的面积是：4×6=24（m^2）

庭园的面积是：162−24=138（m^2）

答：庭院面积是 138m^2。

■ 已知长方形的面积与长方形的长，求出长方形的宽

4

图画纸的面积是 270cm^2，图画纸的长是 18cm，图画纸的宽是多少 cm？

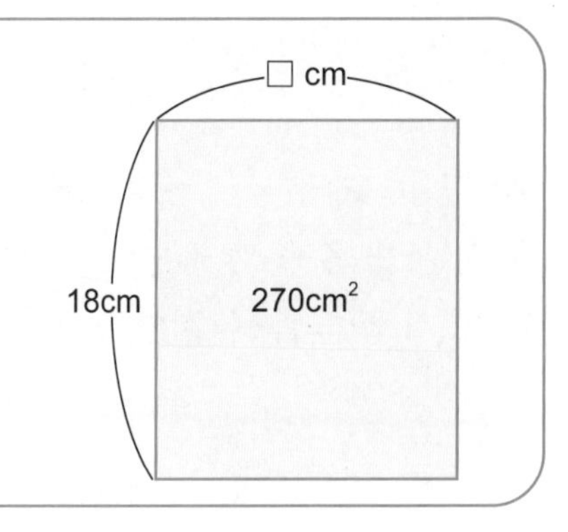

◀ 提示 ▶
利用□并套用长方形的面积公式。长方形面积 = 长 × 宽。

解法 把宽度写作□ cm，并套用长方形的面积公式。

18 × □ =270

□ =270 ÷ 18

□ =15（cm）

答：图画纸的宽是 15cm。

■ 制作一个和正方形面积相同的长方形，求出该长方形的长

5 正方形的边长是 14cm，制作一个面积相同的长方形，长方形的宽是 8cm，长方形的长应该是多少 cm？

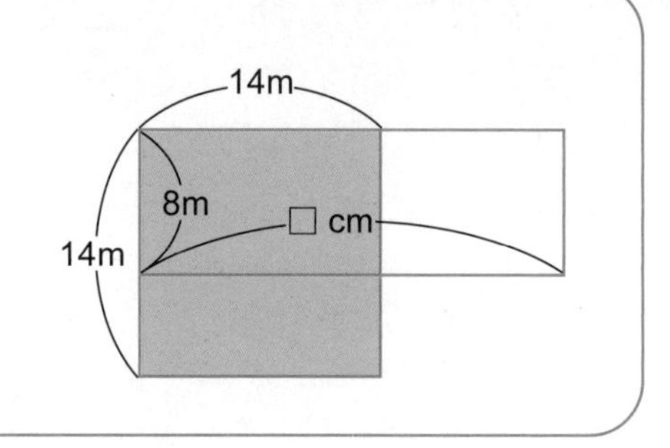

◀ 提示 ▶
先求正方形的面积。

解法　先求出正方形的面积，接着把长方形的长写作□ cm，并列出算式。

正方形的面积是：14×14=196（cm^2），把长方形的长写作□ cm，

8× □ =196

□ =196÷8

□ =24.5（cm）　　答：长方形的长应该是 24.5cm。

■ 由周长和宽求出长方形的面积

6 有①、②、③三个周长都是 20cm 的长方形，长方形的宽分别是 2cm、3cm、4cm。在这三个长方形中，面积最大的是哪一个？

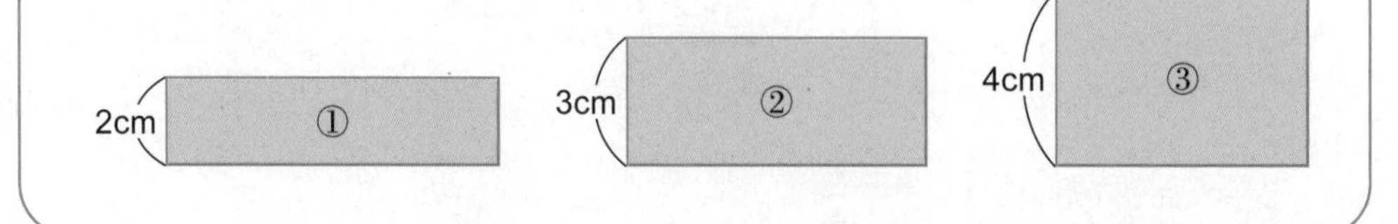

◀ 提示 ▶
分别求出各长方形的长，然后再计算面积。

解法　长方形的周长与长、宽的关系是：

长 ×2+ 宽 ×2= 周长。

宽度是 2cm 时，长是：（20−2×2）÷2=8（cm）。

所以，长方形①的面积是：2×8=16（cm^2）。

宽度是 3cm 时，长度是：（20−3×2）÷2=7（cm）。

所以，长方形②的面积是：3×7=21（cm^2）。

宽度是 4cm 时，长度是：（20−4×2）÷2=6（cm）。

所以，长方形③的面积是：4×6=24（cm^2）。

答：面积最大的是长方形③。

■ 已知正方形与长方形的面积总和以及宽，求长方形的长

7 右图的长方形土地分为庭院和建筑物两部分，两部分的面积总和是 $126m^2$，建筑物的部分是正方形，边长为 9m，庭院部分的宽是多少 m？

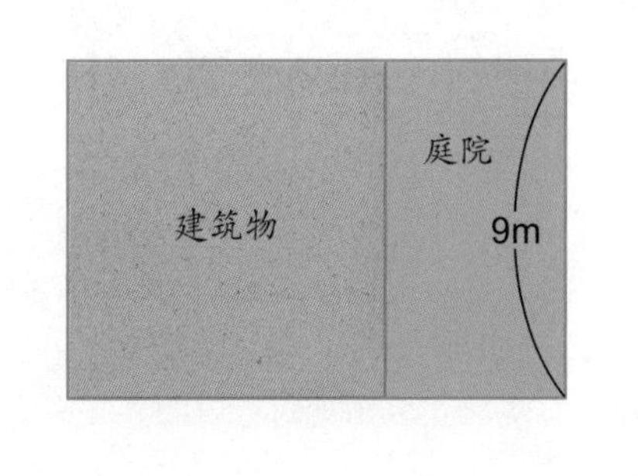

◀ 提示 ▶
求出庭院的面积便可求得宽。此外，可以用面积与宽度求得整个大长方形的长。

解法（1） 求出庭院的面积便可求得庭院的宽。建筑物的部分为正方形，所以面积是 $9\times9=81$（m^2），庭院的面积是 $126-81=45m^2$。

庭院部分的宽为长方形的面积 ÷ 长，$45\div9=5$（m）

答：庭院部分的宽是 5m。

解法（2） 首先求出整个大长方形的长，便可求得庭院的宽。

整个大长方形的长为：$126\div9=14$（m），建筑物部分的长是 9m，所以庭院部分的宽为：$14-9=5$（m）。

答：庭院部分的宽是 5m。

■ 求长方形里 L 形部分的面积

8 右图阴影部分的面积是多少平方厘米？

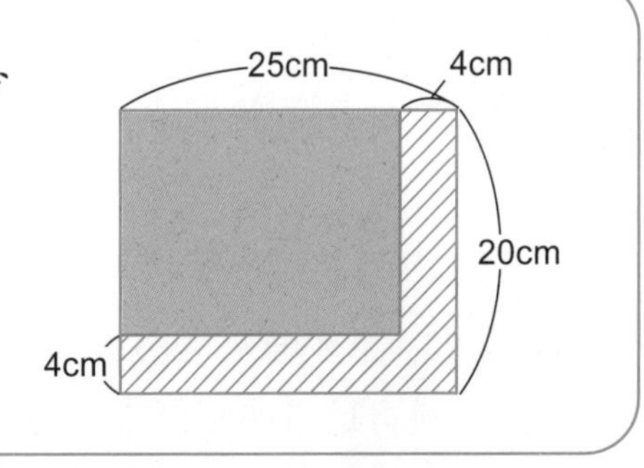

◀ 提示 ▶
用全部的面积减去①的面积。此外，也可以把阴影部分分为两个长方形。

解法（1） 用全部的面积减去①的面积，列算式为：

$20\times25-(20-4)\times(25-4)=164$（$cm^2$）。

答：阴影部分的面积是 $164cm^2$。

解法（2） 按照右图的方法，把阴影部分区分为两个长方形，然后求出 2 个长方形的面积总和，列算式为：

$4\times25+(20-4)\times4=164$（$cm^2$）

答：阴影部分的面积是 $164cm^2$。

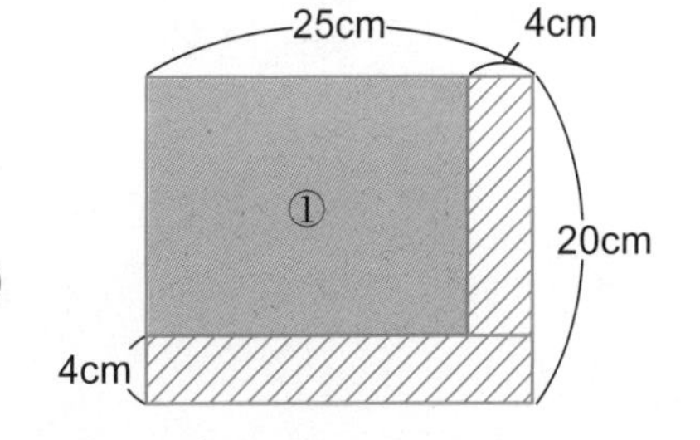

加强练习

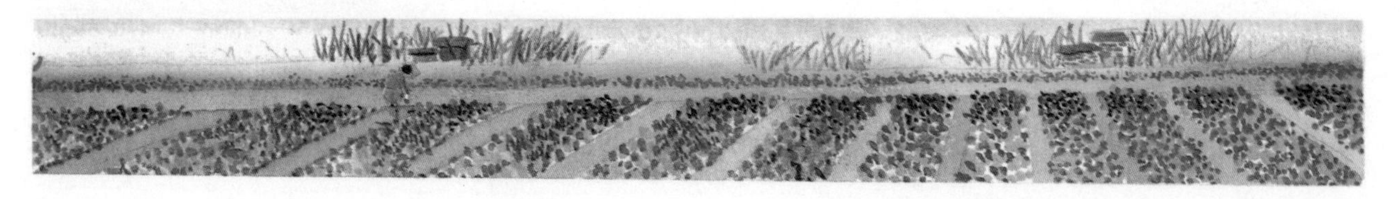

1. 下图所示的土地中有一条道路，道路的面积是多少 m^2？

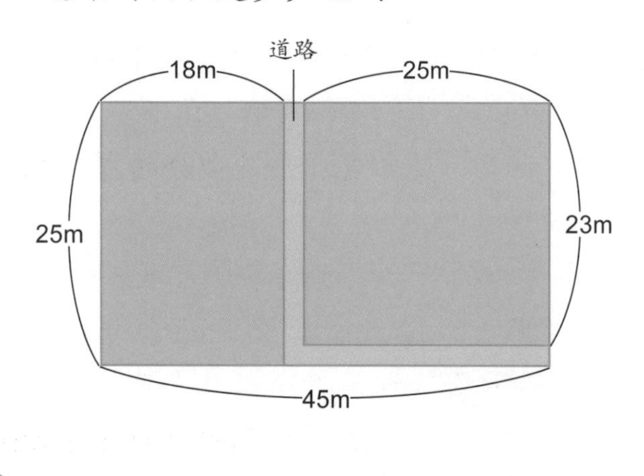

2. 下图所示长方形的田地上有十字形的田埂，田埂以外的田地面积是多少 m^2？（所有角均为直角）

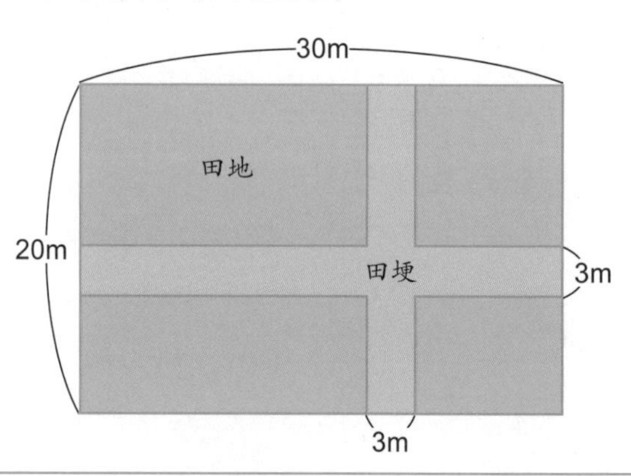

解答和说明

1. 先把道路区分成两个长方形，然后求道路的面积。竖条的道路宽度是 45−（18+25）=2（m），横条的道路宽度是：25−23=2（m）。

所以，道路面积是 $25\times2+2\times25=100$（m^2）

答：道路的面积是 $100m^2$。

下面的两种方法也可求得道路的面积。

$25\times(45-18)-23\times25=100$（$m^2$）

答：道路的面积是 $100m^2$。

$25\times45-25\times18-23\times25=100$（$m^2$）

答：道路的面积是 $100m^2$。

2. 全部的面积减去田埂的面积，便可求得田埂以外的田地面积。

田地的全部面积是 $20\times30=600$（m^2）。

道路的面积请看右图，把竖条的道路面积 20×3 加上横条的道路面积 3×30 时，两条道路的交界部分（①的部分）共计算 2 次，所以必须减去 3×3。

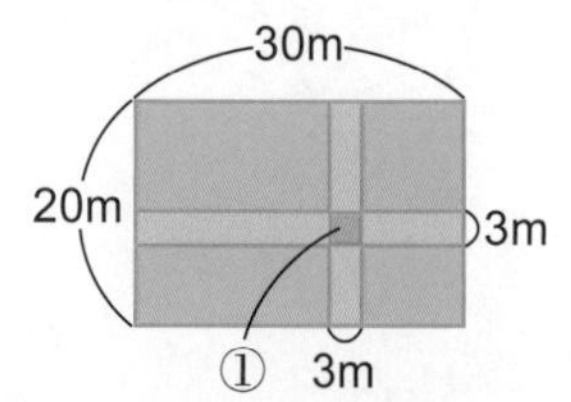

$20\times3+3\times30-3\times3=141$（$m^2$），田埂以外的田地面积是 $600-141=459$（m^2）。

答：田埂以外的田地面积是 $459m^2$。

此外，也可以按照右图的方式计算，把道路挪动后再计算。

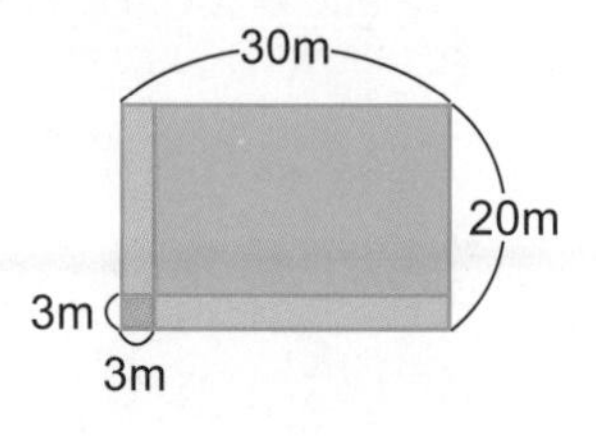

$(20-3)\times(30-3)=459$（m^2）

答：田埂以外的田地面积是 $459m^2$。

3. 长方形和正方形的周长都是 48cm，长方形的长是 14cm。哪一个的面积较大？大多少？

4. 有一块长方形土地，如果把土地的长增加 3m，面积会增加 $105m^2$。如果长和宽均增加 3m，则面积增加 $255m^2$。原来长方形的长与宽各是多少 m？

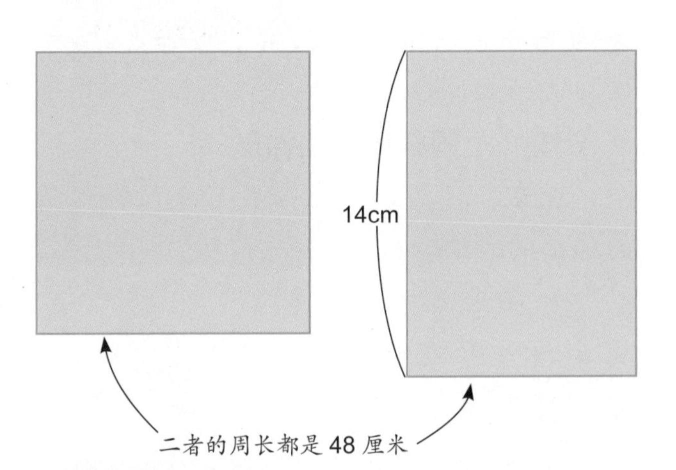

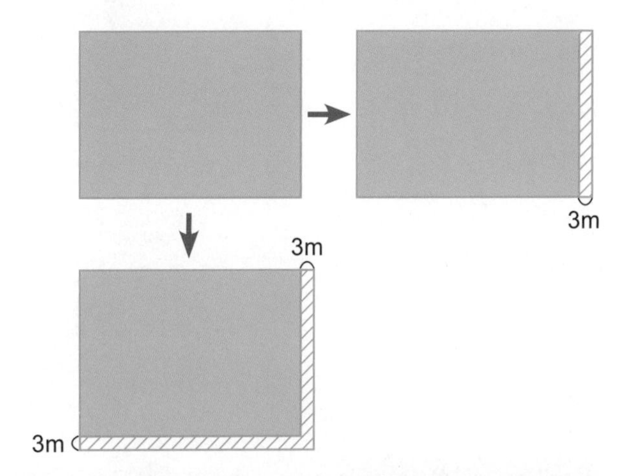

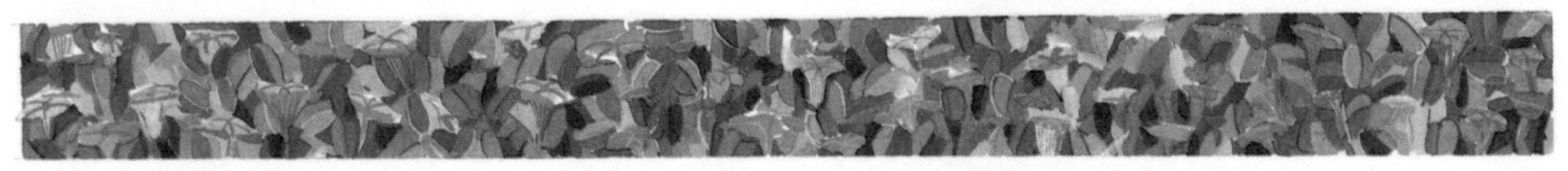

3. 正方形的四边长均相等，所以每边的长是：48÷4=12（cm），面积是 12×12=144（cm^2））。长方形的宽是（48−14×2）÷2=10（cm），面积是 14×10=140（cm^2））。面积的差为 144−140=4（cm^2）。

答：正方形的面积较大，大 $4cm^2$。

4. 原来的长方形宽为：105÷3=35（m）。

下边的阴影部分面积为：255−105=150（m^2）。

下边的阴影部分的长为：150÷3=50（m）。

原来长方形的长为：50−3=47（m）。

3m

答：原来长方形的长为 47m，宽为 35m。

应用问题

1. 右图所示的长方形田地上有一条道路，道路的宽度是 2m，除道路外的田地面积是多少 m^2？

2. 右图分为①、②两个部分，如果①和②的面积相同，长方形①的长度是多少米？

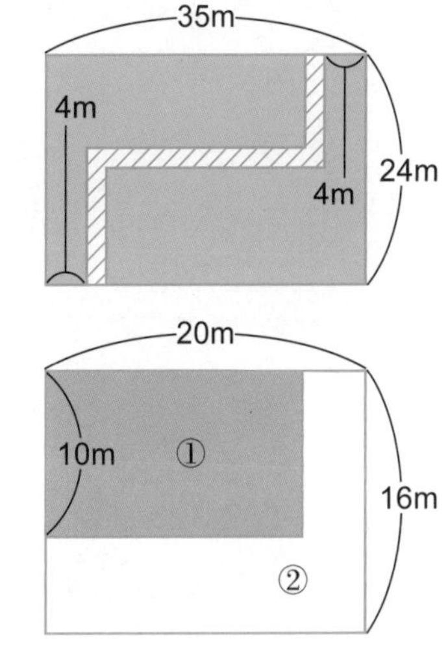

答案：

1. $742m^2$。

2. 16m。

图形的智慧之源

正三角形土地的分法

有一块如右图所示的正三角形土地。如果要把它切成形状和面积完全一样的三块，再分给三个人，请问有什么方法？

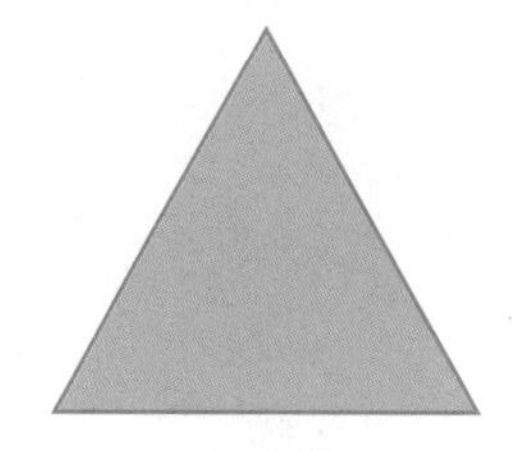

对了。只要像右图这样分就可以了。

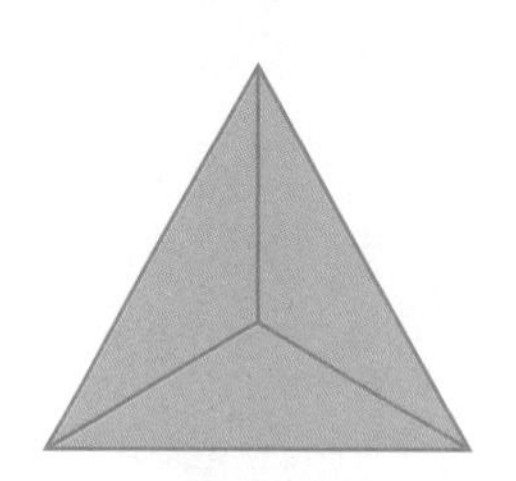

那么，如果要分给4个人的话，应该怎样分呢？也很简单。只要像右图这样分就可以了。

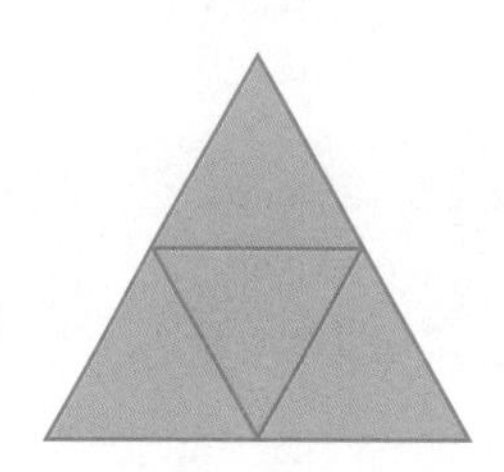

◆ **把正三角形分成3个同样的四边形。**

那如何把正三角形的土地分成3个完全同样的四边形呢？这个问题稍微难了一点儿。因为分法很多，大家好好地想一想。

参考分成4个三角形的图想一想，把下图正中央空白的部分分成形状相同的三角形，然后，甲加上a，乙加上b，丙加上c，是不是就变成四边形了？

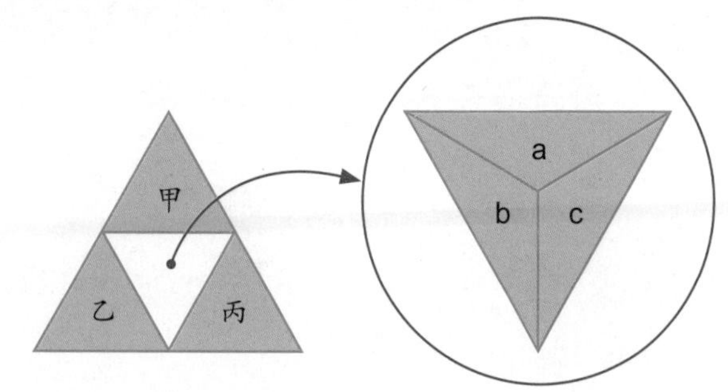

分别加上一个三角形后，就变成右图的样子。每个人的土地，都是由4个顶点和4条边所组成的四边形了。

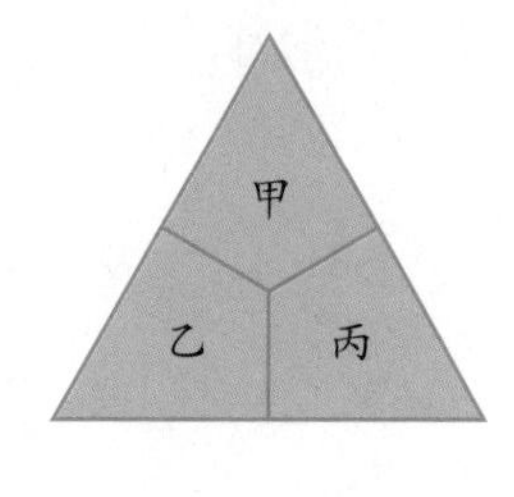

◆ **分成3个同样形状的梯形**

现在，我们来研究分成3个同样形状的梯形的方法。

如右图所示，先将正三角形分成9等份。想一想，在这个图上要如何分成3个组合的梯形呢？因为分成了9个三角形，所以，如果把它分给3个人的话，1个人应该分得3个三角形。由3个小三角形所组合成的梯形，形状如下图所示。

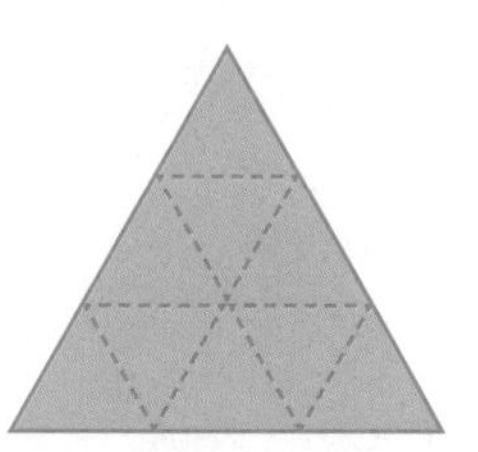

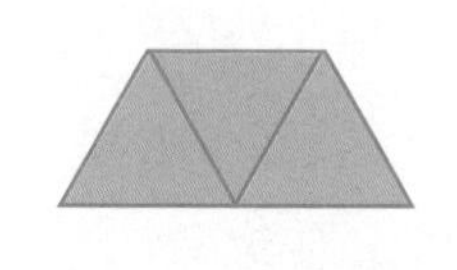

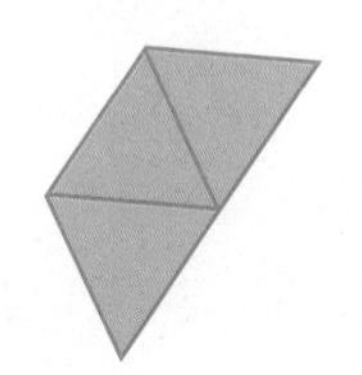

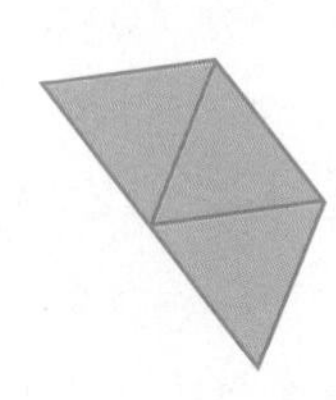

◆ **你会吗？**

想一想，下列5个图形中，形状相同的有哪些？

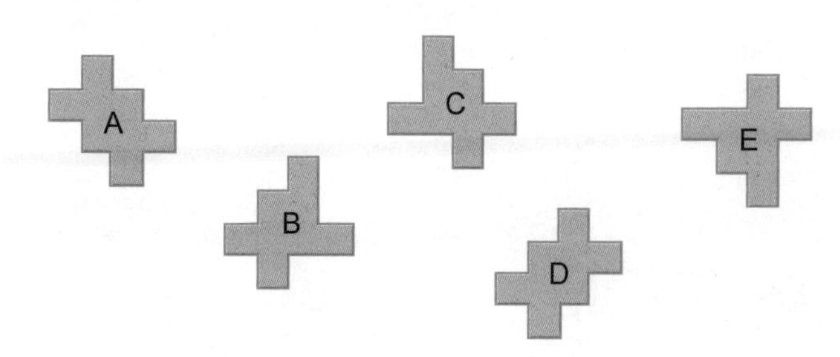

土地分法的难题

1. 从前，有个国王想把领土分给3位王子。从地图上看起来，领土的形状就像下图，由3个正方形重叠而成。

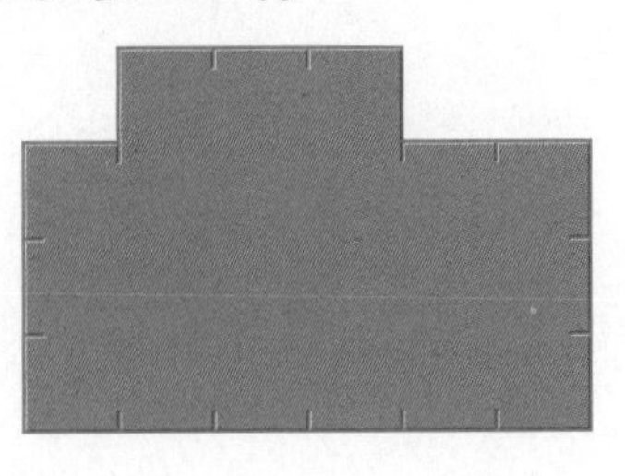

3位王子希望他们所分到的土地，不论形状还是面积都要一样，可是，又不知道该怎么分。于是，国王在全国贴出布告，经过许多博士的研究，终于把领土分成了3块形状及面积都一样的土地。请问他们是怎么分的？

2. 有位富翁拥有一块如下图所示的土地。富翁一共有6个孩子。富翁想把这块土地分成7块形状和面积都一样的，其中一块留给自己，剩下的分给6个孩子。而且，他希望自己的土地能跟任何一个孩子的土地都毗连在一起。

首先，富翁如下图所示选了自己的土地。请问剩下的土地应该如何划分？

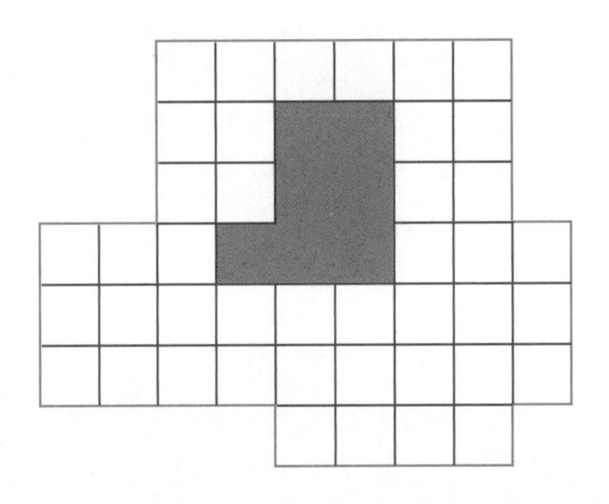

3. 有一块花圃，如右图所示。中央有一条铺有石板的通道。剩下的花圃要分成6部分，形状、面积都要一样。而且，分好后的图案，不论从哪个方向看，甚至翻过来看都一样。应该怎样分呢？

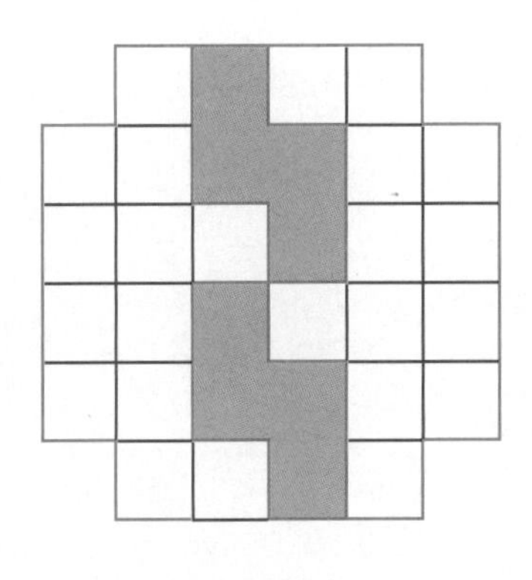

4. 有一块正方形土地，土地左下方有一口井，如右图所示。

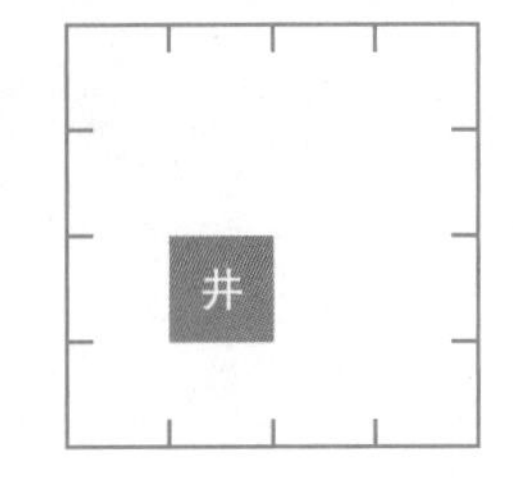

其中有5户形状完全一样的住家。5户人家中，只有3户人家使用自来水，剩下的2户人家则共同使用这口井。这两户人家紧邻这口井，而且不用经过别人的土地就能走到井边。

请把5户人家的交界线画出来。

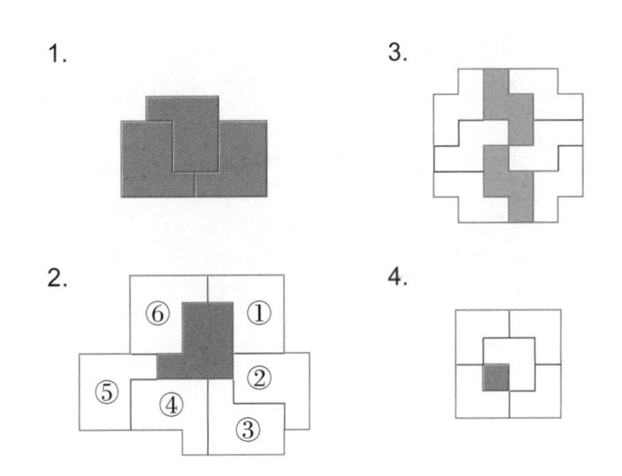

左页“你会吗”的答案是：A和D、B和C。

四边形
的性质

平行与垂直

◉ 画垂直线

熊宝宝寄来了一张生日邀请卡。兔妹妹和小咪准备送布帘作为贺礼，可是，它们却不知道要怎样做。

这个时候，老虎伯伯刚好路过。

兔妹妹的想法

首先，把一块长150cm的长方形布，从一边开始，每隔50cm做个记号。接着，再把B和M、P和F用直线连起来，作为布帘的线。

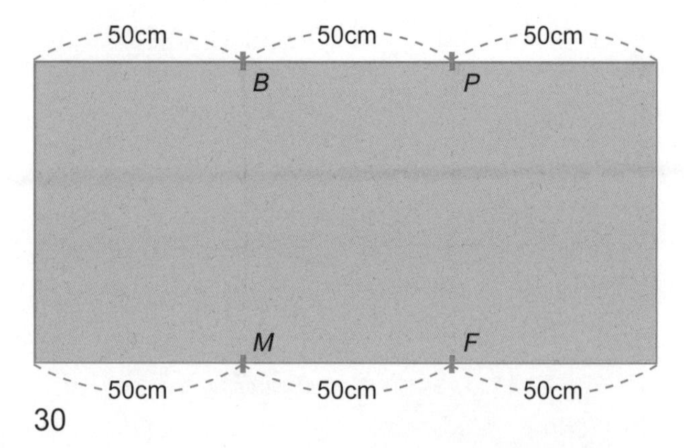

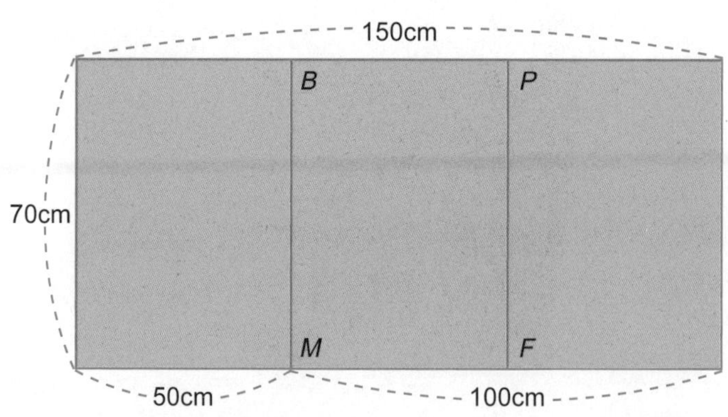

把一张长的纸折成三折。

学习重点

①两条直线相交的方法和它的方向。
②两条直线的垂直和平行。
③用三角尺画平行线。
④用三角尺画垂线。

打开之后，就变成了下面的样子。

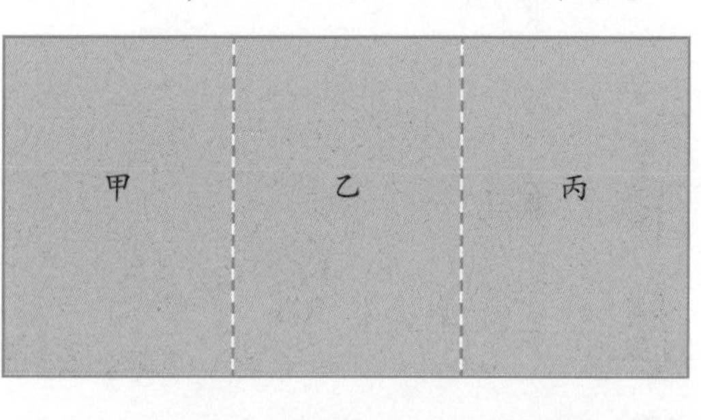

甲、乙、丙都会变成同样的长方形哦。

邀请卡收到了吧？一定要来哦。

做布帘的时候也是一样，只要分成3段长度一样的就可以了。

我分成3段后，先考虑角度再画线。

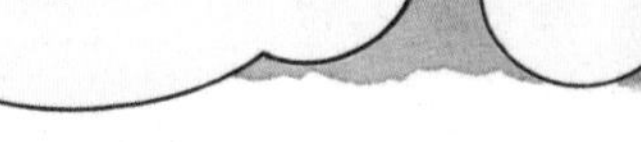

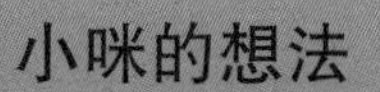

小咪的想法

因为 BM 和 PF 都要跟布帘上的线成直角，所以，把三角尺分别放在 B、P 点，一定要成直角再画线。

小咪画出来的3个四边形，刚好都是长方形。

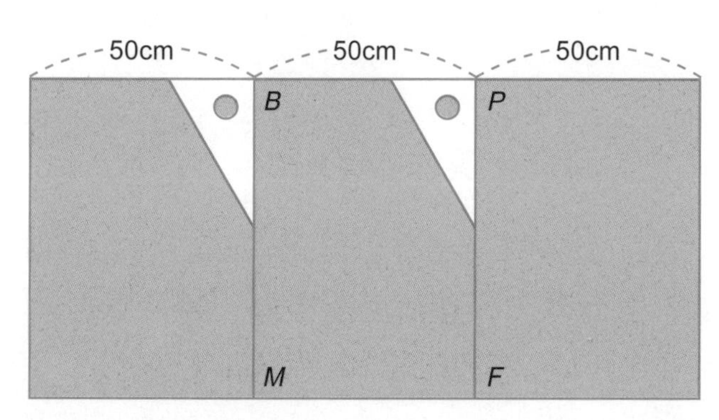

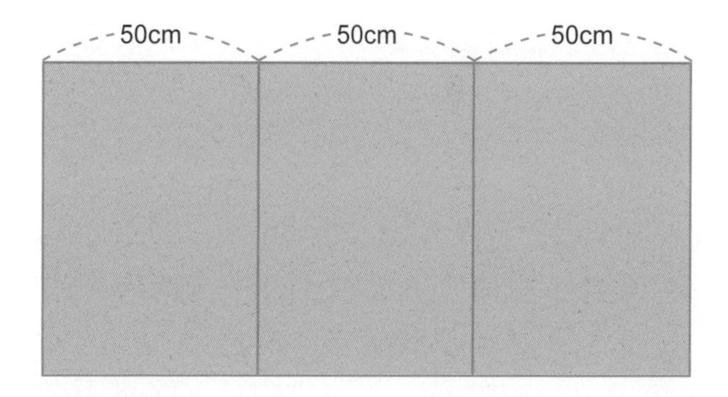

◉ 垂直相交的直线

兔妹妹和小咪所画的布帘线，与布帘的边线成直角。

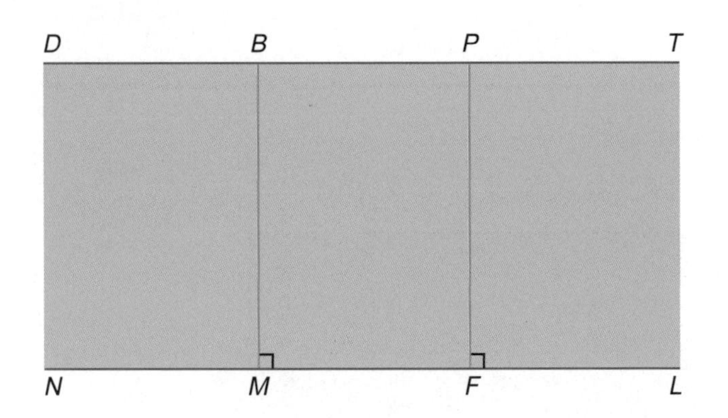

即使把布帘斜过来，这种关系也不变。

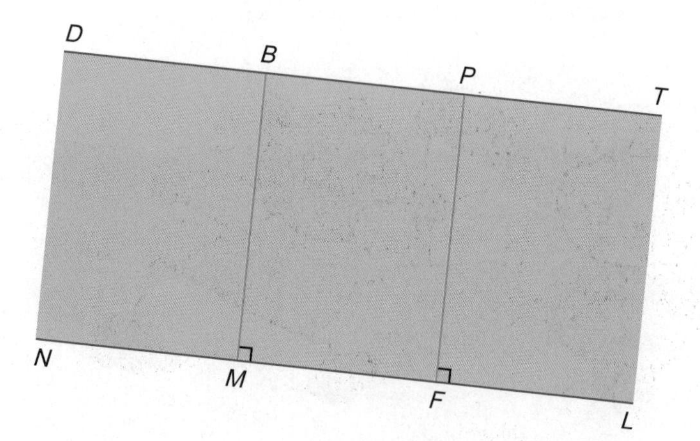

BM 和 PF，与 DT 或 NL 都是垂直的。

另外，DT 和 NL，与 BM 或 PF 也都是垂直的。

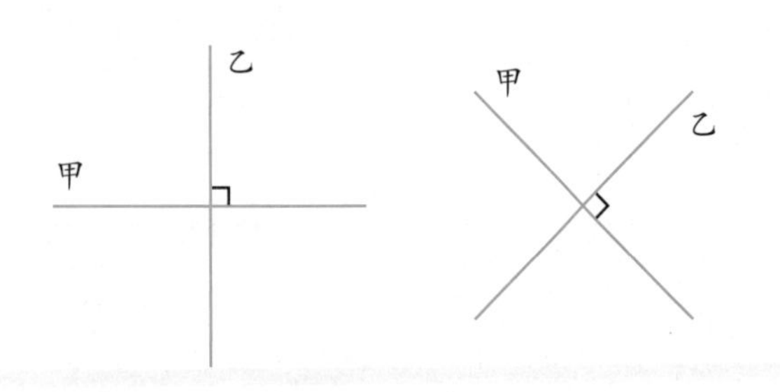

上图的甲与乙是垂直的。

※ 两条线是否垂直，只要量一量两条线相交的角就可以知道。

◆ **下图中，哪两条直线是垂直的？用三角尺量一量。**

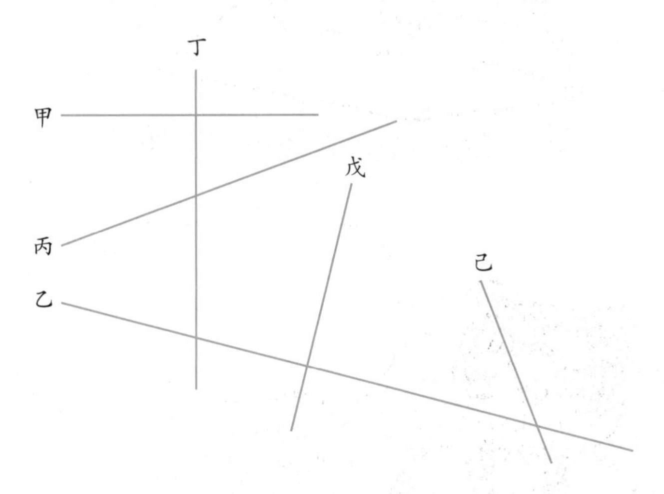

甲和丁、乙和戊垂直。

那丙和己呢？

※ **像丙和己，延长后会相交，并且交点成直角的两条直线，也是垂直关系。**

● 平行线和角的大小

画三条彼此平行的直线。

平行

如下图所示，画直线甲。

量一量直线甲和三条平行线相交后形成的角。

角 b=40°，角 p=40°，角 m=40°。

查一查

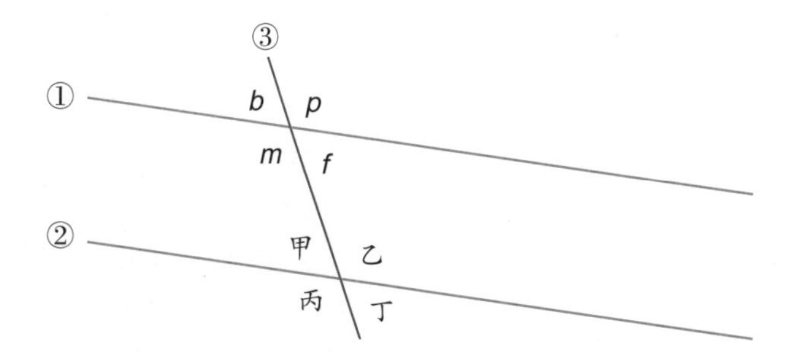

直线①和直线②平行。如上图所示，在这两条直线上画直线③。

找出相等的角。

角甲和角 b、角丁和角 f 的大小相等，角乙和角 p、角丙和角 m 相等。

整　理

（1）和同一条直线垂直的两条直线是平行线。

（2）如下图所示，平行的两条直线之间的距离相等。

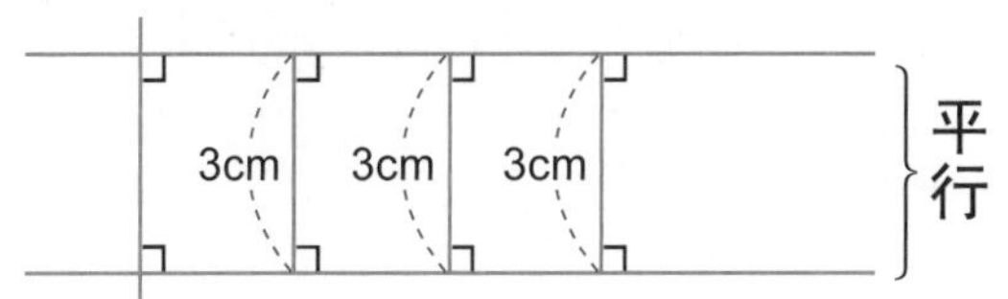

（3）两条直线相交成直角，就说这两条直线互相垂直。

◉ 画平行线

◆ 用三角尺实际画一画。

方法①：用“和同一条直线垂直的两条直线是平行线”这句话画平行直线。

方法②：用“平行的两条直线，和另一条直线相交所形成的角相等”这句话来画。

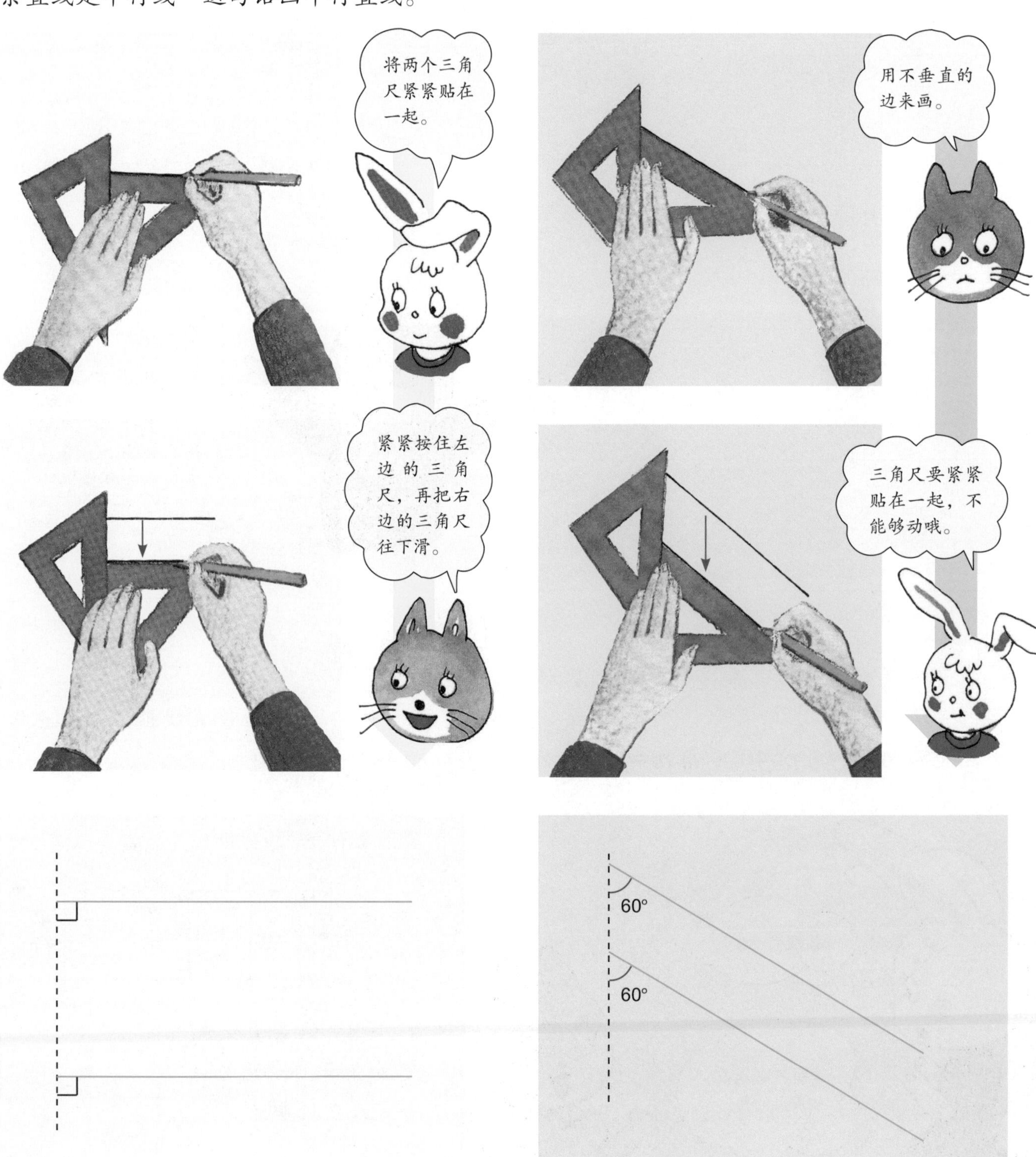

◉ 画垂直相交的直线

◆ 用“两条直线相交成直角，就说这两条直线互相垂直”这点画一画。

※ 过直线上任一点画垂线。　　※ 过直线外一点画垂线。

动脑时间

排一排

用火柴棒排一个如右图所示的形状，可以构成5个大小相同的正方形。

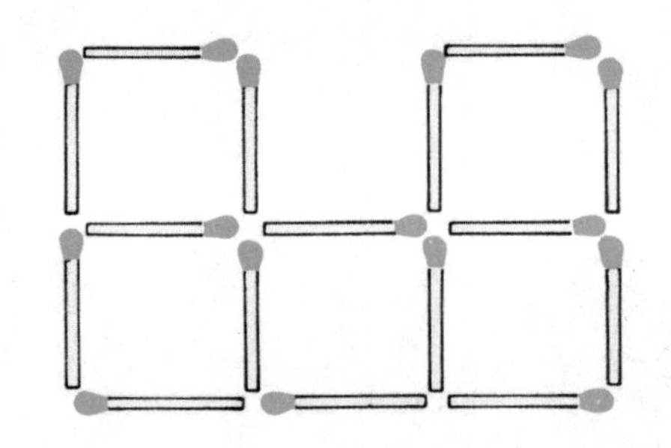

如果移动3根火柴棒，正方形就会变成4个，请问要怎么做呢？

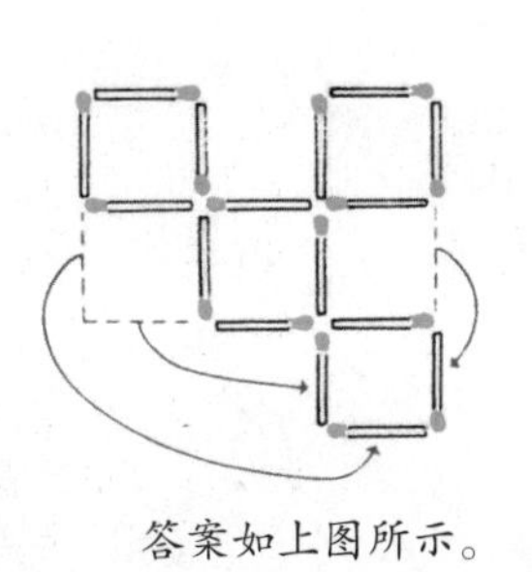

答案如上图所示。

各种四边形

分类

猪小弟开了一家照相馆，熊老师和动物学校的学生都来参观。

①吊架

②天桥栏杆

◆ 右上图照片中的四边形，边和边是平行的还是垂直的？角的大小各是多少？请大家仔细看一看，然后给它们分类。

小动物们把四边形分成了3组。

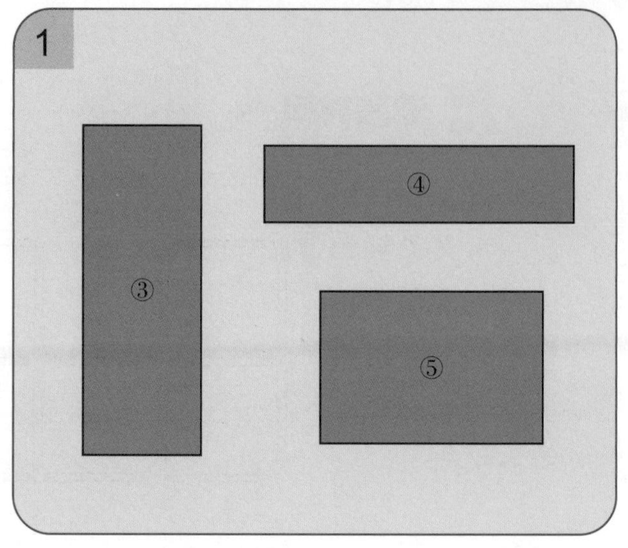

学习重点

按照边的平行、垂直等关系，对四边形进行分类。

③饮水机

④指示标识

⑤汽车窗户

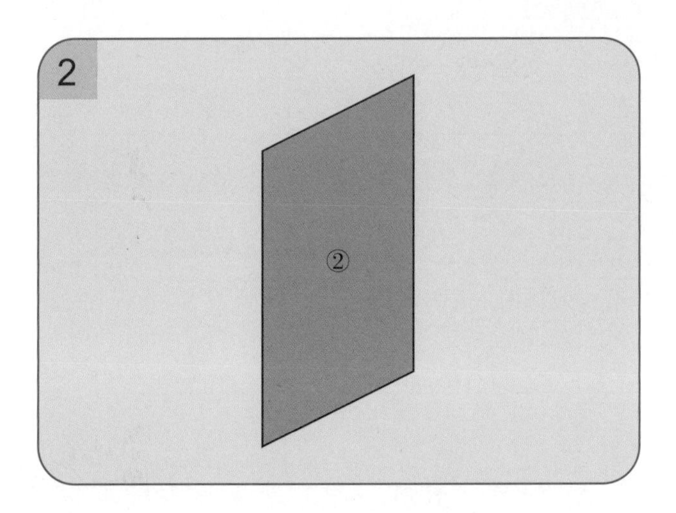

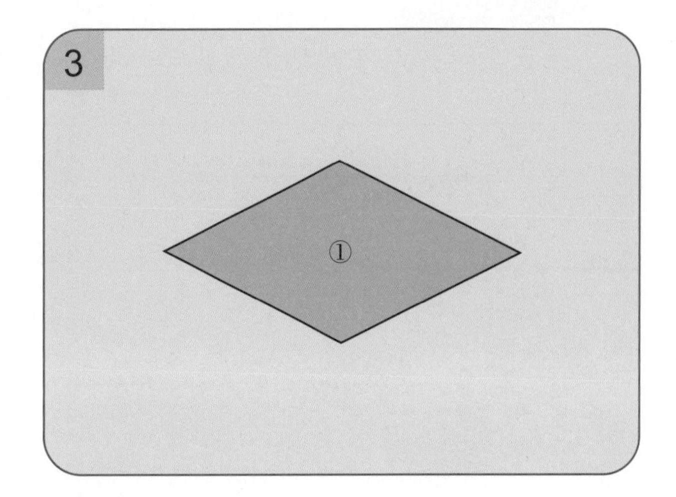

梯形

◉ 只有一组对边互相平行的四边形

查一查

现在，以狸同学的想法为基础，把 3 个梯形排成一列检查一下。

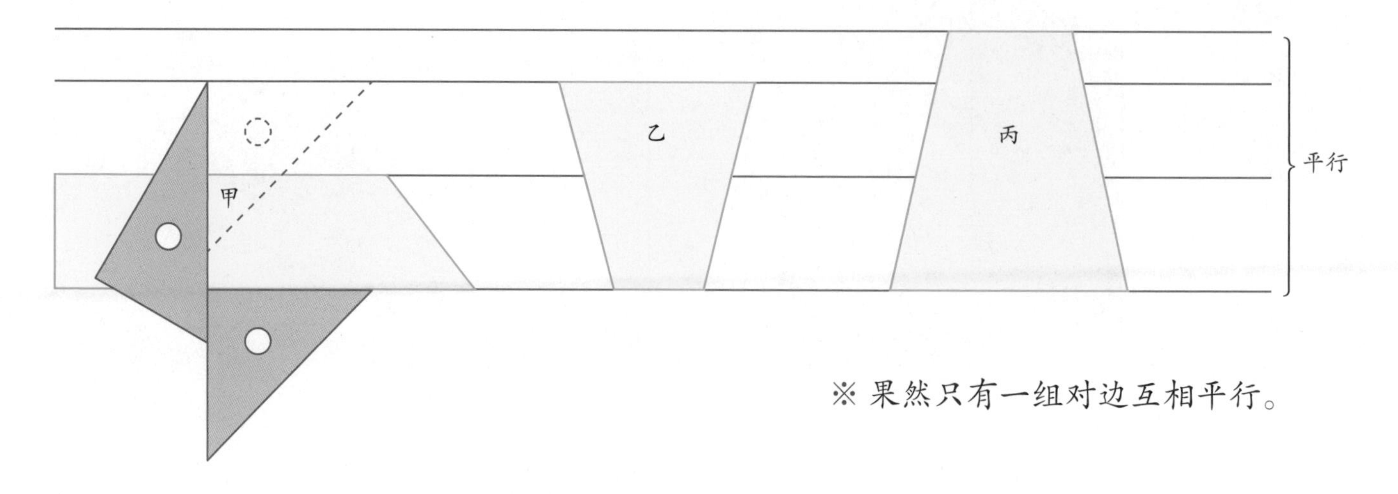

※ 果然只有一组对边互相平行。

只有一组对边互相平行的四边形，称为梯形。

学习重点

①梯形的性质。
②梯形的画法。

求证看一看

剪下同样宽度的带子，做各种四边形看一看。

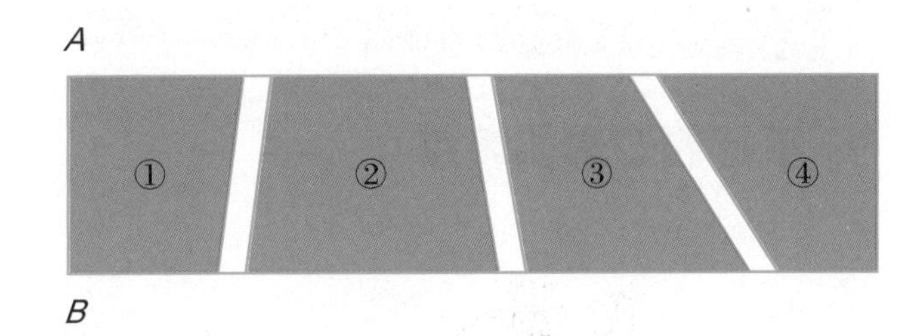

带子两端的对边 A 和 B 平行。

上面 4 个四边形都只有一组平行的边。所以，它们全都是梯形。

● 梯形的画法

① 作直线甲。

甲

② 将一把三角尺放在与直线垂直的地方，另一把三角尺往下滑，作直线乙。

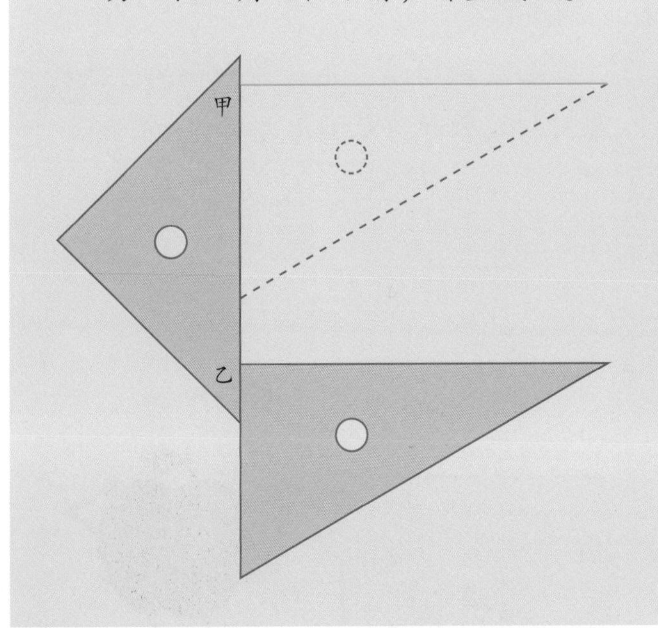

③ 画直线丙、丁，与平行直线甲、乙相交。

平行四边形

平行四边形的特点

查一查

用三角尺检查一下，两组相对的边都是平行的。

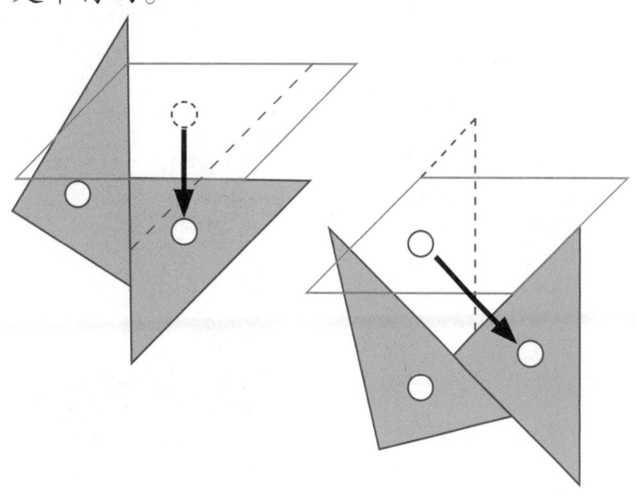

查一查

如下图所示，用旋转重合的方法检查相对的边长和角是不是大小都一样。

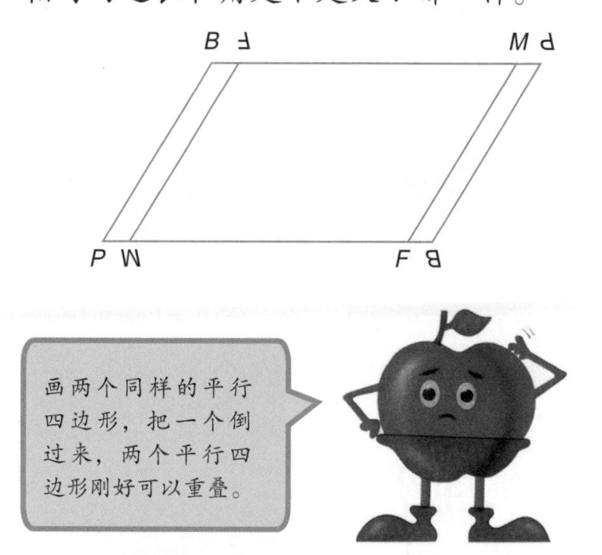

求证看一看

画两个同样的平行四边形，把一个倒过来，两个平行四边形刚好可以重叠。

请看下图。

> **两组对边分别平行的四边形称为平行四边形。**
>
> **平行四边形的对边相等，对角的角度也相等。**

例　题

下面的四边形中，哪些是平行四边形？说一说为什么。

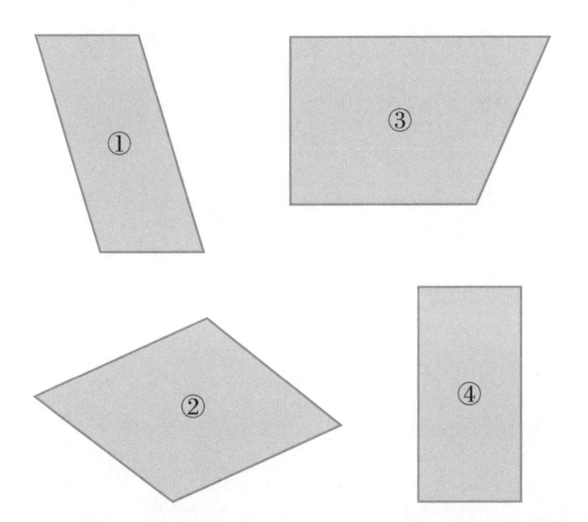

例题的答案：①、②因为两组对边互相平行，④是特殊的平行四边形。

学习重点

①平行四边形的性质。
②平行四边形的画法。

● 平行四边形的画法

利用对边平行来画平行四边形。

①作平行线。

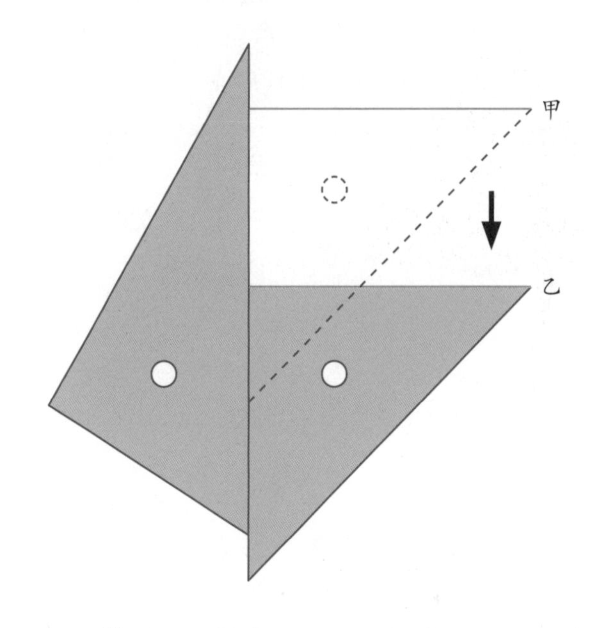

②作和直线甲、乙相交的平行直线丙、丁。

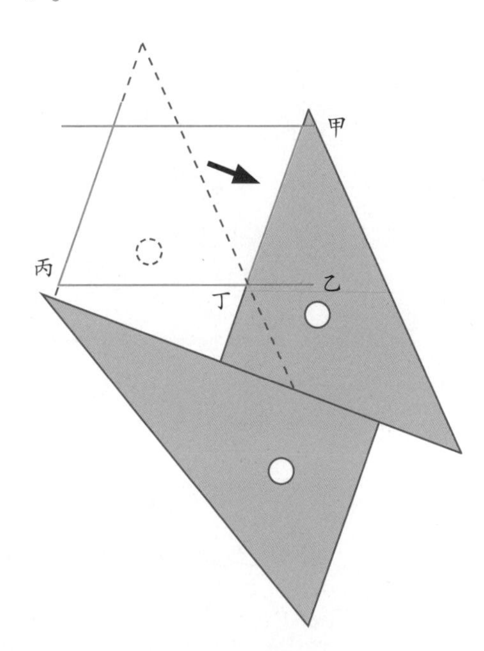

菱形

4条边一样长

查一查

如下面左图所示，将一张纸对折两次，沿着红线的地方直直剪下，再打开来。会得到什么样的四边形？

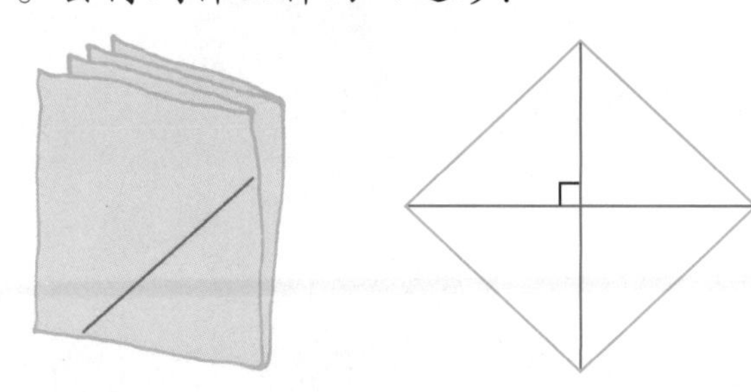

※ 会得到4个边长一样、对角相同的四边形。

查一查

将两张形状、大小一样的长方形纸重叠，重叠的部分是什么样的四边形呢？

※ 因为对边平行，宽度一样，所以，会得到4个边长一样的四边形。

有一组邻边相等的平行四边形称为菱形。菱形的对角相等，对边平行。

学习重点

①菱形的性质。

②菱形的画法。

平行四边形和菱形

由平行四边形来画菱形

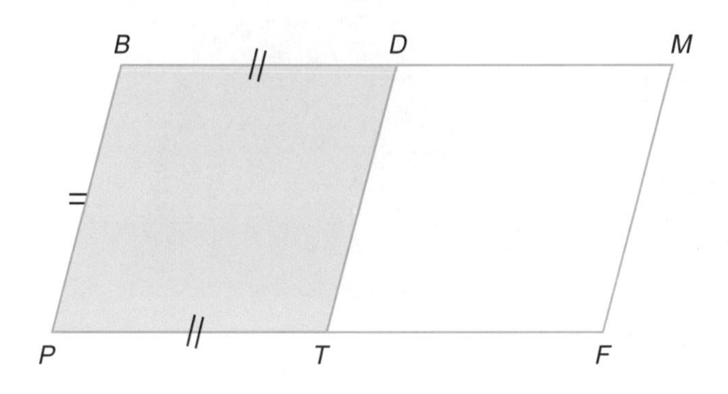

首先，取长度和 *BP* 相等的 *BD* 和 *PT*。然后把 *D* 和 *T* 连起来，*DT* 的长度就会和 *BP* 的长度相同。

求证看一看

BPTD 是平行四边形。现在又有 *BP*=*BD*，邻边也相等，所以是菱形。

菱形的画法

用圆规画菱形

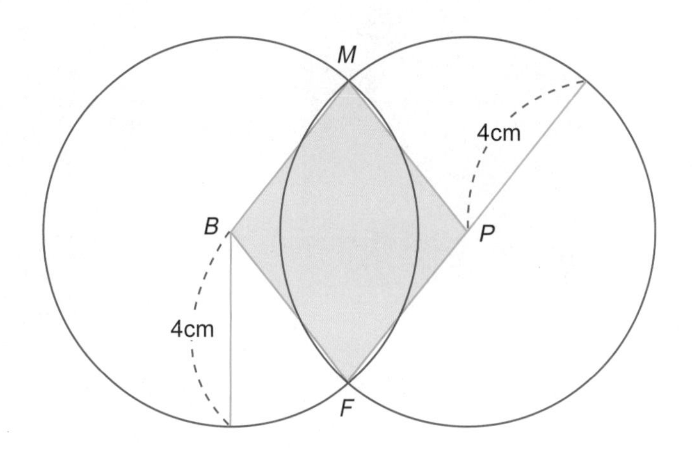

如上图所示，B、P 是两个圆的圆心。连接 B、M、P、F 点就得到一个菱形。在图中你能看出哪些线段长度是 4 厘米吗?

菱形与正三角形

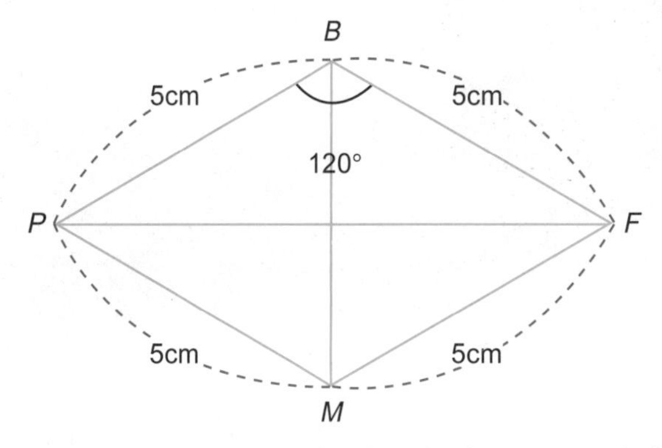

如上图所示，*BPMF* 是菱形。用对角线 *BM* 分开的 *BPM* 和 *BFM* 两个三角形是正三角形。

对角线

小动物们要把前面学过的四边形剪成 2 个三角形。

◆ **用 2 张大小、形状一样的三角形纸，拼成各种四边形看一看。**

反过来，也可以剪下各种四边形的纸，作 2 个三角形看看。

对角线

在四边形上画直线。想作出像①或②那样的三角形。请问要怎么连线？

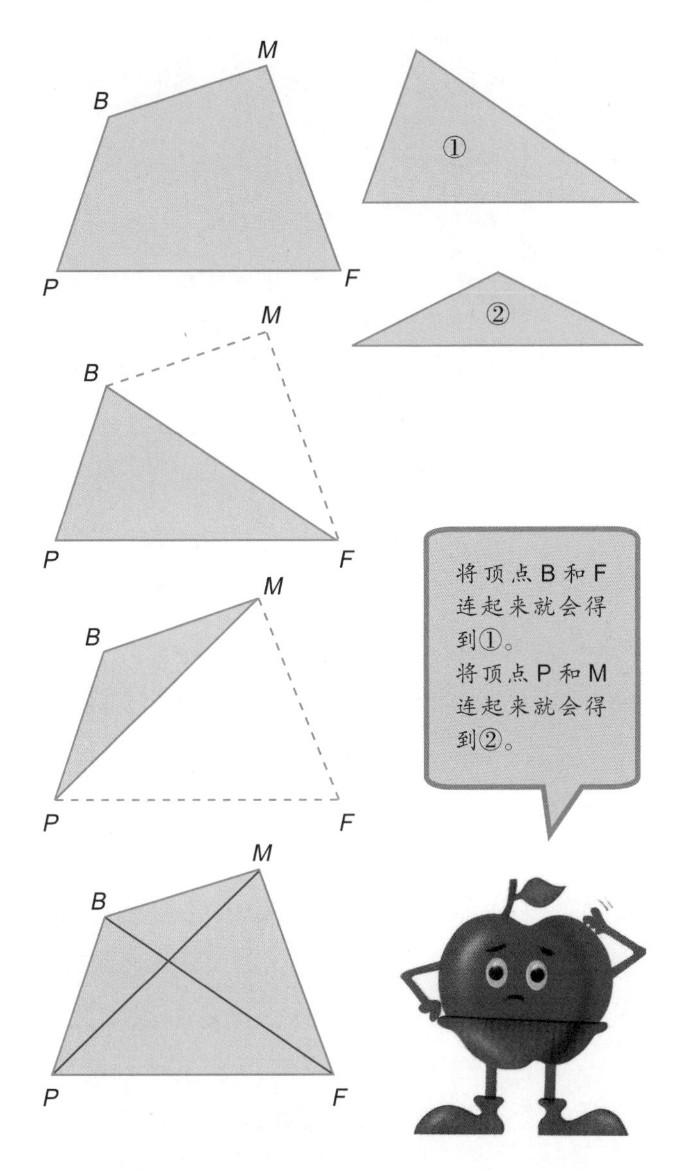

那么，如果连接B和F的线，和连接P和M的线相交的话会怎样呢？对了，会有4个三角形。

如BF或PM这样，连接不相邻顶点的线，称为对角线。

学习重点

①认识对角线的意义。

②通过梯形、平行四边形、菱形的对角线，重新认识四边形的性质。

◆ 调查各种四边形的对角线有什么共同的性质。

①两条对角线的长度。

②两条对角线的交角情况。

③从两条对角线相交的点，到四个顶点的长度。

● 根据对角线观察平行四边形

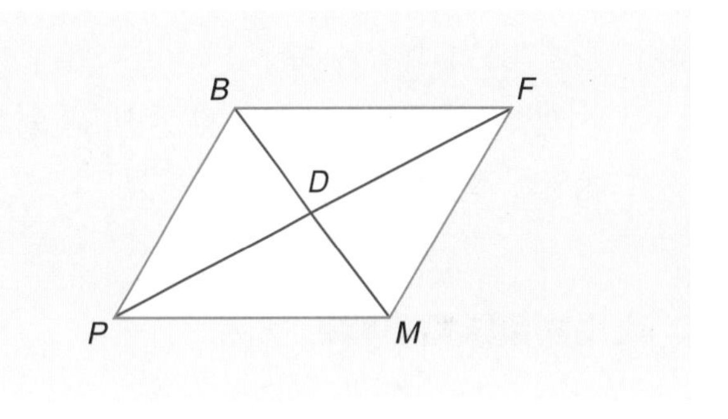

①对角线BM和PF的长度不同。

②BM、PF两条对角线相交所形成的角度大小不一定。

③DB和DM的长度相等，DP和DF的长度也相等。

查一查

沿一条对角线剪开所得到的2个三角形，形状或大小都一样。此外，沿两条对角线剪开所得到的4个三角形中，相对的三角形，其形状或大小也一样。可以画在较薄的纸上，再剪下来看一看。

- **根据对角线观察菱形**

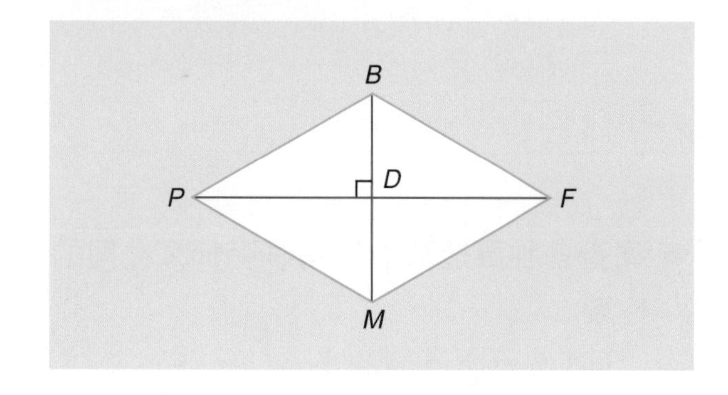

①对角线 *BM* 和 *PF* 的长度不同。

②两条对角线垂直相交。

③ *DB* 和 *DM* 的长度相等，*DP* 和 *DF* 的长度也相等。

沿一条对角线剪开所得到的 2 个三角形，形状或大小都一样。

此外，沿两条对角线剪开所得到的 4 个三角形，其形状或大小也一样。

- **根据对角线观察梯形**

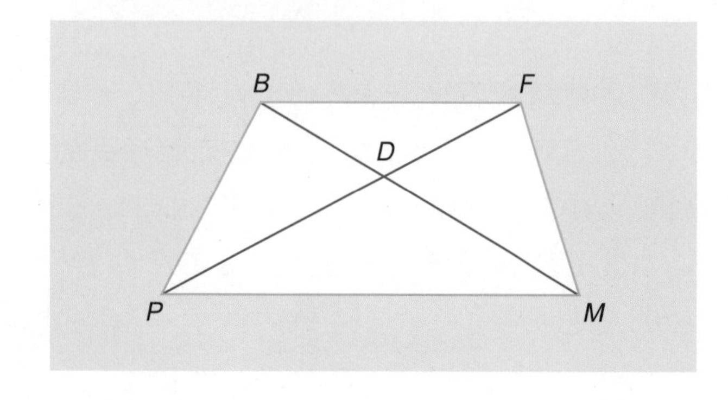

①对角线 *BM* 和 *PF* 的长度不同。

②两条对角线不垂直。

③ *DB* 和 *DM* 的长度，以及 *DP* 和 *DF* 的长度都不一样。

◆ **想一想，长方形或正方形的对角线会是怎样的呢？**

查一查

画两条通过圆心的直线。把直线和圆相交的点连起来，会出现什么四边形？

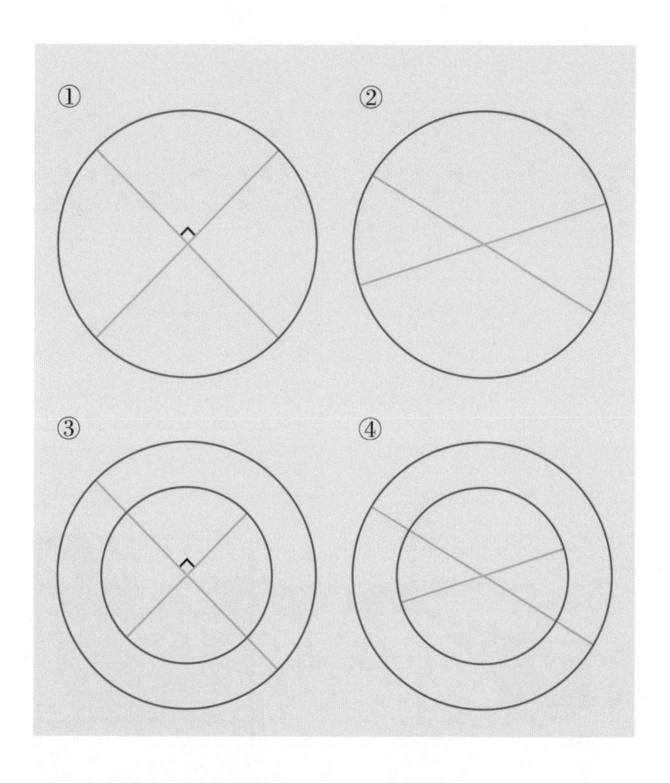

①对角线的长度相等，垂直相交。

——正方形

②对角线的长度虽然相等，但没有垂直相交。

——长方形

③对角线的长度虽然不同，但是垂直相交。

——菱形

④对角线的长度不同，也没有垂直相交。

——平行四边形

性质	四边形	梯形	平行四边形	长方形	菱形	正方形
边	只有一组对边平行	○				
	两组对边都平行		○	○	○	○
	两组对边的长各相等		○	○	○	○
角	两组对角的大小各相等		○	○	○	○
	四个角是直角			○		○
对角线	两条对角线的长度相等			○		○
	两条对角线垂直相交				○	○
	两条对角线彼此在正中央相交		○	○	○	○

动脑时间

七巧板

“七巧板”这种智慧板源自我国，现在已经成为一种世界性的游戏。它的结构如图①所示，把正方形的板切成7块，利用它可以组合出各种图形。如图②所示，组合出来的是鸟的形状。请利用七巧板，组合出各种图形。

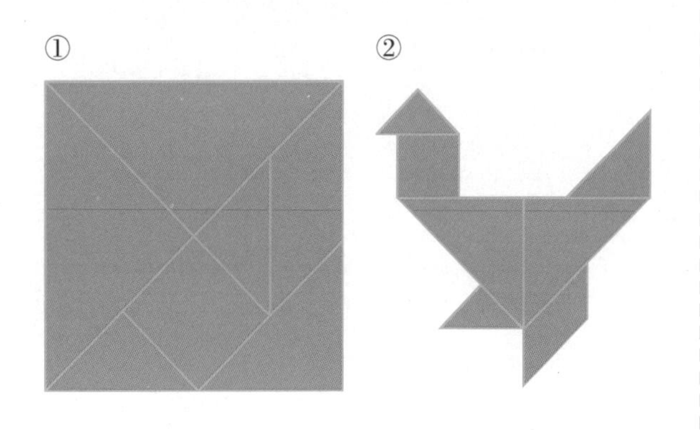

参考七巧板的切法，组合出以下图形：直角三角形、长方形（宽1、长2的比例）、梯形、平行四边形。

七巧板也可以翻转过来用哦！

动脑时间的答案：如右图所示组合板子。

巩固与拓展

整理

1. 菱形、平行四边形、梯形

4 条边等长的四边形叫作菱形。

菱形
- 两组对边等长。
- 对角相等。
- 相邻两角的和等于 180°。
- 用一条对角线可以把菱形平分为 2 个全等的等腰三角形。
- 两条对角线在菱形中心点垂直相交。
- 两条对角线互相平分。

两组对边分别平行的四边形叫作平行四边形。

平行四边形
- 两组对边等长。
- 对角相等。
- 相邻两角的和等于 180°。
- 用一条对角线可以把平行四边形平分为两个全等的三角形。
- 2 条对角线互相平分。

一组对边平行而另一组对边不平行的四边形叫作梯形。

2. 下面是各种四边形的性质综合整理

性质 \ 四边形		长方形	梯形	平行四边形	正方形	菱形
边	①只有一组对边平行		○			
	②两组对边分别平行	○		○	○	○
	③两组对边分别等长	○		○	○	○
	④四条边全部等长				○	○
角	⑤两组对角分别相等	○		○	○	○
	⑥四个角都是直角	○			○	
对角线	⑦两条对角线的长度相等	○			○	
	⑧两条对角线垂直相交				○	○
	⑨两条对角线相互交叉并分为两等份	○		○	○	○

试一试，来做题。

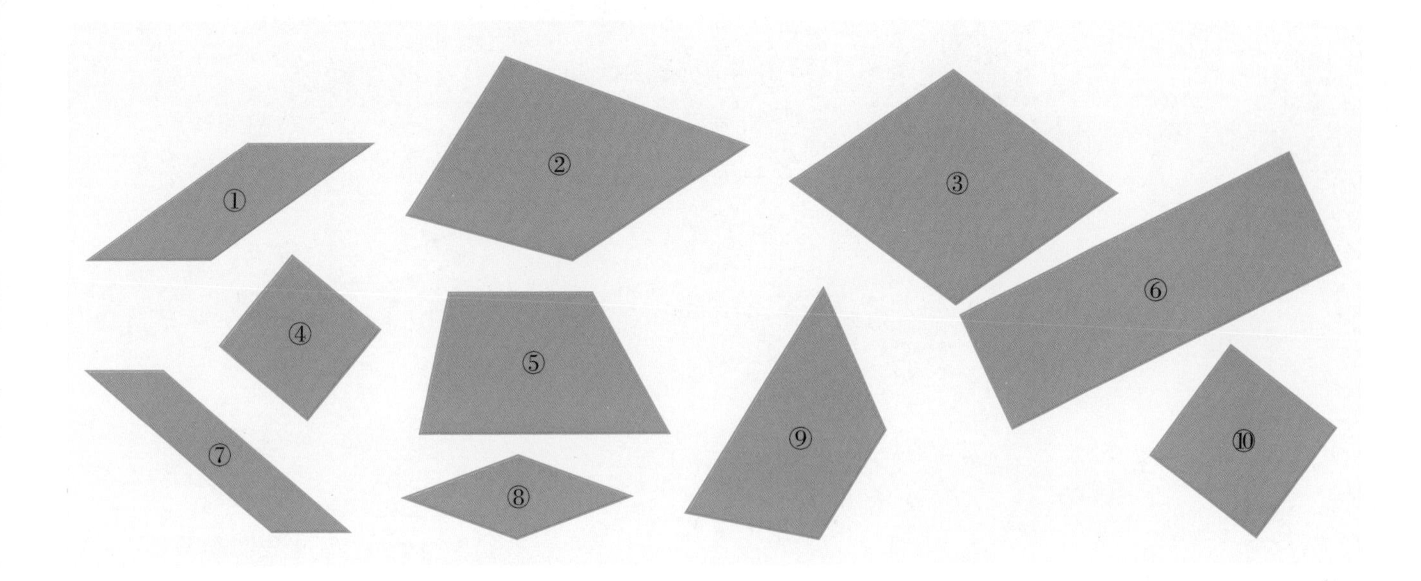

1. 上图中有许多四边形，量一量它们的边长或角度并从图中找出下述图形，将号码填在（　　）中。

正方形（　　）　平行四边形（　　）

长方形（　　）　梯形（　　）

菱　形（　　）

2. 下面的图形是4种四边形的对角线，写出这些四边形的名称（记号相同代表长度相同）。

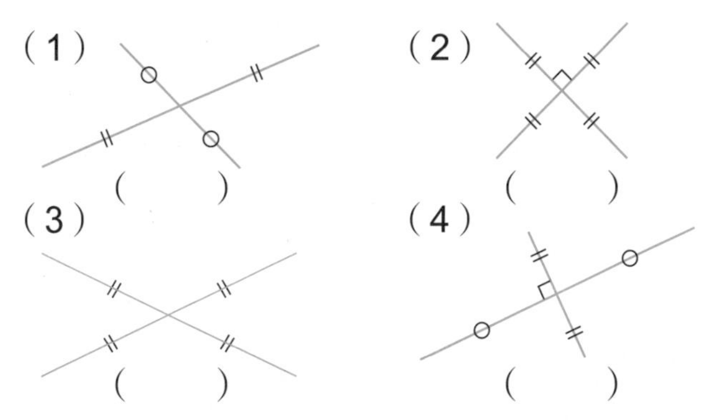

3. 在下图中以红色直线作为一条边，画出平行四边形。把①当作顶点时，另一个顶点是乙一或乙五。如果以下列各号码的点作为一个顶点时，另一个顶点应该在什么位置？

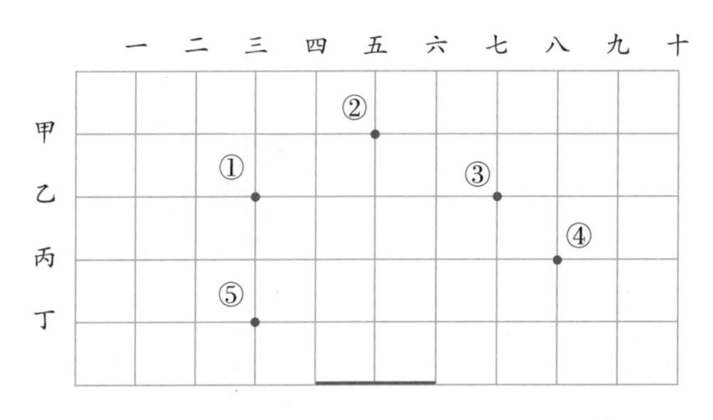

①（乙一）或（乙五）；②（　　）或（　　）；

③（　　）或（　　）；④（　　）或（　　）；

⑤（　　）或（　　）。

答案：1. 正方形（④、⑩）、长方形（⑥）、菱形（③、⑧）、平行四边形（①、⑦）、梯形（⑤、⑨）。2.（1）平行四边形；（2）正方形；（3）长方形；（4）菱形。3.②（甲三）或（甲七）；③（乙五）或（乙九）；④（丙六）或（丙十）；⑤（丁一）或（丁五）。

解题训练

■ 求边长和角的大小

1 求出下列用号码标注的角的大小或边的长度。

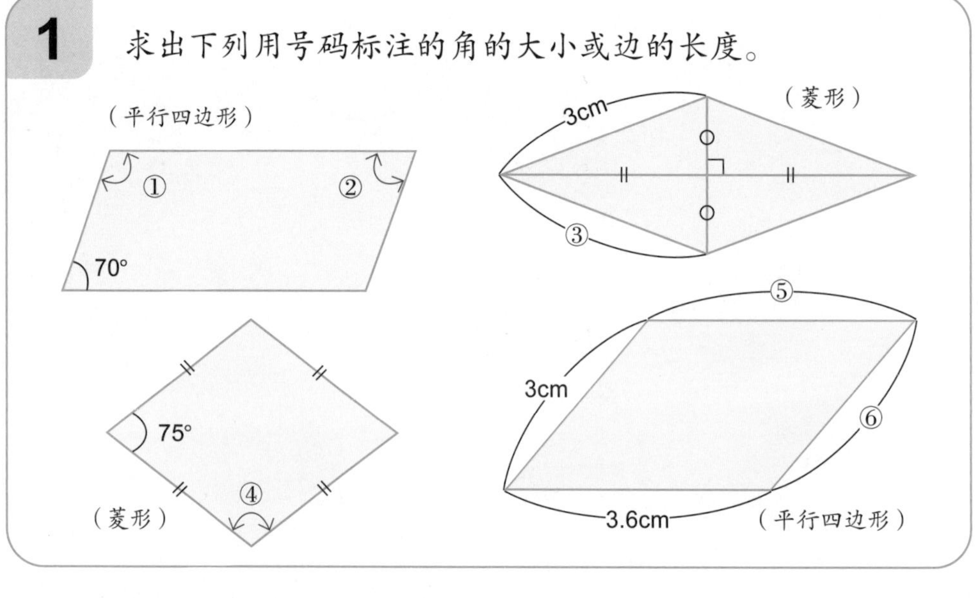

◀ 提示 ▶
先想一想菱形和平行四边形的性质。

解法 ①相邻两角的和等于 180°，180° −70° =110°　答：①为 110°。
②因为对角相等，所以是 70°。　答：②为 70°。
③菱形的四边等长，所以是 3cm。　答：③为 3 厘米。
④相邻两角的和等于 180°，180° −75° =105°。答：④为 105°。
⑤对边的长度相等。　答：⑤为 3.6 厘米。
⑥对边的长度相等。　答：⑥为 3 厘米。

■ 图形的形状

2 右图中排列着 5 个同样大小的等腰三角形。你能找出几个平行四边形？有几个梯形？

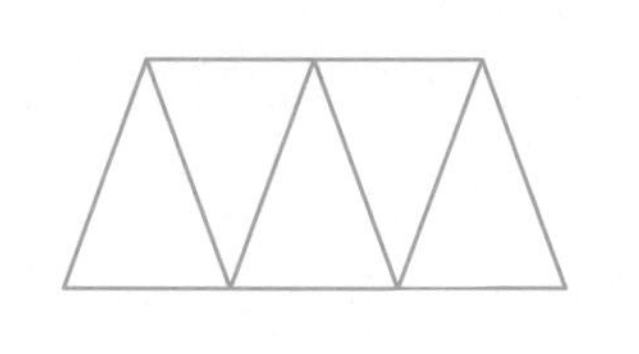

◀ 提示 ▶
按照顺序仔细数一数。

解法 2 个三角形构成 1 个平行四边形，4 个三角形也可以构成平行四边形。

平行四边形有：

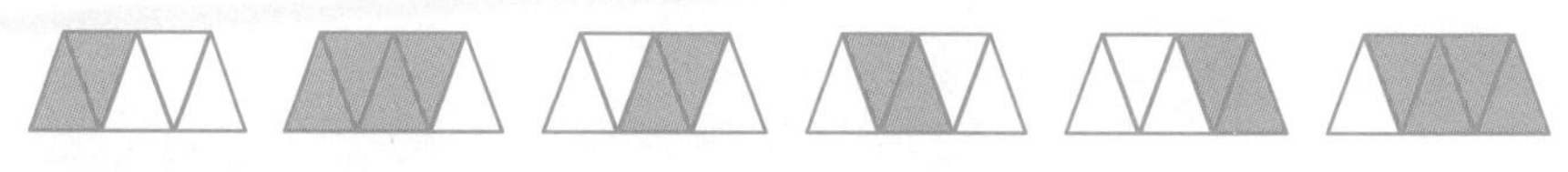

梯形有：

答：平行四边形有 6 个，梯形有 4 个。

■ 从边长及角的大小来思考

3 如右图所示的长方形纸 b、p 各有 2 张。把这 4 张纸每 2 张互相重叠，可以做成下列各种四边形。用哪一张纸和另外一张依什么方法重叠可以做出四边形？写出纸张的号码。①平行四边形；②菱形；③正方形；④长方形。

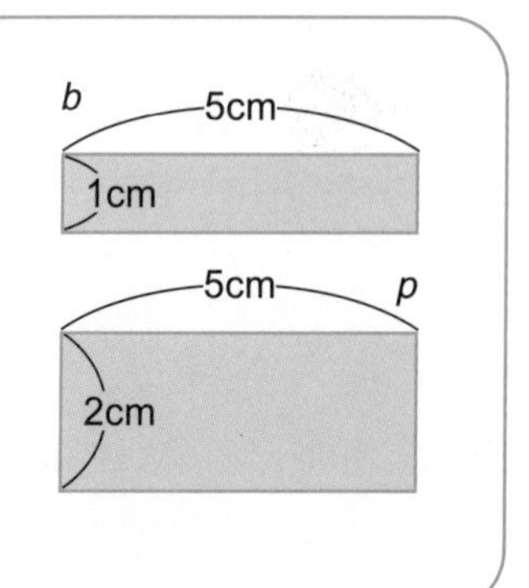

◀ 提示 ▶
依照重叠方式的不同，可以变化出不同的形状。

解法 按照右图的方式，把纸张相互重叠试一试。b 和 b 重叠后，成 4 边等长的四边形。b 和 p 重叠后，可以做出两组对边平行的四边形。

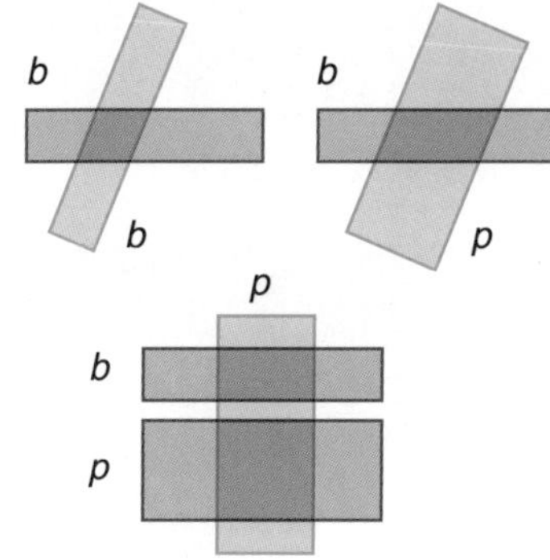

答：①平行四边形：b 和 p 以不垂直的方式重叠。②菱形：b 和 b、p 和 p 以垂直以外的方式重叠。③正方形：b 和 b、p 和 p 以垂直的方式重叠。④长方形：b 和 p 以垂直方式重叠。

■ 制作四边形的图

4 画出相邻两边的长各是 8cm 和 4cm，两边夹角为 60° 的平行四边形。

◀ 提示 ▶
利用三角尺、圆规或量角器测量。平行四边形的两组对边互相平行。

解法 利用三角尺、圆规和量角器来测量。

①作一条 8cm 长的线，线的两端为甲、乙。

②从甲点取 60° 的角并作一条 4cm 长的线，线的另外一端为丙。

③从乙点作一条和甲丙平行的线。

④从丙点作一条和甲乙平行的线，这条线和③所画的线相交的交点为丁。

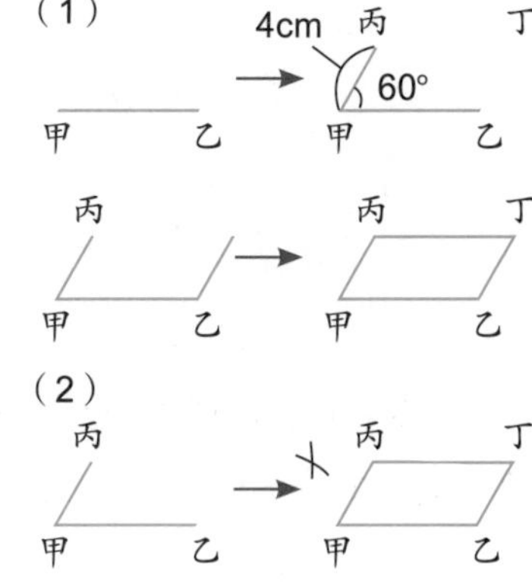

●其他解法

①、②的步骤相同，然后利用圆规以丙点和乙点为圆心，各作一个半径 8cm 和半径 4cm 的圆，乙、丙二圆的交点为丁。最后用线把丙、丁两点以及乙、丁两点连接起来。

加强练习

1. 甲、乙、丙、丁4人各拿了一个形状不同的四边形。4个人分别就自己的四边形回答下面的问题。

★一条对角线能不能把四边形分为两个全等的三角形？	甲“是”乙“是”丙“是”丁“是”
★两条对角线是不是等长？	甲“是”乙“不”丙“不”丁“是”
★对角线是不是垂直相交？	甲“是”乙“是”丙“是”丁“不”
★是不是带有直角？	甲“是”乙“不”丙“是”丁“是”
★两条对角线是不是互相平分？	甲“是”乙“是”丙“不”丁“是”

（1）甲、乙、丁所拿的四边形各是什么形状？

（2）请画出丙拿的图形。

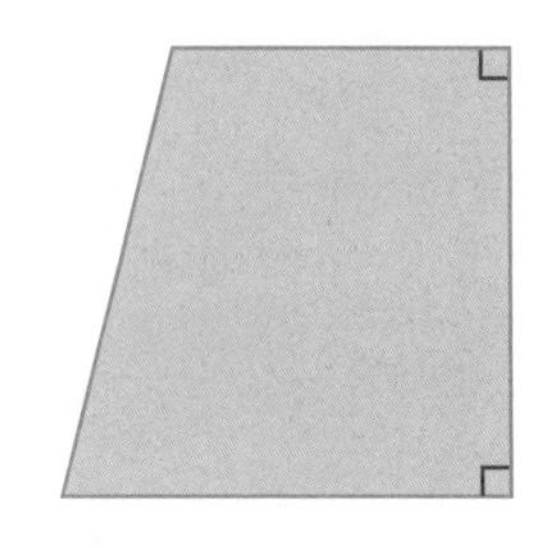

2. 利用2张和右图大小相同的梯形可以拼出各种四边形。2张纸可以互相重叠，但不可以裁剪或折叠。依照这种方式能做出梯形、平行四边形、长方形、菱形、正方形等5种图形。请图示各种不同的重叠方法。

解答和说明

1.（1）甲拿的形状为正方形，但乙、丁拿的形状和甲的不同。

（2）两条对角线交叉后并没有相互平分为2等份，所以丙拿的不属于平行四边形（对边互相平行）。

答：（1）甲拿的为正方形；乙拿的为菱形；丁拿的为长方形。

（2）丙拿的图形：

2.

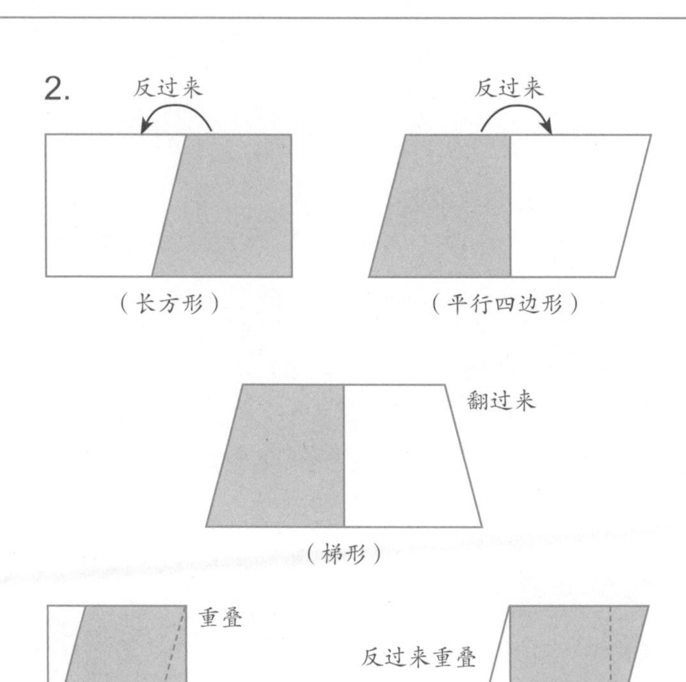

（长方形）（平行四边形）（梯形）（正方形）（菱形）

3. 用数张大小相同的直角三角形彩纸做成最小的菱形、平行四边形、梯形和长方形。每种四边形各需几张彩纸？

3. 菱形：两条对角线垂直

平行四边形：两组对边各自平行

梯形：只有一组对边平行

长方形：四个角均为直角

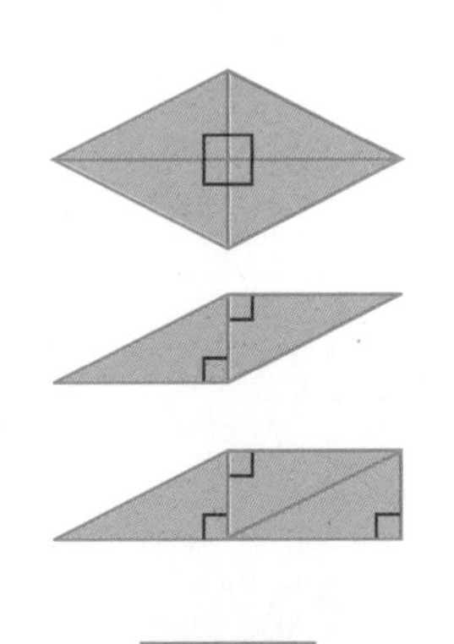

答：菱形需要4张彩纸。平行四边形需要2张彩纸。梯形需要3张彩纸。长方形需要2张彩纸。

应用问题

1. 把下面表格中符合正方形和菱形的叙述用“○”圈出来。

	1	两条对角线等长
	2	两组对边各自平行
	3	对角相等
	4	四条边相等
	5	两条对角线垂直相交
	6	对边相等
	7	由一条对角线等分为两个等腰三角形
	8	相邻两个角的和等于180°

2. 在下面的2个四边形里各画2条线，便可各剪成4个梯形。试一试，怎么画呢？

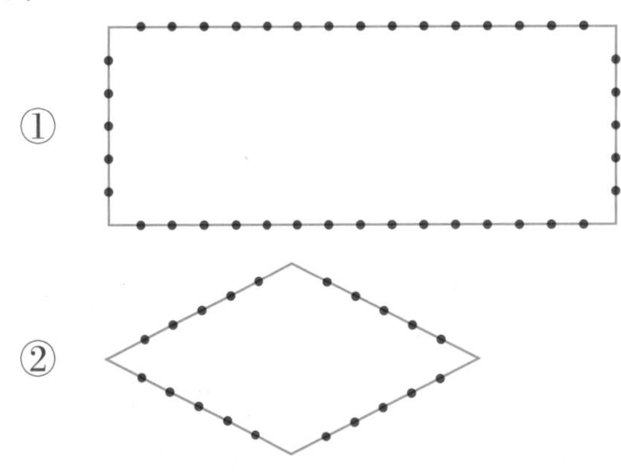

答案：1. 2、3、4、5、6、7、8

2. ①②的画法相同。先画一条和一边平行的直线，再画一条和该直线相交的斜线。

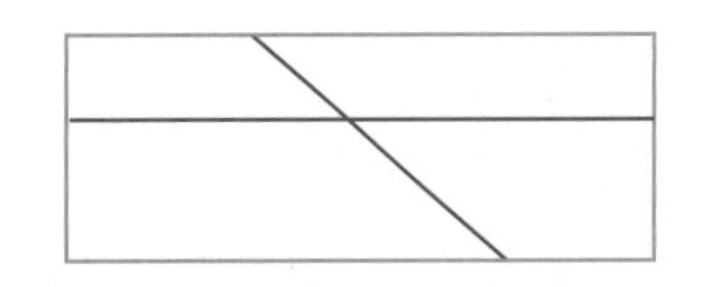

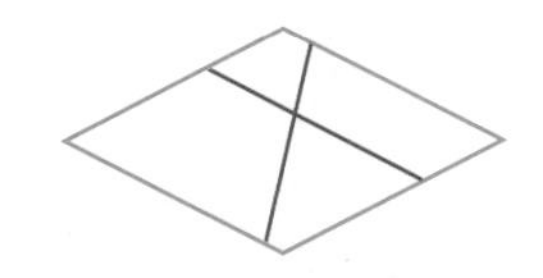

正方体和
长方体

正方体和长方体

◉ 用面和形状分类

住在天花板上的小老鼠们顽皮地把各种东西拉到了自己的房间，于是，老鼠妈妈就教他们认识长方体和正方体。

好，你们注意这些东西的各个面的形状，再分一分。

我只想收集表面是正方形的东西。

我收集到的都是表面是长方形的东西。

我收集的是表面是正方形和长方形的。

◆形状不同的外表面

外表面是正方形的有：

骰子、仙贝盒

外表面是长方形的有：

牛奶糖的盒子、饼干礼盒

外表面是正方形和长方形有：

茶盒、药盒

表面形状都是正方形的称为正方体。

表面形状是长方形和正方形，或者只有长方形的，称为长方体。

◉ 长方体和正方体

下图是长方体和正方体。

在长方体或正方体中，围成长方形或正方形的部分称为面，相邻面的交线称为棱，每三条棱相交的点称为顶点。

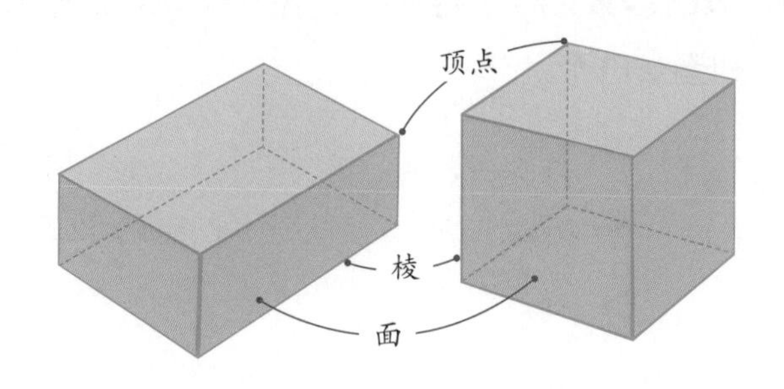

相交于一个顶点的三条棱分别称为长、宽、高。

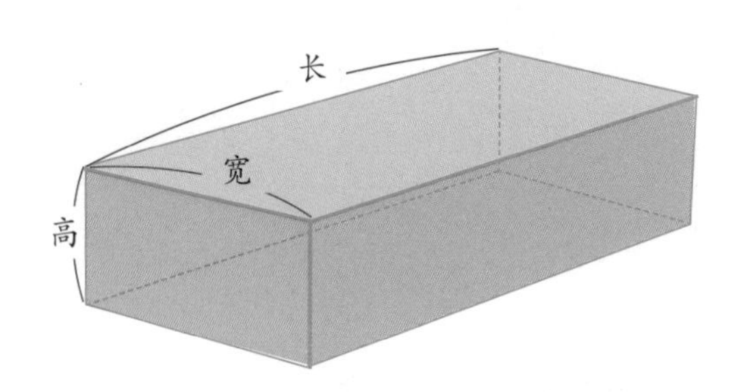

●顶点数

分成甲、乙两个面来看一看。

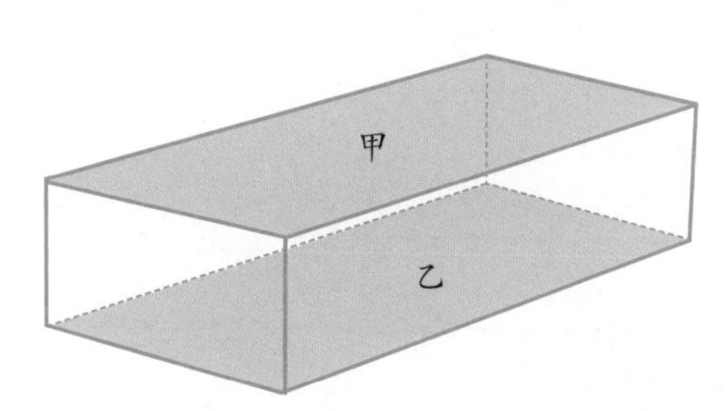

不论甲面或乙面，顶点数都是 4 个，所以，长方体或正方体有 4×2=8 个顶点。

学习重点

①只用正方形围成的形状称为正方体；用正方形和长方形，或用长方形围成的形状，称为长方体。

②正方体、长方体的顶点、面、棱的数量。

●棱数

数棱的时候，先数长度相等的棱。

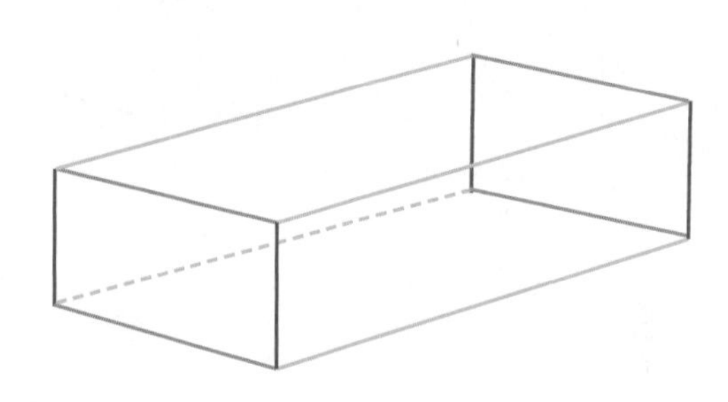

长 4 条，宽 4 条，高 4 条，所以，长方体或正方体有 4×3=12 条棱。

●面数

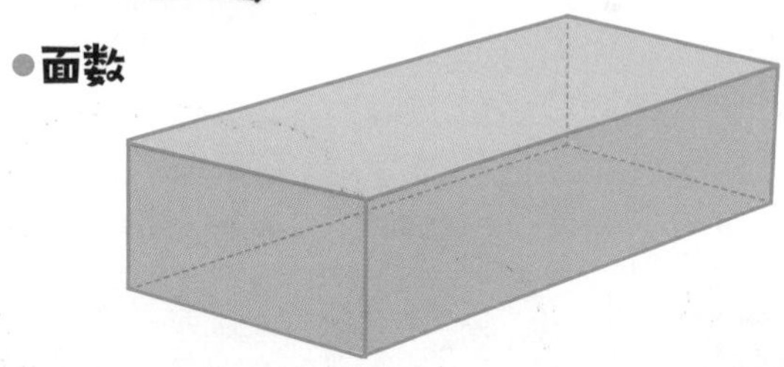

因为相对面的组有 3 组，所以长方体或正方体的面数是 6 个。

◆ 顶点、棱、面的数量整理如下：

	顶点数	棱数	面数
长方体	8（4×2）	12（4×3）	6（2×3）
正方体	8（4×2）	12（4×3）	6（2×3）

平行和垂直的棱和面

1个面的垂直面数

找出下面长方体中，与甲面垂直的面。

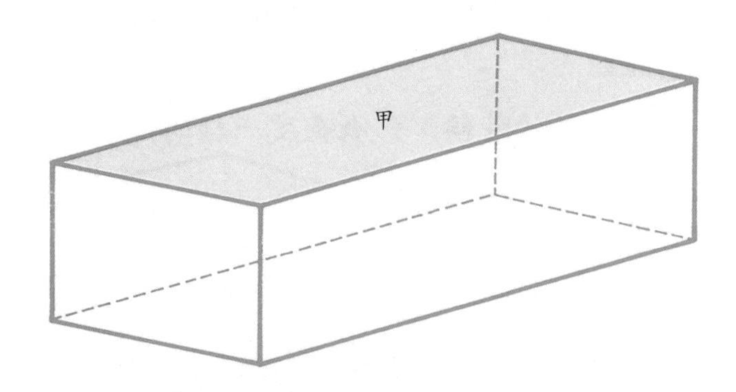

◆面和面垂直是怎么回事？想一想。

两条直线的交点成直角时，这两条线垂直。面和面的垂直也一样。

甲面和乙面垂直。

查一查

◆认识垂直之后，接下来，看一看与甲面垂直的面有几个。

与甲面垂直的面，除乙面外，还有丁面、己面和戊面，所以，跟甲垂直的面有4个。

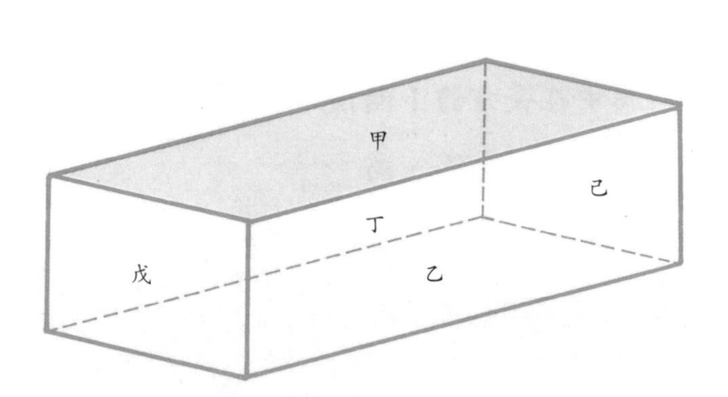

一个面的垂直边数

找出下面长方体中，与甲面垂直的棱。

这个长方体中与甲面垂直的棱也有4条。

查一查

与一个面垂直的棱有4条，其他面呢？数一数。

正方体每个面都有4条与其垂直的棱。

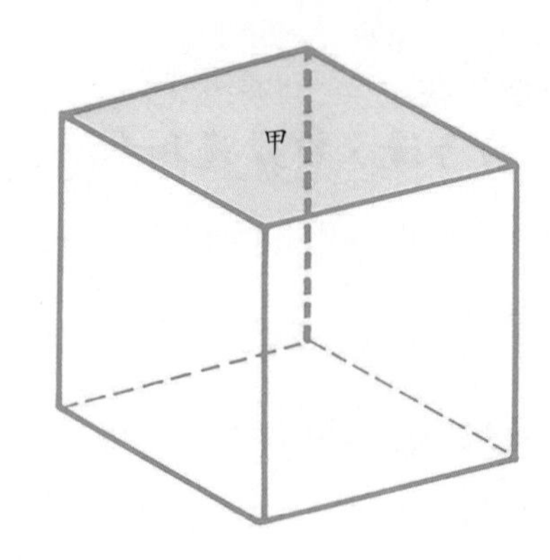

如上图所示，跟甲面垂直的棱有4条。

查证其他面，看看是否也各有4条垂直的棱。

一个面的平行面

找出下面长方体中平行的面。

从上图可以知道，长方体相对的两个面平行。

长方体相对的面，3组都平行。

学习重点

①长方体与正方体的面和面以及面和棱的垂直。

②长方体与正方体的面和面以及棱和棱的平行。

平行的两条棱

从下面的长方体中，找出平行的棱。

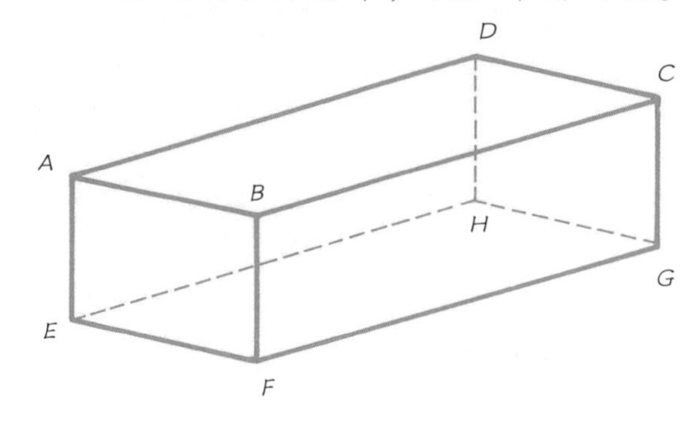

从上面的长方体中，取出一个长方形想一想。

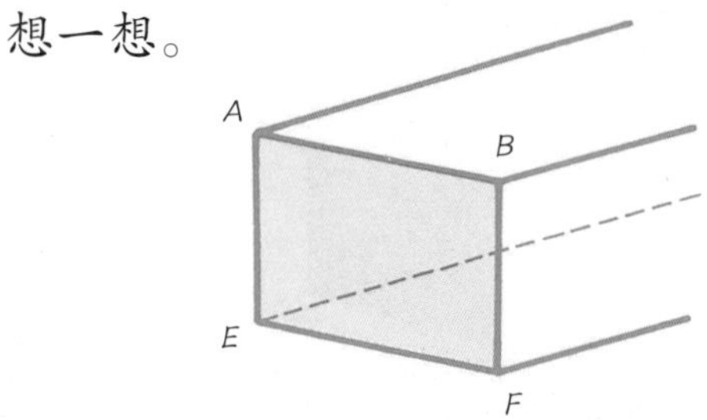

因为长方形的对边平行，所以，A E和B F、A B和E F平行。

另一个面呢？哪些棱是平行的？

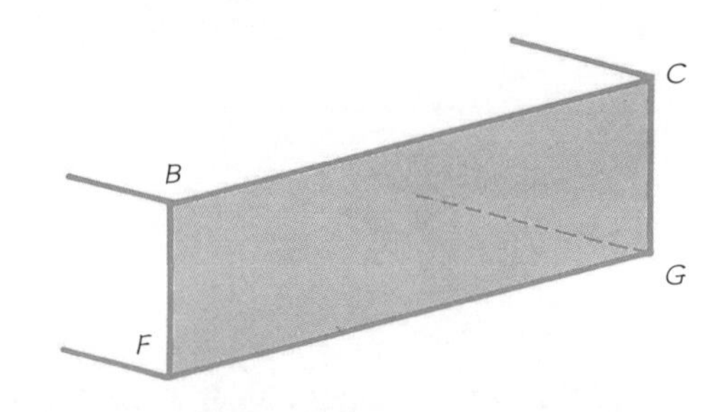

棱B C和F G、B F和C G平行。

查一查

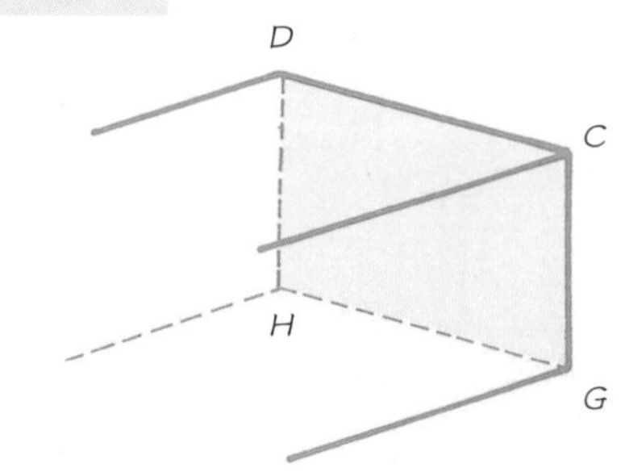

棱DC和GH、CG和DH分别平行。

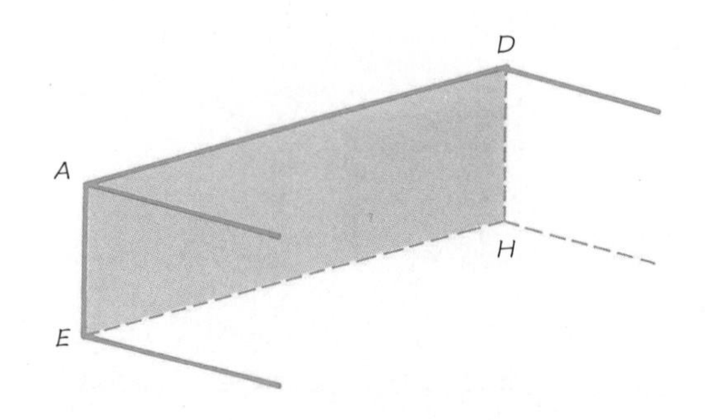

棱AD和EH、AE和DH分别平行。

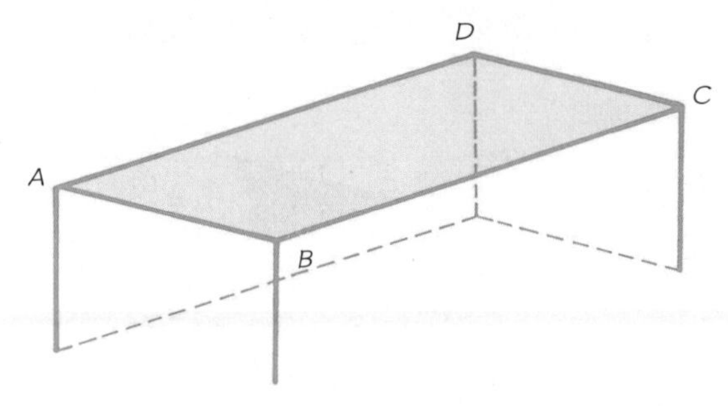

棱AB和DC、AD和BC分别平行。

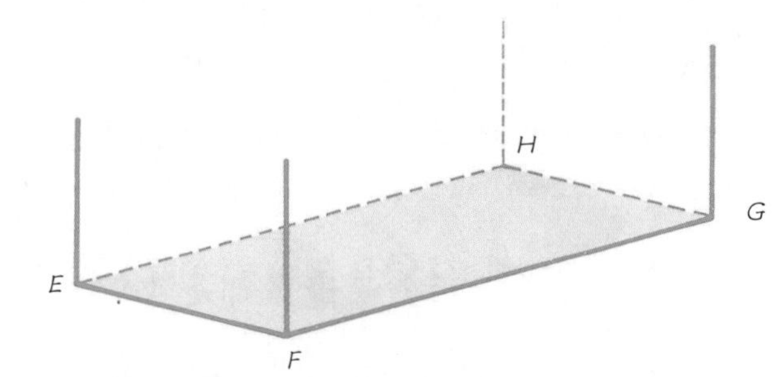

棱EF和HG、EH和FG分别平行。

从长方体中找出了12组棱相互平行，除此之外，长方体还有平行的棱吗？想一想。

◆ **把长方体像下图这样切开时，切口是什么形状？**

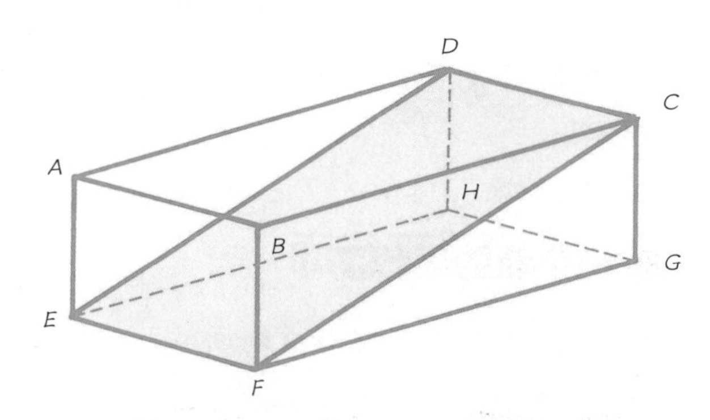

四边形CDEF是长方形，边CD和EF平行。

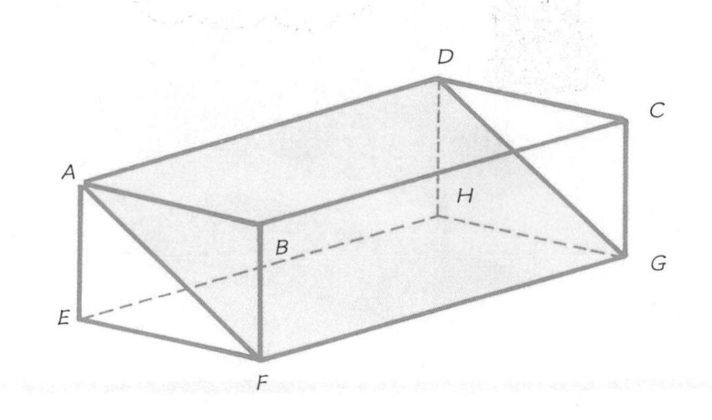

四边形AFGD也是长方形，边AD和FG平行。

查一查

用同样的方式切开，再看一看ABGH和BCHE两个四边形。

这两个四边形也是长方形。边AB和HG、BC和EH分别平行。

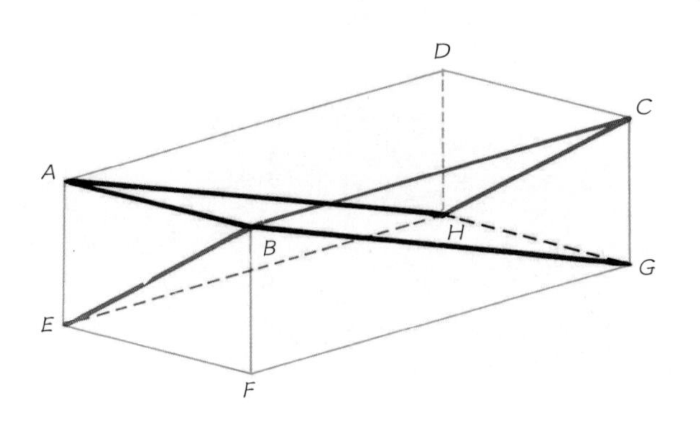

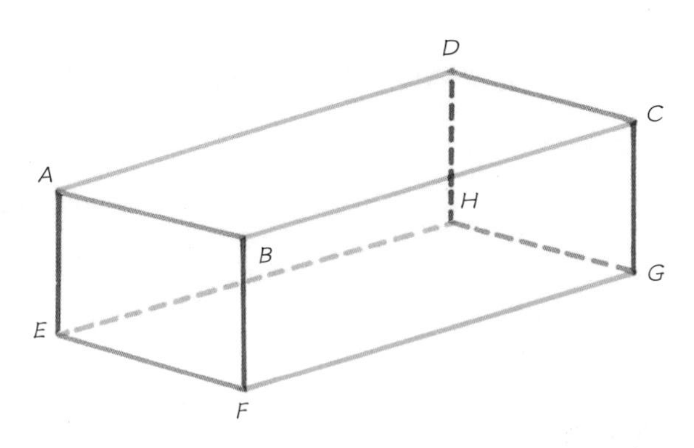

✻ 上面3组边分别平行。

整理如下

正方体的情况是否跟长方体一样呢？

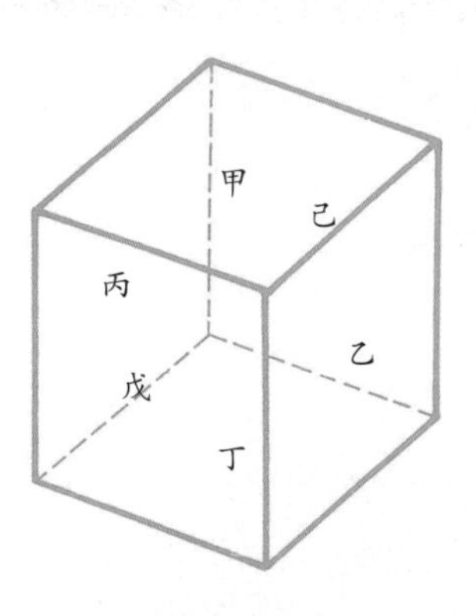

和上图中甲面垂直的面有乙面、丙面、戊面、己面4个。

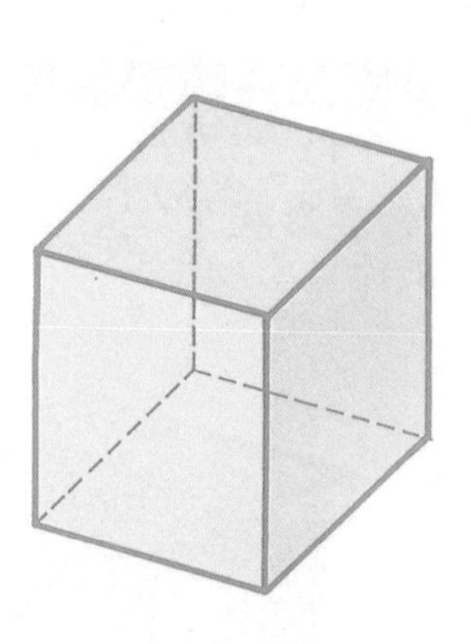

正方体的相对面，3组分别平行。

正方体的顶点、面、棱：

顶点数	8个
面数	6个
棱数	12个

正方体和长方体一样。

动脑时间

这个三角形是什么三角形?

如图①所示的正方体。把正方体的ABC三个顶点连起来，作三角形。乍看之下，像直角三角形，可是，又好像不对。

暗示一下好了。角ABC是60°。

答案请看图②。AB、BC、AC三条线因为都是大小相同的正方形的对角线，所以它们长度相等。所以这个三角形是正三角形。

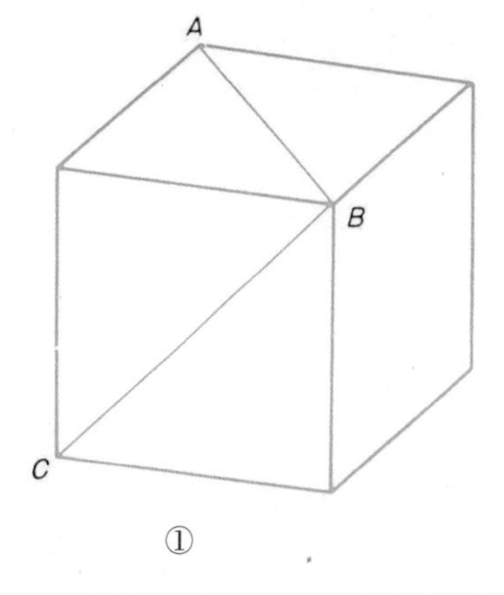

①

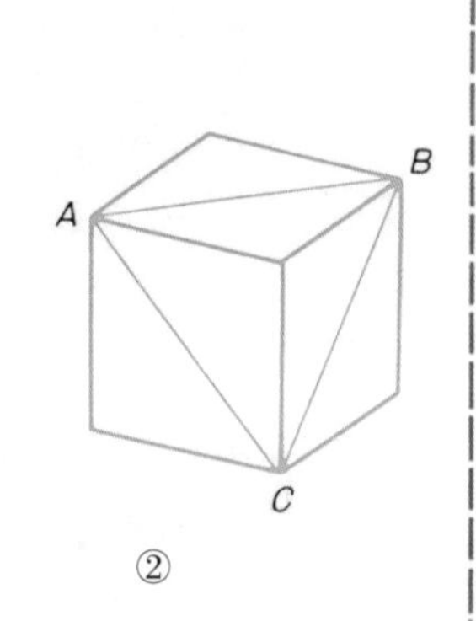

②

正方体和长方体的展开图

◉把长方体沿棱剪开

把下面的长方体沿着粗线剪开，会变成什么形状？

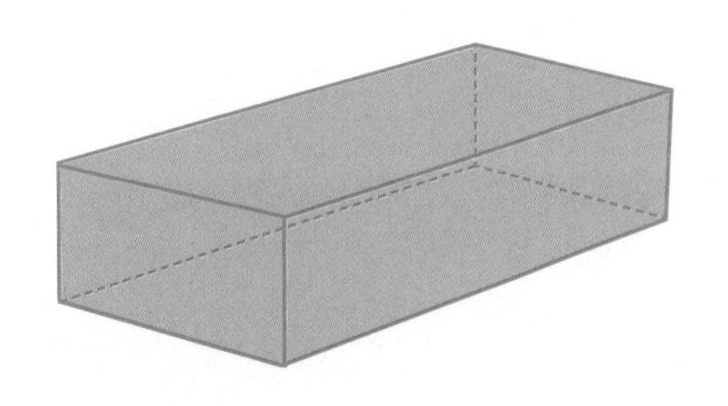

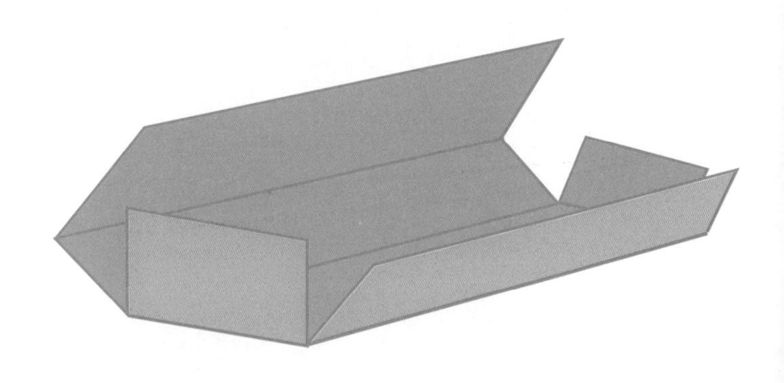

●剪开后的形状

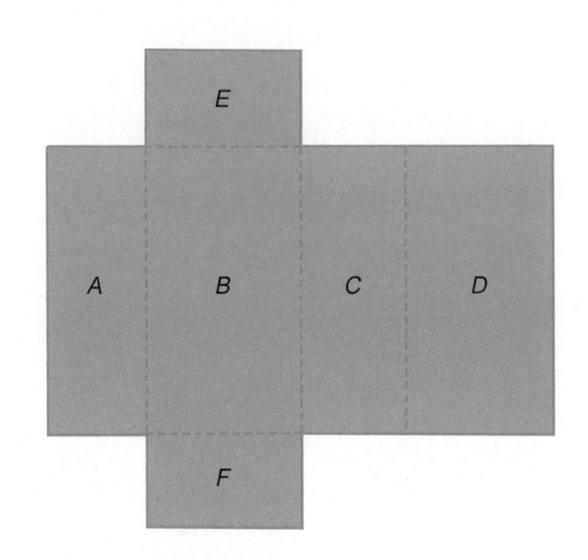

※把长方体或正方体沿着棱剪开，展开在平面上的图形称为展开图。

画展开图时，折痕的线用虚线画。

◆看一看展开图，想一想面和面的平行、垂直的关系。

左图中，因为长方体或正方体的相对面平行，所以 *A* 和 *C*、*B* 和 *D*、*E* 和 *F* 分别是平行面。

查一查

想一想，跟 *F* 面垂直的面有哪几个？

只要把展开图拼装起来就知道了。跟 *F* 垂直的面有 *A*、*B*、*C*、*D*。

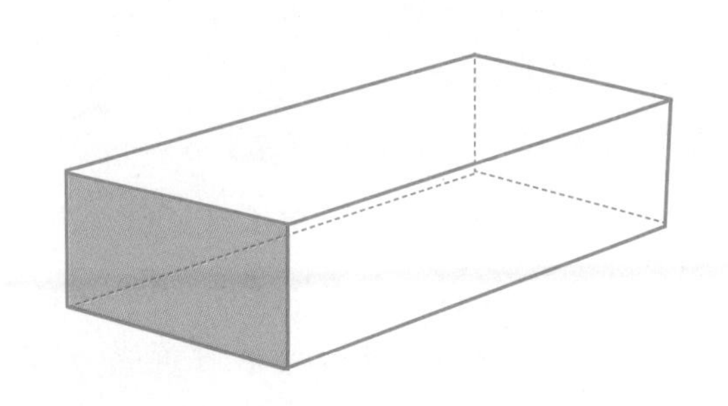

●从展开图作长方体

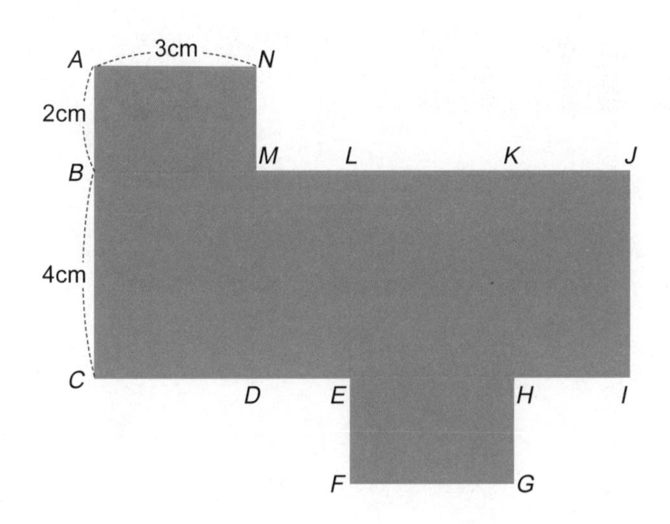

作长方体的时候，注意思考长方形的顶点或棱如何合起来。

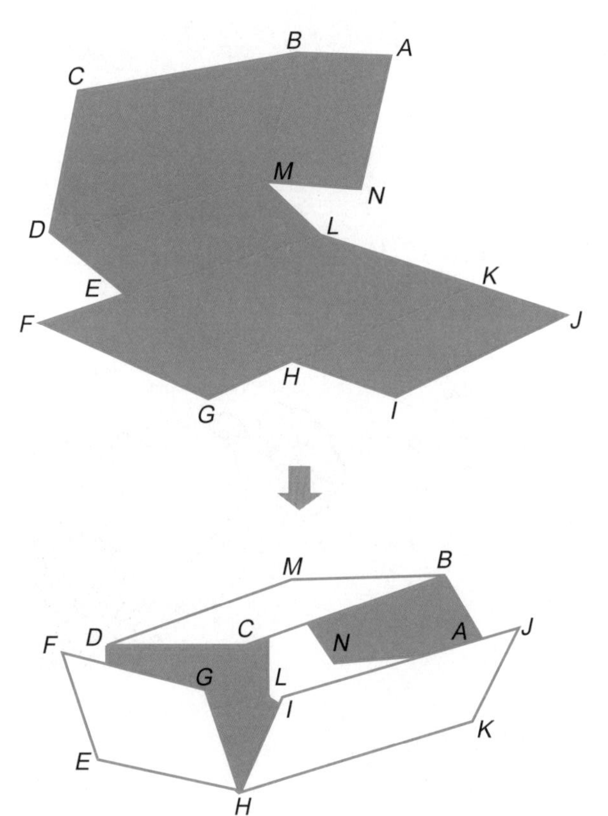

看一看，哪个点和哪个点会重叠？
注意，重叠合并到最后只有 8 个点哦。

学习重点

①了解展开图的意义。学会从展开图看面和面的平行或垂直的关系。

②画展开图，利用展开图作长方体。

求证看一看

下图是一个长方体的展开图。请查证下面（1）到（4）的问题。

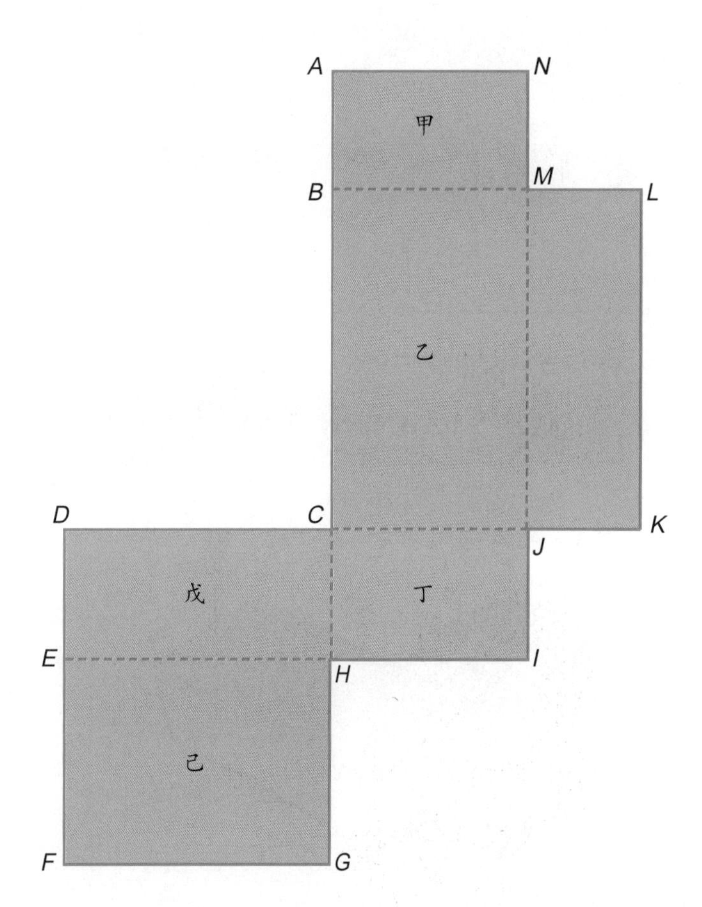

（1）跟戊面平行的面有哪些？
（2）跟戊面垂直的面有哪些？
（3）跟 AB 重叠的边是哪个？
（4）根据上面的展开图，制作长方体。

巩固与拓展

整　理

1. 正方体和长方体

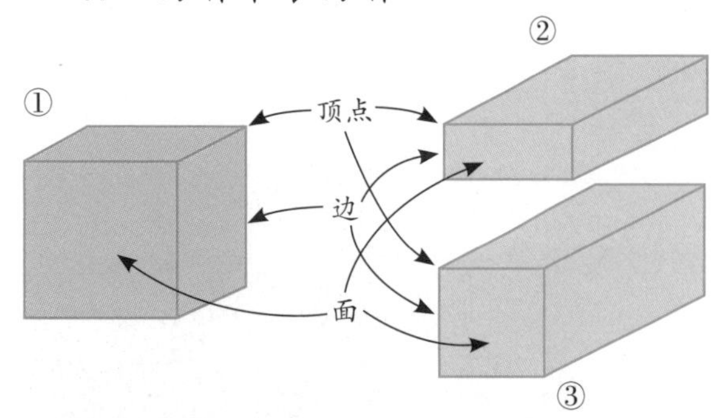

（1）正方体

像①一样，由正方形围成的形状叫作正方体。

正方体有 6 个全等的面，每条棱的棱长也相等。

（2）长方体

像②一样由长方形围成，或像③一样由长方形和正方形围成的形状都叫作长方体。

长方体中相对的面完全相同。

试一试，来做题。

1. 看图回答下面的问题。

（1）图中的物体是什么体？

（2）形状大小相同的面一共有几组？每组各有几个面？

（3）长度相等的棱一共有几组？每组各有几条棱？

2. 用黏土球和竹签制作长 4cm、宽 3cm、高 5cm 的长方体，各需几根 3cm、4cm、5cm 的竹签？需要几个黏土球？（不考虑连接的长度）

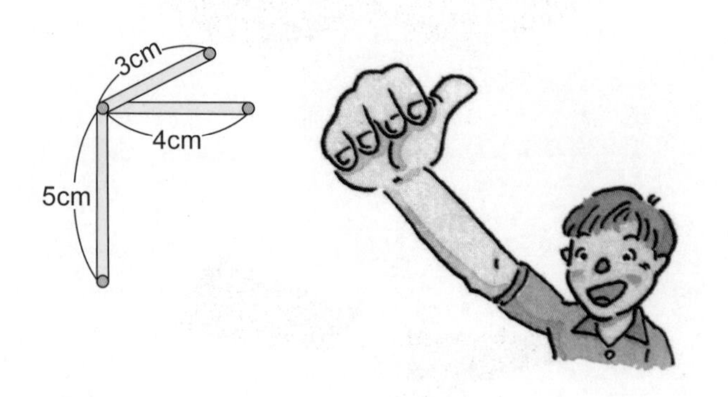

3. 沿连线①⑤和连线③⑦将长方体切开，切口为长方形。请说出一个长方形的特征。

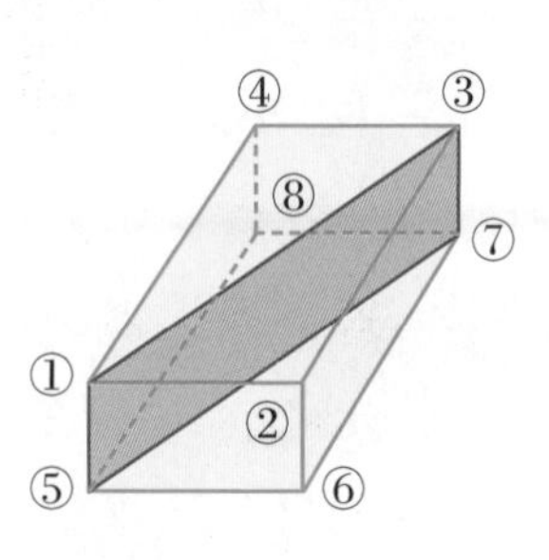

答案：1.（1）长方体；（2）3 组、各 2 个；（3）3 组、各 4 条。2. 3cm、4cm、5cm 的竹签各 4 根，8 个黏土球。3. 4 个角都是直角

（3）正方体和长方体中顶点、棱、面的数量。

	顶点	棱	面
正方体	8个	12条	6个
长方体	8个	12条	6个

2. 面或棱的垂直与平行

（1）面和面的垂直与平行

在正方体和长方体中，每个面均另有4个面和它垂直。此外，在正方体和长方体中，相对的面互相平行，平行的面一共有3组。

（2）面和棱的垂直与平行

1个面有4条与它垂直的棱。1条棱有2个与它垂直的面。

1个面有4条与它平行的棱。1条棱有2个与它平行的面。

1条棱有3条与它平行的棱。

3. 展开图

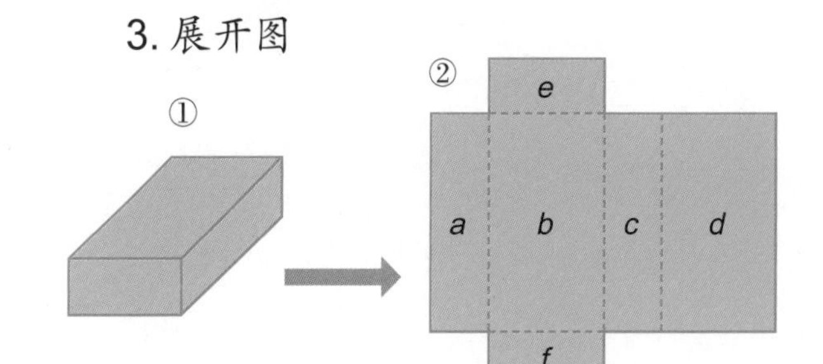

①是长方体的示意图。按照②的方式沿着长方体的棱裁剪，然后将长方体展开，展开后的图是长方体的展开图。

组合展开图时，a、b、c、d四个面均和e垂直，e则和f平行。

4. 下图是1个正方体。如果从①、⑥、③3个顶点分割这个正方体，切口会呈现什么形状？

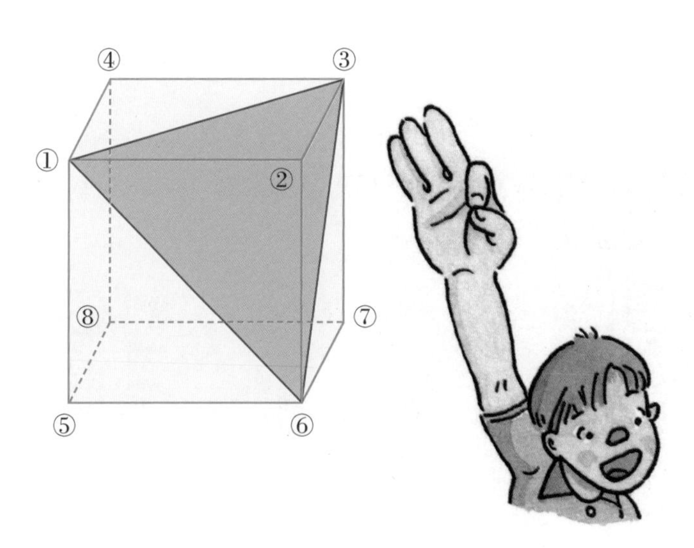

5. 在上面的正方体中，和面①②③④垂直的面有哪几个？和面①②③④平行的面有哪几个？

6. 下图是长方体的展开图。组合展开图时，和①面垂直的面有哪几个？和①面平行的面有哪几个？

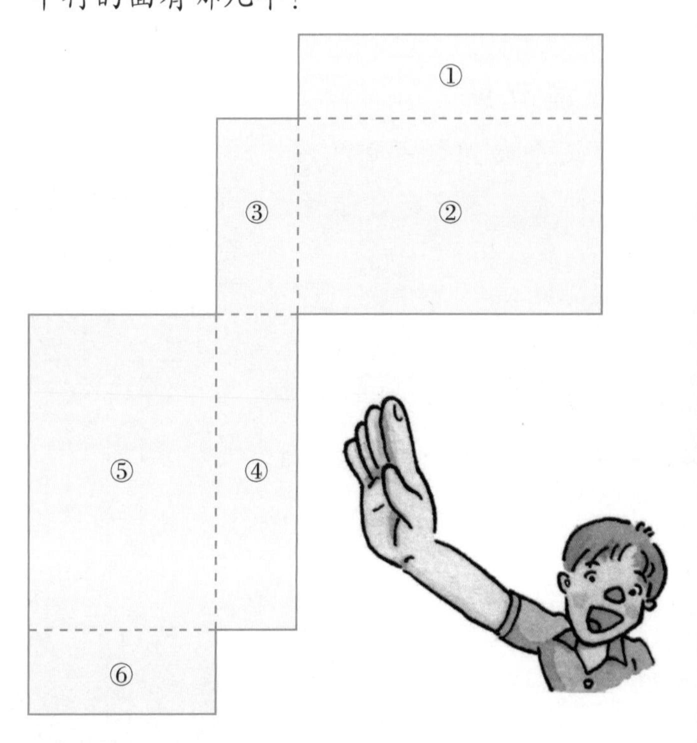

4. 正三角形。5. 垂直的面有：①⑤⑥②、②⑥⑦③、③⑦⑧④、①⑤⑧④；平行的面有：⑤⑥⑦⑧。6. 垂直的面有：②、③、⑤、⑥；平行的面有：④。

解题训练

■ 由展开图制作正方体

1 下面哪几个图依照虚线部分折叠后可以做成正方体？请写下它们的序号。

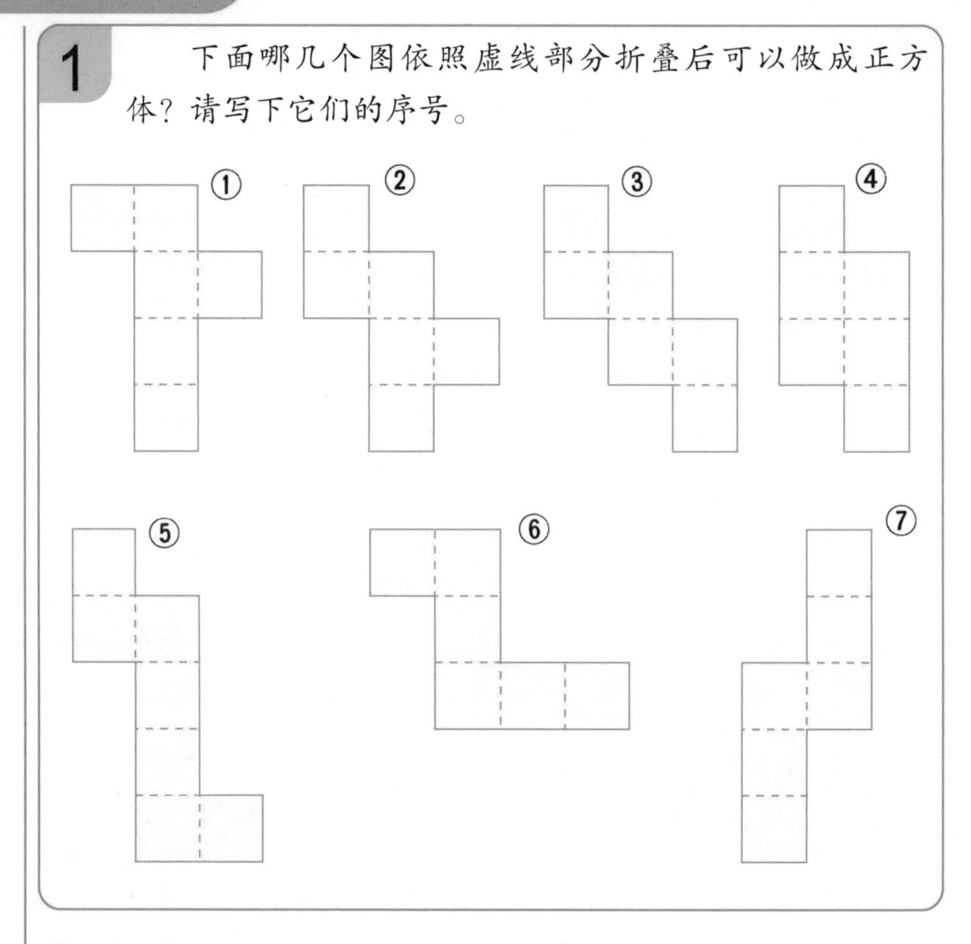

◀ 提示 ▶

哪几个面互相平行？平行的面是不是有3组？

● 解法

正方体有6个面。第⑤图共有7个面，所以不是正方体。先找出平行的面，由下图得知①、②、③、⑦各有3组平行的面。④、⑥没有3组互相平行的面。

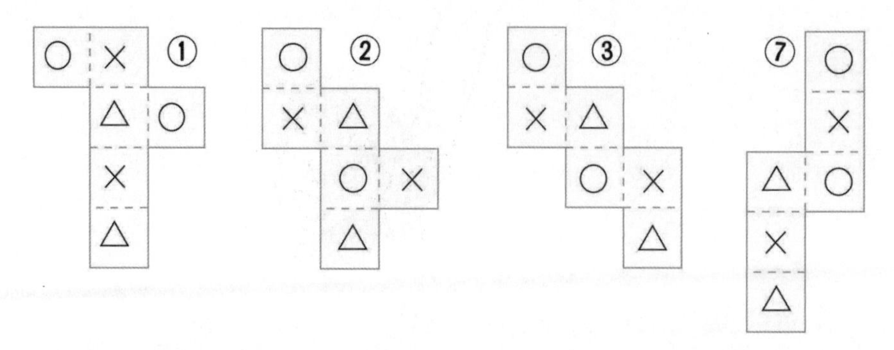

答：折叠后可以作成正方体的有①、②、③、④。

■ 面的垂直、平行关系

2

右图骰子上每1组相对面的点数总和都是7。和⚁平行的面以及垂直的面上的点数各是多少？

◀ 提示 ▶

先求出平行面和垂直面的个数。

● **解法**

在正方体或长方体中，相对的面都互相平行。因为每1组相对面的点数总和都是7，所以和⚁相对的面点数是⚄。

(7 − 2 = 5)

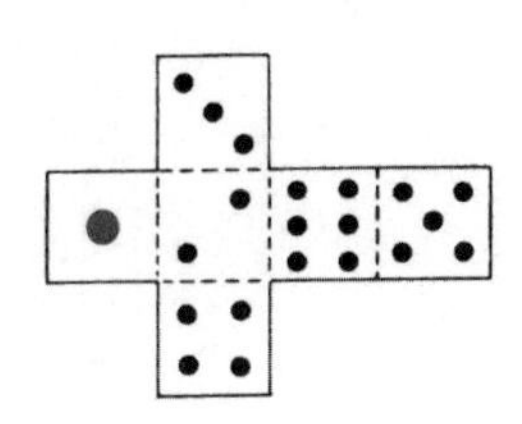

相邻的面都互相垂直。剩余的面均彼此相邻（2和5除外）。 ⚀ ⚂ ⚃ ⚅

答：平行的面为⚄，垂直的面为⚀⚂⚃⚅。

■计算切口的面积

3

如右图所示的长方体，若沿面①②③④垂直下切，切口面积最大时是如何切的？若要让切口面积最小，应该怎么切？

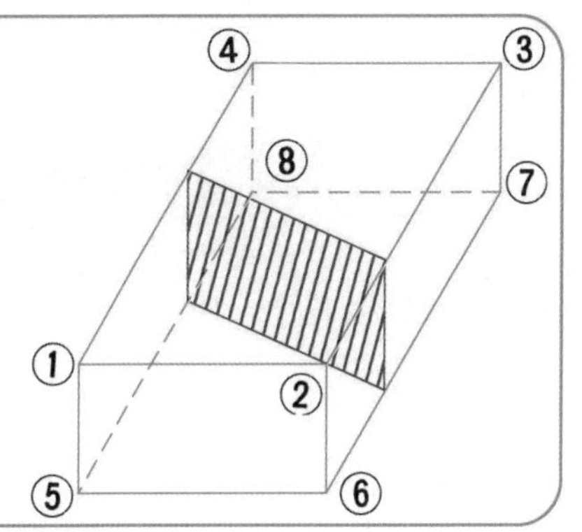

◀ 提示 ▶

切口为长方形。不论用何种切法，切口长方形的宽都一样，所以，长方形的长最长时，面积也最大；长最短时，面积也最小。

● **解法**

不论采用哪种切法，切口的形状都是长方形，且这个长方形的宽是一定的；所以可以按照下图的方法切割。

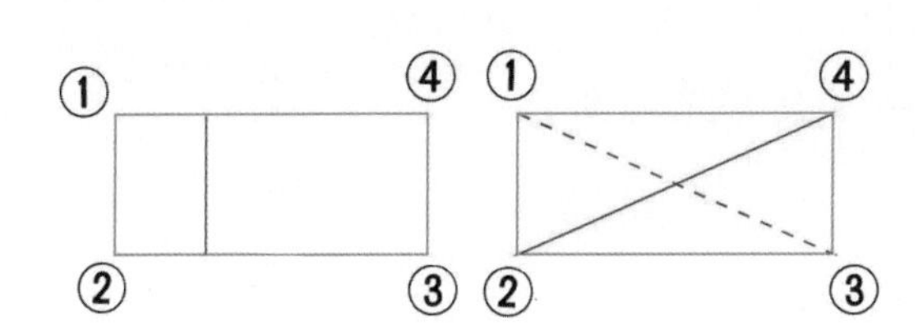

答：若切口面积最大，从①⑤和③⑦，或者从②⑥和④⑧呈对角切割。若切口面积最小，和面①②⑥⑤呈平行切割。

加强练习

1 下图为正方体的展开图。如果把展开图组合起来，哪些地方会相接？在□里填上答案。

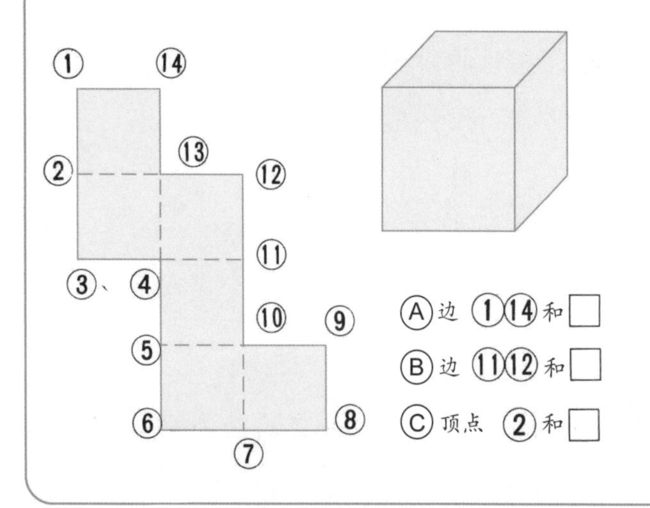

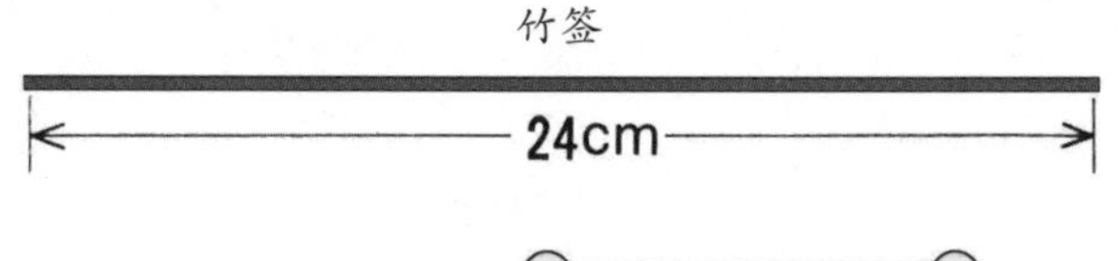

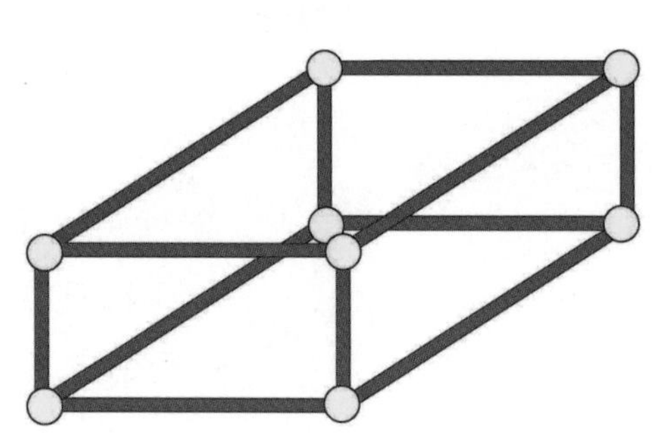

2 有一根长24cm的竹签。把这根竹签切成数段，并用黏土粘成长方体或正方体。可以做成多大的长方体（或正方体）？（24cm的竹签全部用完，每1小段的长度都是整数，且不考虑连接的长度。）

解答和说明

1 在各组平行面上画出记号，如右图所示。和1个面垂直的面共有4个（平行面以外的面）。

所以，正方形①②⑬⑭周围的其他面便如下图所示。

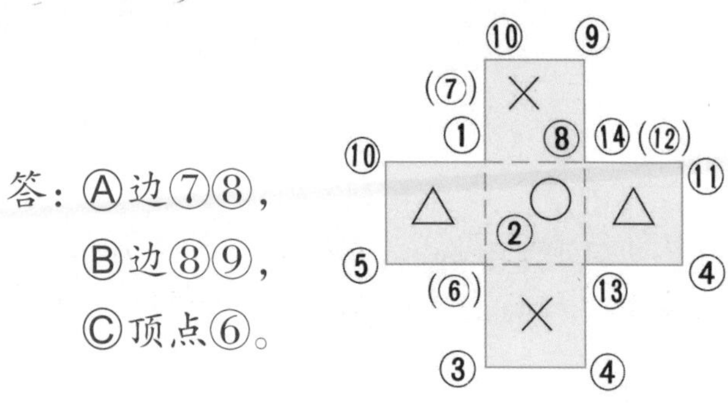

答：Ⓐ边⑦⑧，

Ⓑ边⑧⑨，

Ⓒ顶点⑥。

2 长方体中一共有3组棱，每组各有4条长度相同的棱。

（长＋宽＋高）×4＝全部的棱长，

所以：

（长＋宽＋高）×4＝24

长＋宽＋高＝24÷4＝6（cm）

由下表得知可以做出3种不同形状的长方体。

宽	1 cm	1 cm	2 cm
长	1 cm	2 cm	2 cm
高	4 cm	3 cm	2 cm
合计	6 cm	6 cm	6 cm

答：①长1cm、宽1cm、高4cm的长方体；

②长2cm、宽1cm、高3cm的长方体；

③每条棱长都是2cm的正方体。

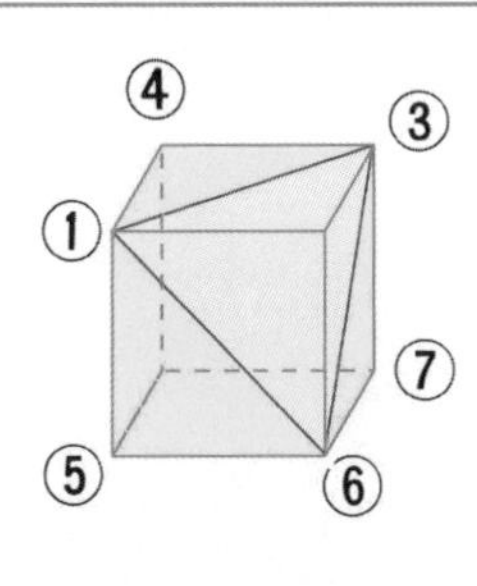

3 左图为正方体，从①、③、⑥3点切割后，切口的形状如左图所示。请在下面的展开图中画出切口的线。

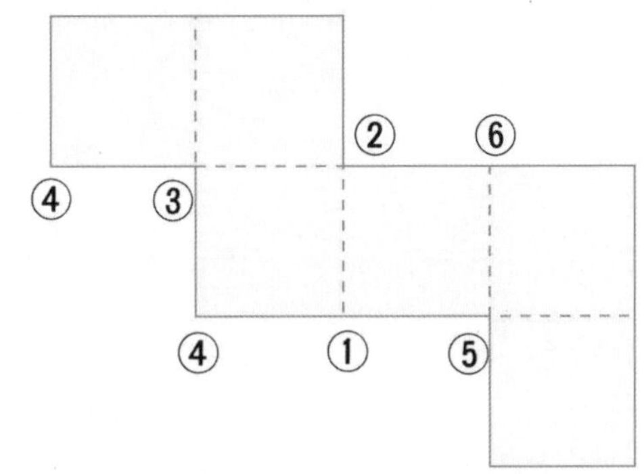

4 给右图的长方体的相对面均涂上相同的颜色。如果按照图示方法把这个长方体分割成长4个、宽4个、高3个的块状，整个长方体可以切割成48个小的长方体。小长方体显露出来的面如果有3面，则颜色分别是红、蓝、黄；如果只露出2个面，颜色将是红和黄或红和蓝或其他两种不同的组合。下面所描述的小长方体各有多少个？

(1) 3个面都有颜色的长方体。

(2) 只露出红色面的长方体。

(3) 没有着色的长方体。

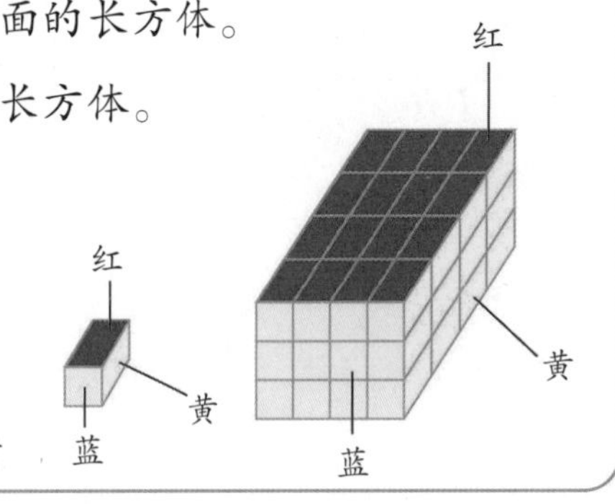

3 把展开图顶点上的3个点和示意图对照后，便能确定展开图的顶点。

答：切口的线是①⑥、⑥③、③①。

4 (1) 3种颜色的小长方体都在8个顶点上，因此一共有8个。

(2) 只露出红色面的小长方体在上、下两面各有4个，因此一共有8个。

(3) 没有着色的小长方体都在大长方体的中央，一共有4个。

答：(1) 8个；(2) 8个；(3) 4个。

应用问题

1 如果要做1个棱长为1cm的正方体，需要一张多大的长方形纸才能做出立方体的展开图？（以cm计算长方形的长和宽，长方形的边长越小越好，粘贴部位不算在内）

2 右图为长方体积木，如果按照右图把积木依同方向堆积起来，会成为1个正方体。堆积所用的积木数量要尽可能少，堆积后的正方体棱长是多少cm？一共需几块积木？

答：1. 长5cm、宽2cm的长方形纸。

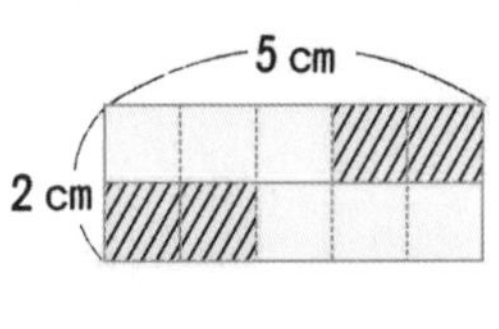

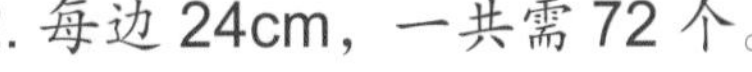

2. 每边24cm，一共需72个。

步印童书馆

步印童书馆 编著

北京市数学特级教师 丁益祥
北京市数学特级教师 司梁
『卢说数学』主理人 卢声怡
联袂力荐

小牛顿

数学分级读物

第四阶 4 统计图表 混合运算

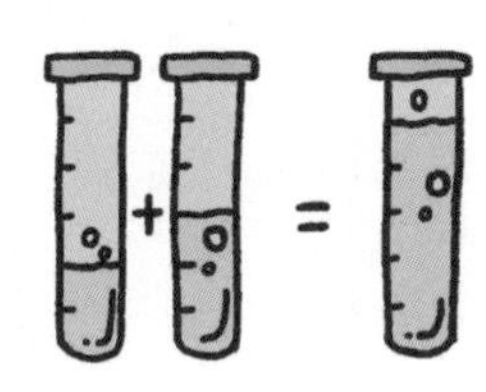

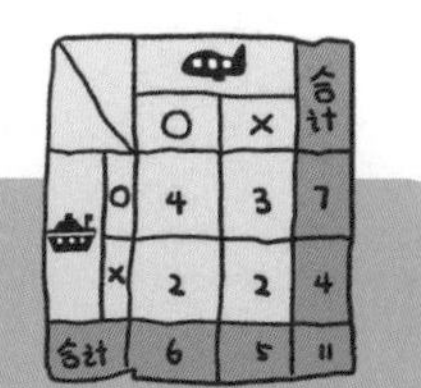

中国儿童的数学分级读物
培养有创造力的数学思维
讲透原理 → 系统进阶 → 思维转换

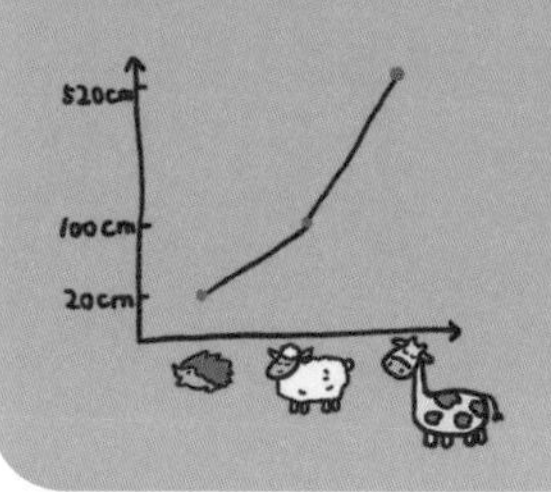

電子工業出版社
Publishing House of Electronics Industry
北京·BEIJING

图书在版编目（CIP）数据

小牛顿数学分级读物. 第四阶. 4, 统计图表　混合运算 / 步印童书馆编著. -- 北京 : 电子工业出版社, 2024.6

ISBN 978-7-121-47628-0

Ⅰ. ①小… Ⅱ. ①步… Ⅲ. ①数学－少儿读物 Ⅳ. ①O1-49

中国国家版本馆CIP数据核字(2024)第068795号

特别鸣谢本书组稿策划人郑利强先生。

责任编辑：赵　妍　季　萌
印　　刷：当纳利（广东）印务有限公司
装　　订：当纳利（广东）印务有限公司
出版发行：电子工业出版社
　　　　　北京市海淀区万寿路173信箱　邮编：100036
开　　本：889 × 1194　1/16　印张：15.25　字数：304.8千字
版　　次：2024年6月第1版
印　　次：2024年6月第1次印刷
定　　价：80.00元（全4册）

凡所购买电子工业出版社图书有缺损问题，请向购买书店调换。若书店售缺，请与本社发行部联系，联系及邮购电话：（010）88254888，88258888。

质量投诉请发邮件至zlts@phei.com.cn，盗版侵权举报请发邮件至dbqq@phei.com.cn。

本书咨询联系方式：（010）88254161转1860，jimeng@phei.com.cn。

目录

统计表和
折线图

统计表

怎样调查统计

猴小弟与小松鼠调查动物学校的34个小朋友，看谁喜欢绘画、音乐或讨厌绘画、音乐，并绘制成统计表。

象小弟喜欢绘画，但是讨厌音乐。

马小弟绘画和音乐都喜欢。

小松鼠的统计表则根本没把马小弟算在内。

讨厌绘画	×
讨厌音乐	×
两者都讨厌	×

猴小弟的统计表

喜欢绘画	喜欢音乐	两种都喜欢	合计
29个	23个	21个	73个

小松鼠的统计表

讨厌绘画	讨厌音乐	两种都讨厌	合计
5个	11个	3个	19个

喜欢绘画，但是讨厌音乐
喜欢音乐，但是讨厌绘画
绘画、音乐都喜欢
绘画、音乐都讨厌

如果像右表的分类方法，就不会有遗漏或重复了。

◉ 没有遗漏或重复的统计表

小松鼠和猴小弟为了制作更准确的统计表，避免任何遗漏或重复，重新调查了一次。

这次他们让喜欢绘画的小朋友举起左手拿画笔，喜欢音乐的举起右手拿口琴。这时候，两种都喜欢的就举起了双手，两种都讨厌的就没有举手。

学习重点

①详细列出调查事项，以免有任何遗漏或重复。

②统计表计数时也应避免遗漏或重复。

③仔细分类，没有遗漏或重复，就是正确的统计表。

这么一来，就可以很容易地做出下面的统计表了。

喜欢绘画，但是讨厌音乐	8 个
喜欢音乐，但是讨厌绘画	2 个
绘画、音乐都喜欢	21 个
绘画、音乐都讨厌	3 个
合计	34 个

如左表一样，把统计事项分成 4 类，就不会有遗漏或重复了。

整　理

把统计事项加以分类的时候，一定要慎重考虑，应该怎么区分才不会造成遗漏或重复。

◉ 调查交通工具

小松鼠与熊小弟调查动物学校的 11 个小朋友，是否坐过飞机或船，并做成下面的统计表。

还能不能做得更简单明了一些呢？

交通工具调查（动物学校的 11 个小朋友）　　坐过○　　没坐过 ×

飞机	○	×	○	×	×	○	×	○	○	×	○
船	×	×	○	○	×	○	○	×	○	○	○

◆ 小松鼠的统计表

交通工具调查

b	坐过飞机但没坐过船的	2 个
p	坐过船但没坐过飞机的	3 个
m	船和飞机都坐过的	4 个
f	船和飞机都没坐过的	2 个
d	合　计	11 个

◆ 熊小弟的统计表

交通工具调查

<table>
<tr><td colspan="2" rowspan="2"></td><td colspan="2">飞机</td><td rowspan="2">合计</td></tr>
<tr><td>坐过</td><td>没坐过</td></tr>
<tr><td rowspan="2">船</td><td>坐过</td><td>m 4 个</td><td>p 3 个</td><td>M 7 个</td></tr>
<tr><td>没坐过</td><td>b 2 个</td><td>f 2 个</td><td>F 4 个</td></tr>
<tr><td colspan="2">合计</td><td>B 6 个</td><td>P 5 个</td><td>D 11 个</td></tr>
</table>

◆ 比较一下左、右两边的统计表

左右两个表里，都有 b、p、m、f、d 几项。

从右表也可以看出下列几项：

B 有 6 个坐过飞机

P 有 5 个没坐过飞机

M 有 7 个坐过船

F 有 4 个没坐过船

f 有 2 个船和飞机都没坐过

m 有 4 个船和飞机都坐过

求证看一看

虎小弟调查动物学校的 17 个小朋友，会不会在单杠上做反身上杠或勾脚上杠。

单杠运动调查 会○ 不会 ×

	1	2	3	4	5	6	7	8	9	10	11	12	13	14	15	16	17
反身上杠	○	○	×	○	○	×	×	○	×	○	×	○	×	○	×	○	×
勾脚上杠	○	×	×	○	○	○	○	×	○	×	×	○	○	○	×	○	×

上表所列出的资料，也可以用下表的方式加以分类。请你对照一下，看一看是不是正确。

单杠运动调查

		反身上杠		合计
		会	不会	
勾脚上杠	会	6 个	4 个	10 个
	不会	3 个	4 个	7 个
合计		9 个	8 个	17 个

综合测验

小华调查班上的男孩子喜欢篮球和喜欢足球的人数，并制成了下面的统计表。

请你在 b、p、m、f、d 里填入正确的数字。

调查交通工具

		篮球		合计
		喜欢	讨厌	
足球	喜欢	9 人	b	p
	讨厌	m	2 人	5 人
合计		f	6 人	d

整 理

对同一事项的两种不同的选择加以分类时，用下面这种格式的统计表就不会遗漏或重复了。学着画一画吧。

标题

		b		合计
		○	×	
p	○			
	×			
合计				

综合测验答案：b 4 人，p 13 人，m 3 人，f 12 人，d 18 人。

怎样看折线图

调查气温的变化

小华在家里记录每月1日的气温，并制成了下表。

让我们把它改成其他方式的图表，以更明显地看出气温的变化。

气温的变化

月	1	2	3	4	5	6	7	8	9	10	11	12
气温（℃）	5	6	8	14	17	21	25	26	22	16	13	7

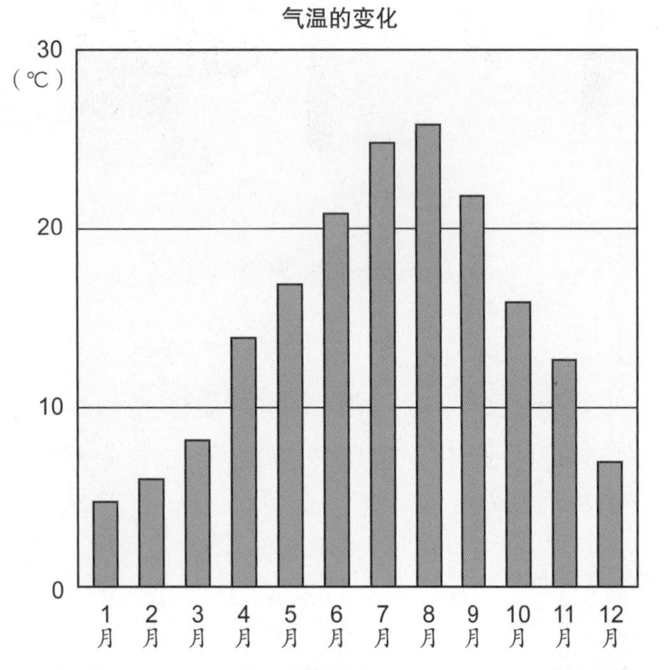

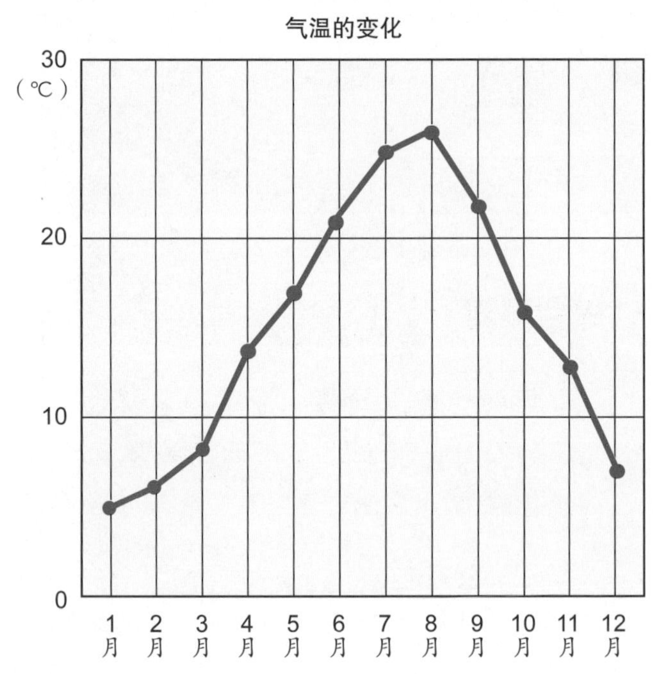

上图叫作“折线图”。使用折线图可以一目了然地观察、比较随着时间而变化的事物。

学习重点

①观察折线图上的曲线，分析它的变化。
②了解折线图的优点。
③利用折线图，可以推测实际上没有计算到的部分。
④了解折线图的画法。
⑤只要下功夫，一定可以画好折线图。

◉ 折线图的高低曲线

根据下表所列数据，绘制折线图。

气温的变化

月	1	2	3	4	5	6	7	8	9	10	11	12
气温（℃）	3	3	6	12	15	23	26	27	24	18	12	7

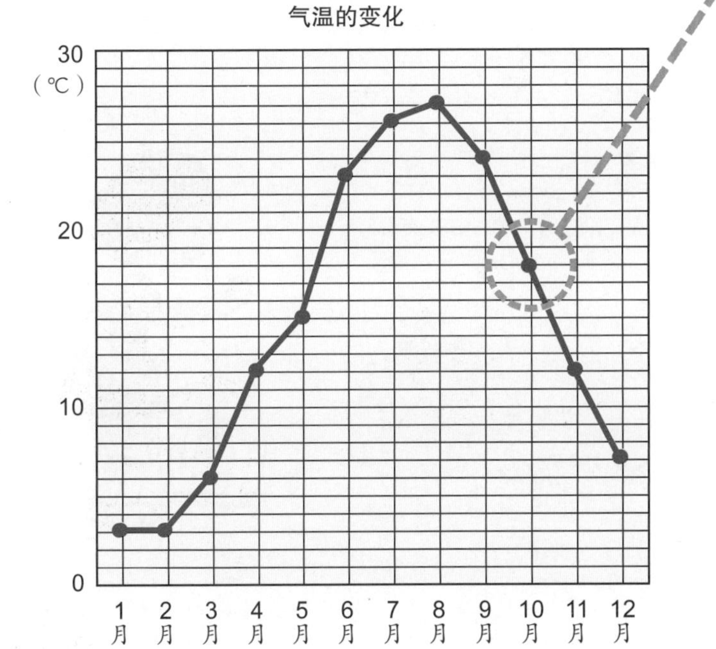

如左图所示，每一格代表1℃，想知道10月的气温时，顺着10月的红点往左平伸，立刻就可以看出是18℃。

※ 通过曲线的高低起伏，可看出折线图上的变化。

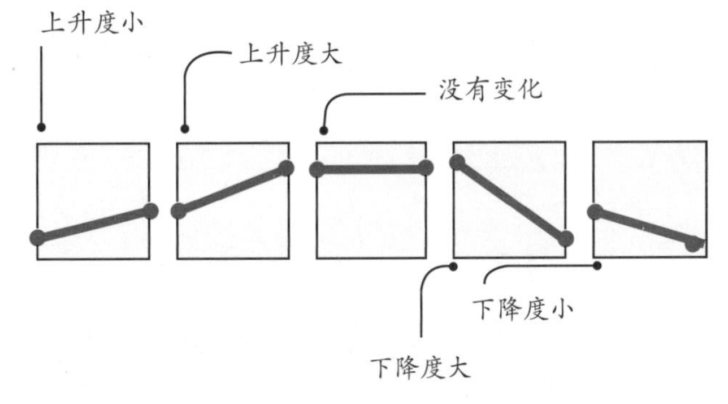

曲线往右上方上升，表示温度升高，往右下降则表示气温降低。

※ 曲线高低起伏大，就表示温度变化大。

整　理

（1）如果想观察温度变化的情况，那么用折线图就很方便。

（2）根据曲线的起伏状况，可以了解温度上升或下降的趋势和程度。

利用折线图推算大略的状况

小英每个月测量弟弟的体重，并且绘制成下面的折线图。但是她忘了测量弟弟8月份的体重。

请问小英的弟弟8月份的体重大概是多少千克？

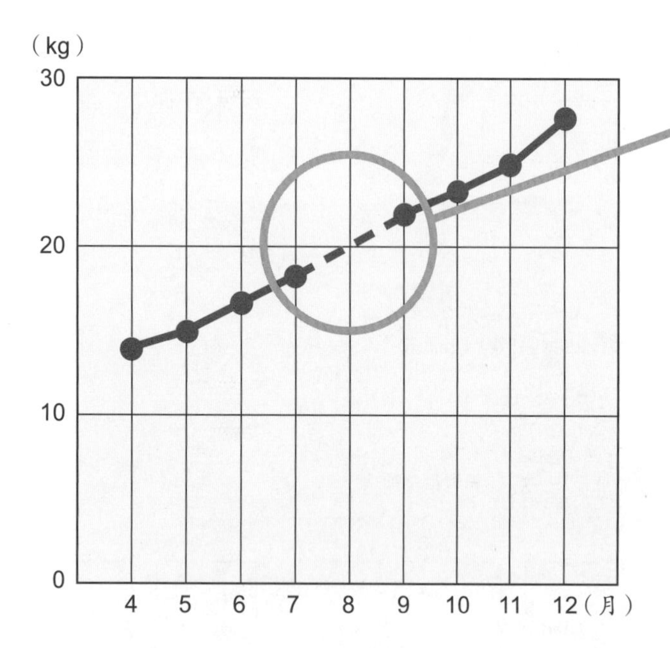

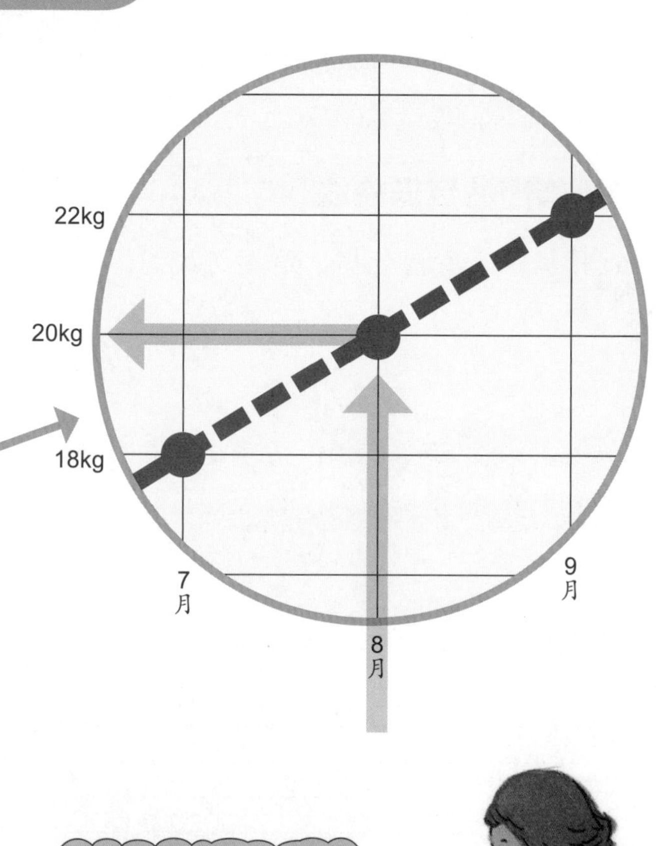

从折线图的上升状况，可以看出小英弟弟的体重是均匀增加的，因此，把7月到9月的体重数据连接起来，即可推测出8月份小英弟弟大约有多重。

我们可以推测，小英弟弟8月份的体重可能是20千克。

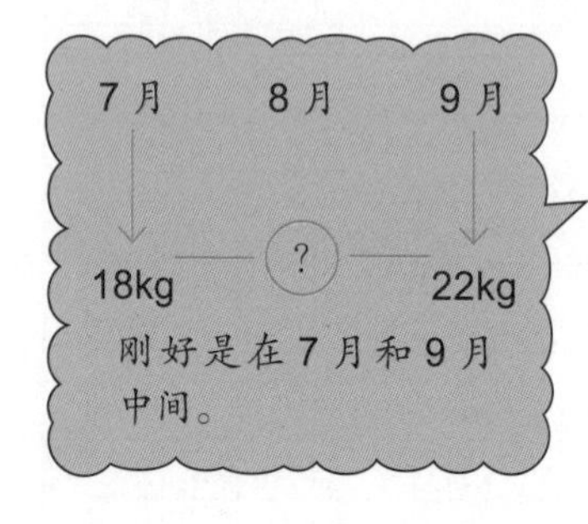

◆ 下面的折线图显示烧开水的温度变化以及所需要的时间。

请问若以曲线所示的变化为标准，那么16分的时候，水温大概是多少度？

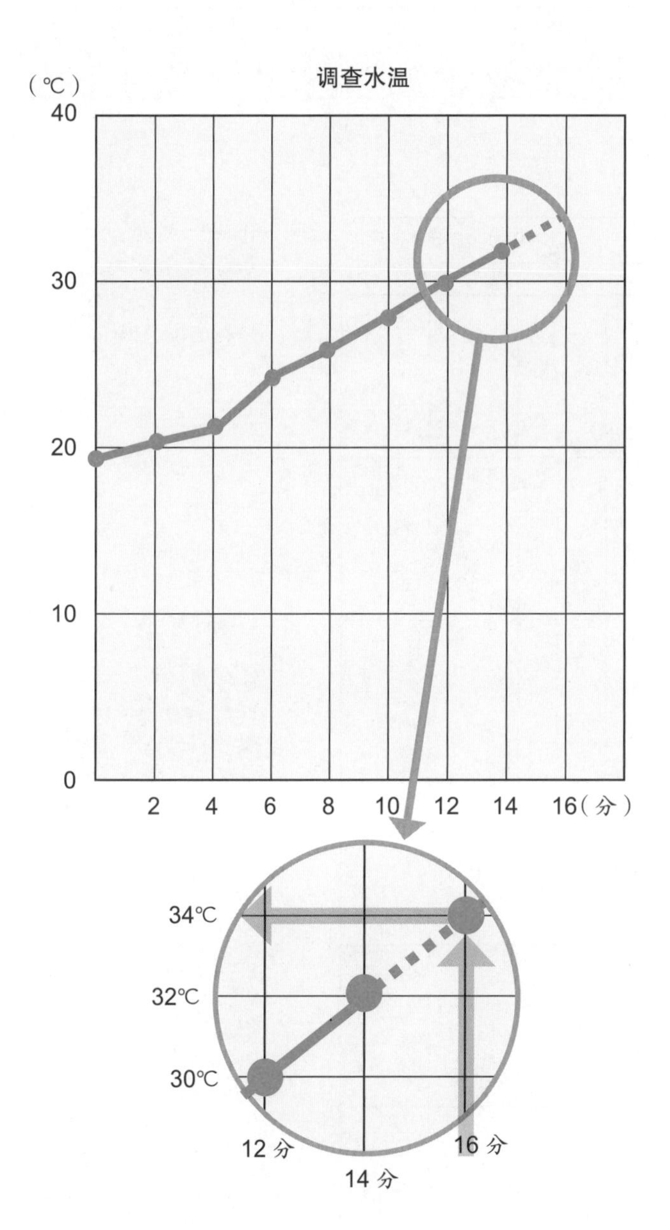

若水温以同样的速度上升，那么，延长12分与14分数据的连线，就可推算出16分时的水温大概是多少度了。

我们可以说，16分的水温大约是34℃。

动脑时间

计算刻度的分数

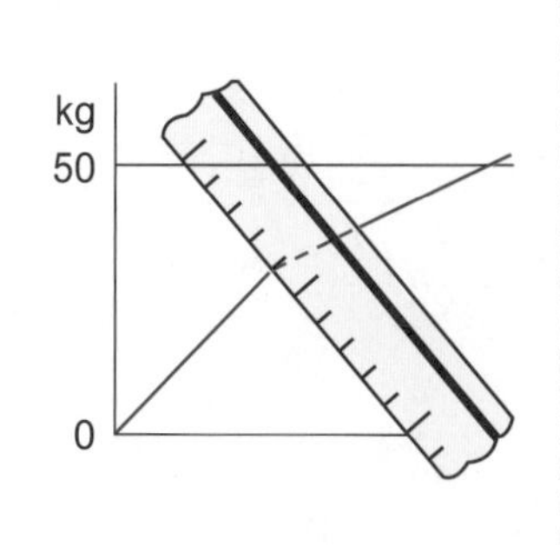

右边折线图上的点，在0与50的中间。用尺来量这一点。一般学生所用的尺是以cm或mm为单位的。

把尺放在0与50的横线之间，可以看出图中的点在6cm左右的地方，相当于50的$\frac{6}{10}$，$50\times0.6=30$（kg），所以该点所示大概是30kg。

水温每两分钟平均升高2~3℃，因此，16分时的水温是33 ~ 35℃。

左图的曲线，是一直往右上延伸的，所以这个折线似乎不够用吧！

整　理

折线图的曲线如果是均匀性地升高或下降的话，也可以大概地推算出来实际上没有计算或测量的部分，所以它是一个预测好工具。

折线图的绘制法

下表是小美测量池水温度变化的记录。她以从①到⑤的顺序绘制出折线图。

池水的温度　　（9月10日测量）

时间（时）	8	10	12	14	16	18	20
温度（℃）	16	18	21	26	24	22	20

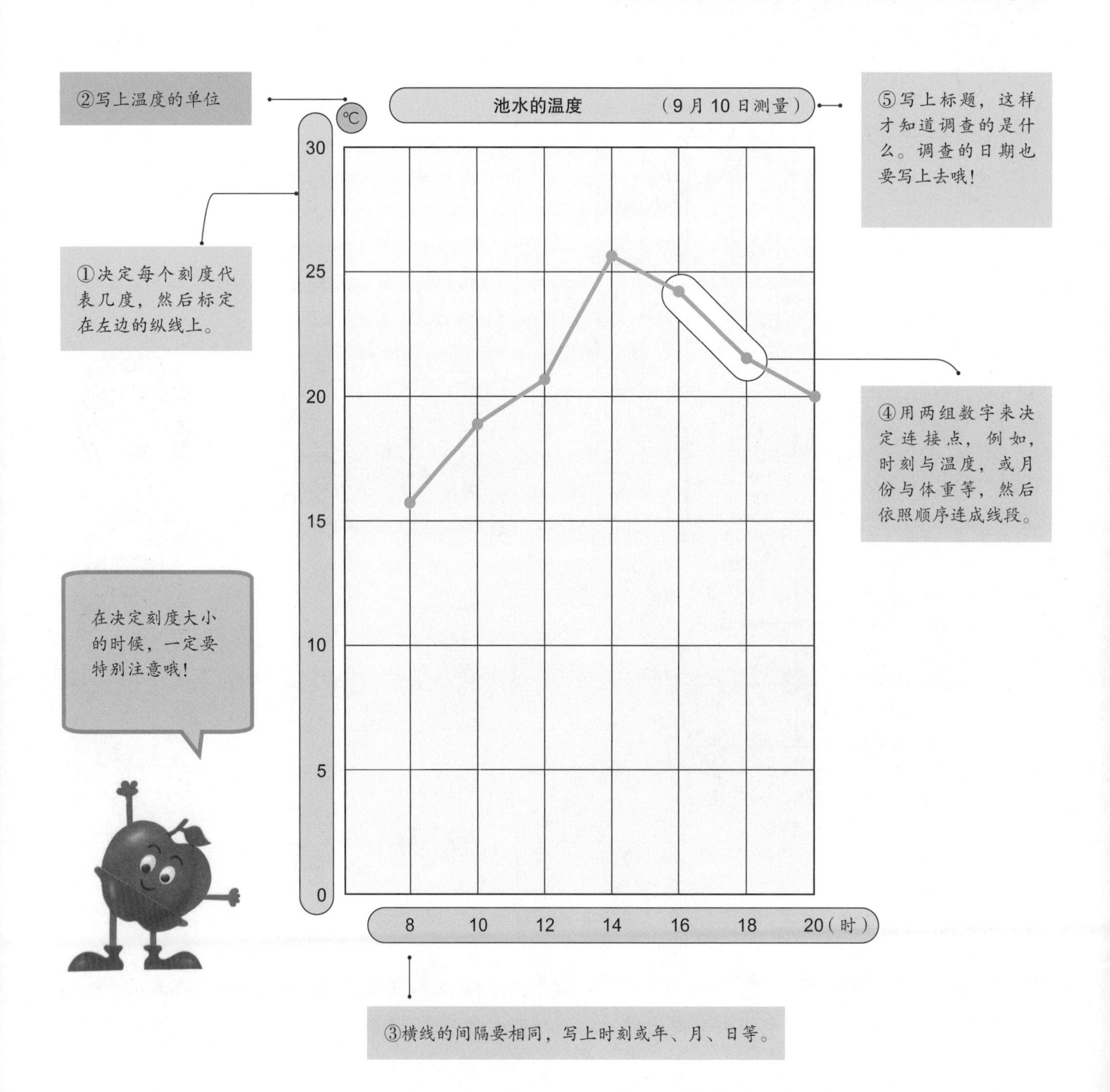

◉ 绘制折线图的技巧

小芳每月5号记录自己的身高，并且绘制成下面的图表。

如果想使曲线的变化看起来更为明显，应该怎么绘制呢？请想出一个最方便的方法。

身高调查									
月份	4	5	6	7	8	9	10	11	12
身高（cm）	130	130.4	131.2	132.1	134.3	134.7	135.2	135.6	136

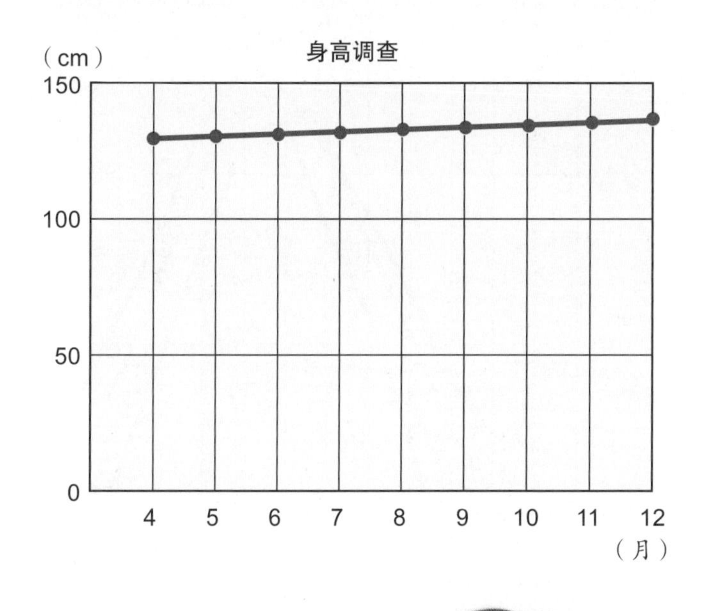

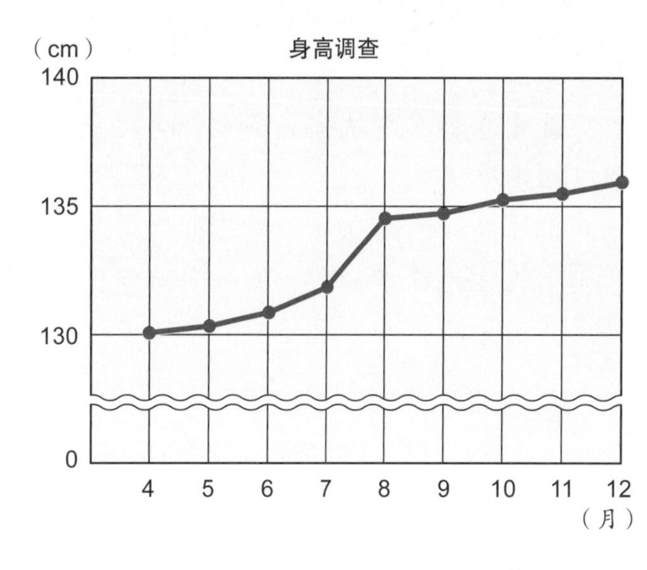

这样根本看不出变化嘛。

身高只在130cm到136cm的部分有所变化，为了使这部分看起来更清楚，130cm以前的部分画成〰，这样一来，变化就非常明显了。虽然130cm以前省略了，但0点作为起点，还是必须画出来。

身高的变化只在130cm到136cm，因此，130cm以前的部分不用绘制得太详细。

遇到这种情况时，可以模仿右上图的方式，不必要的部分用〰代替，只加强表示必要的部分，这样就可以清楚地看出曲线的变化了。

整　理

曲线变化不明显的时候，把不必要的部分用〰省略，强调变化的部分，这样就清楚多了。

折线图的应用

◉ 配合目的收集资料

让我们来比较一下世界几个大都市的气温变化。

首先我们必须决定，哪些都市适合与甲市相比较。

①纬度相同的都市……乙市

②北方的都市（寒带）……丙市

③南方的都市（热带）……丁市

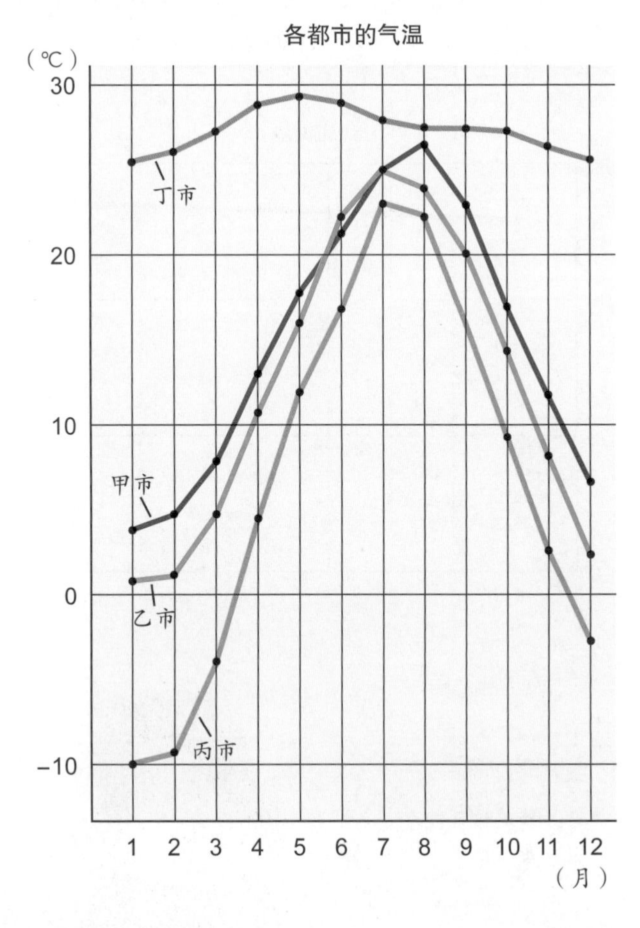

查一查

右图是世界 4 个都市的温度变化记录。

通过曲线的幅度比较各都市的气温变化，并想一想，应该注意观察些什么。

甲市

乙市

丙市

丁市

◆ 甲市的气温变化

◆ 乙市的气温变化

最高气温为 7 月的 24.9℃，最低气温为 1 月与 2 月的 0.9℃，1 月到 7 月气温上升，7 月后气温逐渐下降。

◆ 丙市的气温变化

最低气温为 1 月的 -9.9℃，1 月、2 月、3 月及 12 月的气温都在零度以下。

1 月到 7 月气温上升，7 月份的气温达到 23.5℃，从 7 月到 12 月，气温又再度下降。

最高气温与最低气温的差好大哦！

学习重点

使用好几种折线图，分析曲线的变化程度，并且比较彼此间的关系。

◆ 丁市的气温变化

最高气温为 5 月的 29.4℃，最低气温为 1 月及 12 月的 25.4℃，最高与最低气温相差无几，折线图的曲线非常平缓。

气温变化小，但也明显地表示在曲线上。

◆ 甲市与其他三个城市的比较

※ 乙市

乙市的整体气温比甲市还低一点点，但是气温的变化和甲市差不多。

※ 丙市

丙市的气温曲线的形状与甲市的相似，但气温的变化非常大。

※ 丁市

和其他三个都市的气温变化情况不太一样，丁市的全年温差不大。

把几种折线图做比较，就可以知道每种曲线的变化方式，以及彼此间的关系。

整 理

（1）比较几种折线图，就可以知道它们的特点。

（2）也可以了解它们的变化及关系。

巩固与拓展

整 理

1. 统计表

如果调查养猫、养狗的情况，可分4项进行调查。

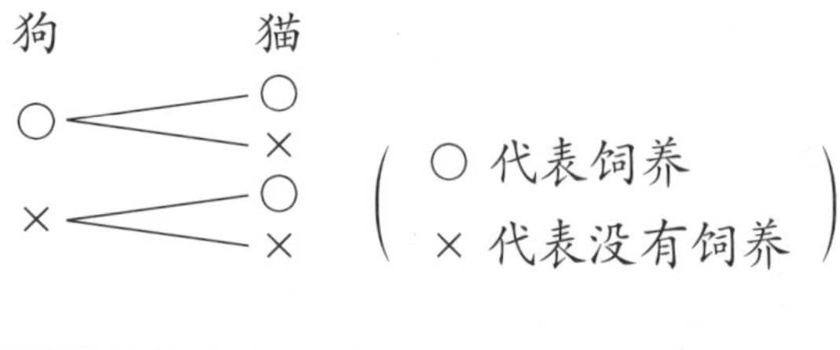

以2种事物为主题，分4类调查时，为了方便起见，可以归纳成下面的图表。

狗＼猫	饲养（人）	没有养（人）	合计（人）
饲养（人）	12	8	20
没有养（人）	6	15	21
合计（人）	18	23	41

试一试，来做题。

1. 小英和小华用彩纸折出了许多鸟和帽子。请利用右表，依形状和颜色加以分类和整理。

形状＼颜色	红	白	合 计
鸟	①	②	③
帽 子	④	⑤	⑥
合 计	⑦	⑧	⑨

2. 折线图

像下面这样的图表叫作折线图。

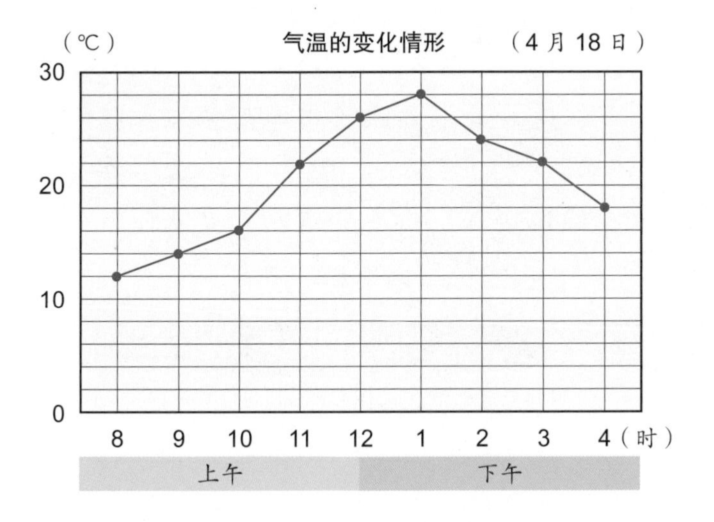

折线图可以表示事物的变化情形。

由折线图上折线的起伏状况，可以得知变化的情形：

①线条往右方上升时，上升的幅度大，表示大量增加。

②线条往右方下降时，下降的幅度大，表示大量减少。

③线条的起伏平缓时，表示改变较小。

画折线图时注意以下事项：

①纵轴的做法和做条形图相同，横轴要分为相等的间隔。

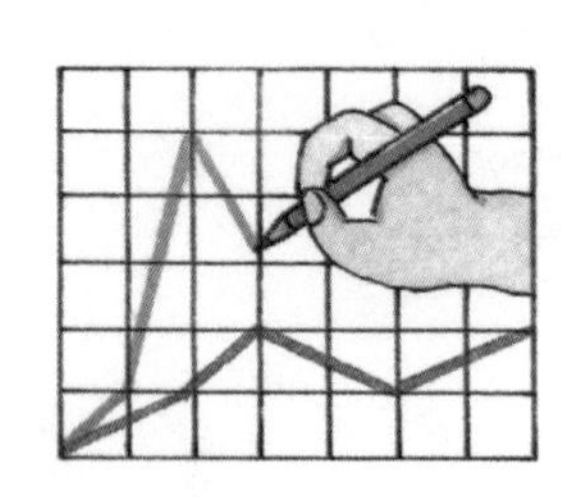

②利用≈，把变化的情形清楚地表示出来。

2. 小美为了调查某日的气温变化情形，曾经测量上午8点到下午4点的气温，并做成下面的折线图。

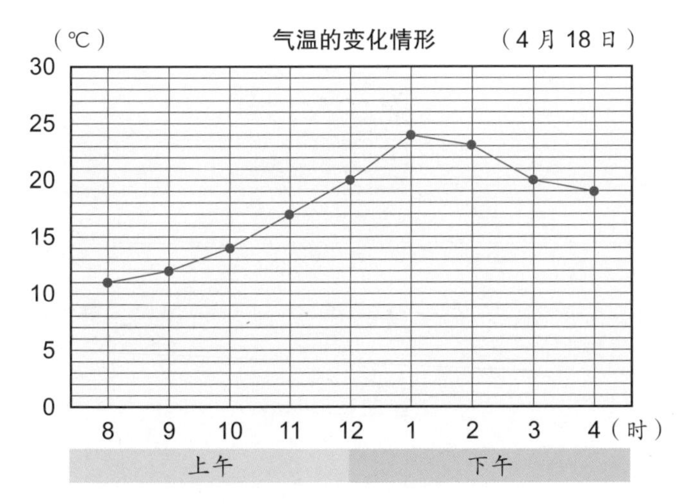

(1) 纵轴代表什么？

(2) 横轴代表什么？

(3) 纵轴的每1个刻度代表几摄氏度？

(4) 上午11点的气温是几摄氏度？

(5) 几点钟的气温是12摄氏度？

(6) 气温变化最大的时候是几点到几点？

(7) 气温最高的时候是几点？温度是多少摄氏度？

答案：1. ①3；②5；③8；④6；⑤6；⑥12；⑦9；⑧11；⑨20。2.(1)气温；(2)时刻；(3)1℃；(4)17℃；(5)上午9点；(6)正午12点到下午1点；(7)下午1点，24℃。

解题训练

■ 确定项目并制作表格

1 某人调查了小明等8人是否会蛙泳或自由泳，会的人以“○”作记号，不会的人以“×”作记号。请依照此表制作一个统计表，并把人数准确地填入。请不要遗漏或重复任何数据。

	小明	小华	小强	小智	小仁	小良	小清	小刚
蛙　泳	○	×	○	×	○	○	×	○
自由泳	○	○	×	×	×	○	○	×

◀ 提示 ▶

可以区分为4个项目：○○的人、○×的人、×○的人、××的人。

解法 可以区分为4个项目：两种泳姿都会的人、只会蛙泳的人、只会自由泳的人、两种泳姿都不会的人，再分别调查各类的人数。整理之后便成为右上的表格。

此外，也可按照右下的表格把调查结果加以整理。

项目	人数（人）
两种泳姿都会的人	2
只会蛙泳的人	3
只会自由泳的人	2
两种泳姿都不会的人	1

自由泳 / 蛙泳	会（人）	不会（人）	合计（人）
会（人）	2	3	5
不会（人）	2	1	3
合计（人）	4	4	8

■ 读表的方法

2 下面是4年级1班家长会出席人数的调查表，请看表回答下面的问题。

（1）父亲出席的有多少人？

（2）母亲出席的有多少人？

（3）父母都出席的有多少人？

（4）仅父亲出席的有多少人？

（5）仅母亲出席的有多少人？

（6）全班总共有多少人？

母 / 父	出席（人）	未出席（人）
出席（人）	18	13
未出席（人）	7	4

◀ 提示 ▶
想一想，表上横排和竖列相交的地方代表什么？

解法 （1）父亲出席的人数是 18+13=31（人）。

（2）母亲出席的人数是 18+7=25（人）。

（3）父母都出席的人数是 18 人。

（4）仅父亲出席的人数也就是父亲出席，而母亲未出席的人数，一共有 13 人。

（5）仅母亲出席的人数也就是母亲出席，而父亲未出席的人数，一共有 7 人。

（6）全班的人数是 18+13+7+4=42（人）。

■ 由折线图了解事物的变化情形

3 右边的折线图显示出小英生病时体温的变化情况。

（1）每 1 刻度代表几摄氏度？

（2）体温最高的是什么时候？高达多少摄氏度？

（3）体温上升和下降最快的各是什么时段？

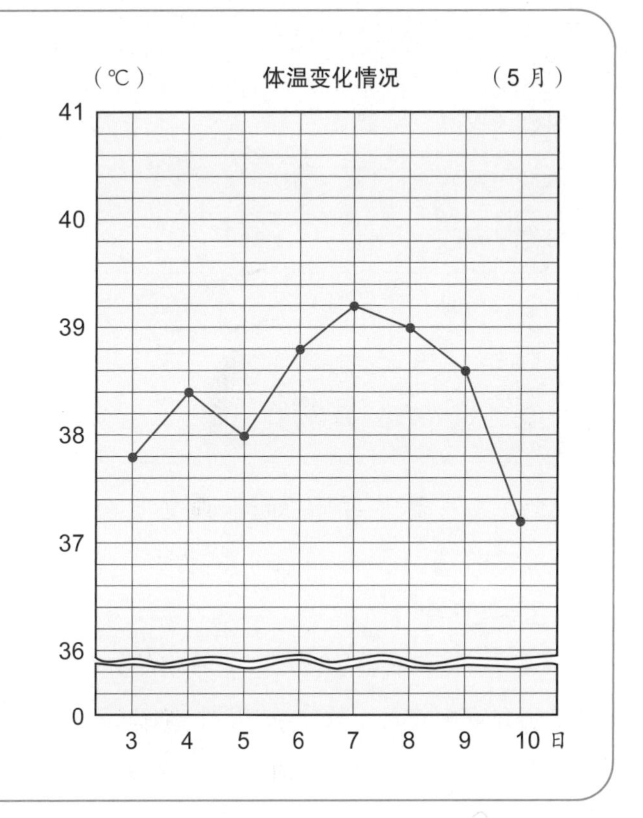

◀ 提示 ▶
有关第（3）小题请注意线条的起伏状况。

解法 （1）折线图中每 5 个刻度代表 1℃，所以每 1 刻度代表 1÷5=0.2（℃）。

（2）体温最高的时候就是折线图上最高的点。体温最高的日子是 5 月 7 日，体温是 39.2℃。

（3）体温上升最快时就是线条朝右上方倾斜最大的时候，所以 5 月 5 日到 5 月 6 日是体温上升最明显的时段。

体温下降最快时就是线条朝右下方倾斜最大的时候，所以 5 月 9 日到 5 月 10 日是体温下降最明显的时段。

加强练习

1. 下面是小华班上同学携带手帕和卫生纸的情形，但调查表中的资料并不齐全。

（1）只带手帕的有多少人？

（2）忘了带手帕的有多少人？

手帕＼卫生纸	带了（人）	没带（人）	合计（人）
带了（人）	25		33
没带（人）		1	
合计（人）	31		

2. 一共有 40 名学生，喜欢音乐或喜欢劳动的学生共计 42 人。喜欢音乐但不喜欢劳动的学生人数是喜欢音乐也喜欢劳动的学生人数的 2 倍。喜欢劳动却不喜欢音乐的人数是两种都喜欢的人数的 3 倍。

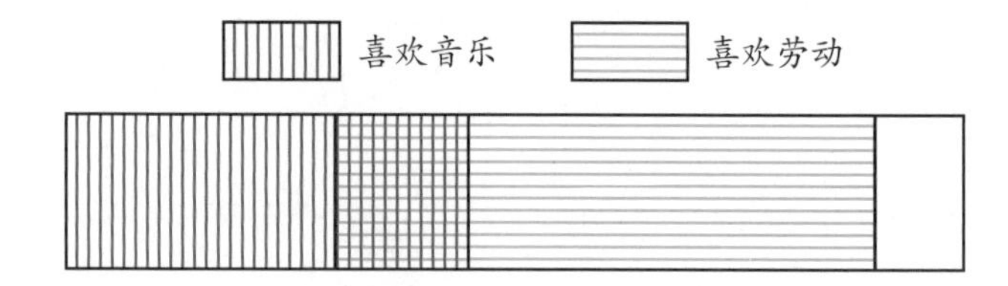

（1）喜欢音乐的人数是两种都喜欢的几倍？

（2）两种都喜欢的学生人数是多少？

（3）两种都不喜欢的学生人数是多少？

解答和说明

1.（1）带了手帕却没带卫生纸的人数是带手帕的所有人数减去两种都带的人数：33−25=8（人）。　答案：8 人。

（2）带了卫生纸却没带手帕的人数是带卫生纸的全部人数减去两种都带的人数：31−25=6（人）。但必须再加上两种都没带的人数，6+1=7（人）。　答案：7 人。

2. 42 人是①＋②，所以是两种都喜欢的人数的（2+1）+（1+3）=7（倍）。42÷7=6（人）……两种都喜欢的人数

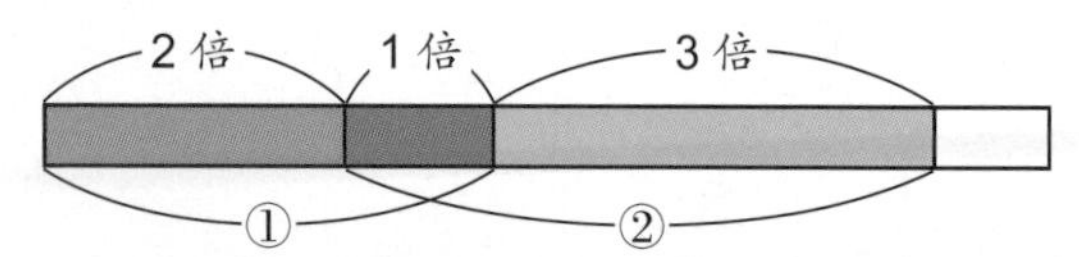

两种都不喜欢的学生人数为：40-6-2×6-3×6=4（人）

答案：（1）3 倍；（2）6 人；（3）4 人。

3.（1）5 岁时的身高在 4 岁和 6 岁的正中间，所以 5 岁时的身高大约 112cm。

（2）8 岁到 10 岁的折线继续按照原来速度延伸之后，便可得知 12 岁时的身高约 135cm。

4. 利用折线图，将 400 万到 500 万之间的产量准确地表示出来。下边是制作完成的折线图。

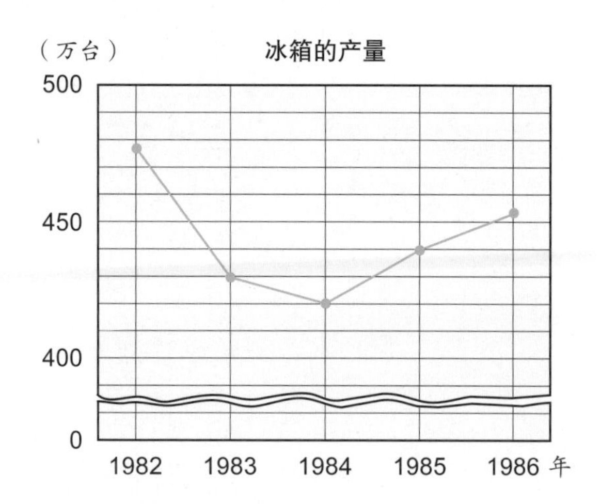

3. 下图是小英出生后每隔 2 年所做的身高调查图表。

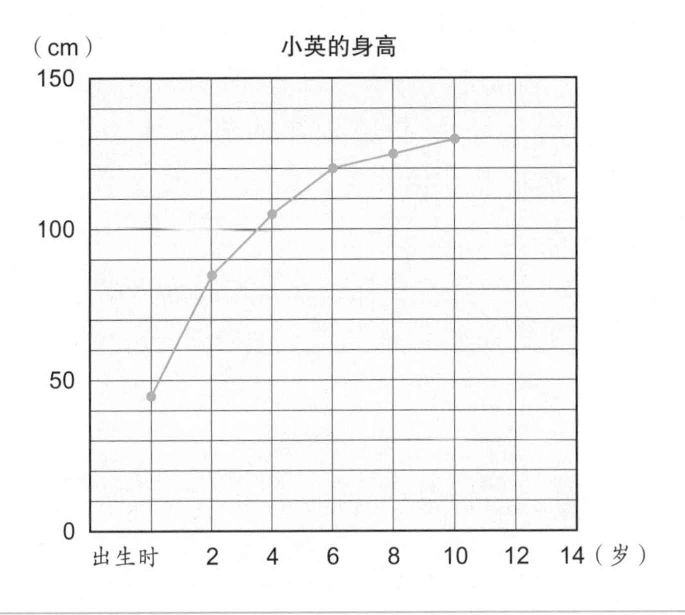

（1）小英 5 岁时的身高大约是多少 cm？

（2）如果身高依图表显示的速度继续发展下去，到了 12 岁时，小英的身高大约是多少 cm？

4. 下表是有关冰箱产量变化的调查资料。

产量＼（年）	1982	1983	1984	1985	1986
台数（万台）	477	428	421	439	454

将冰箱的台数在万位数四舍五入，取近似数到十万位，并画出折线图。

应用问题

1. 下表是小明班上同学学习游泳和珠算的情形，但调查表中的资料并不齐全，请在空白的地方填上正确的人数。

珠算＼游泳	会（人）	不会（人）	合计（人）
会（人）	①	4	②
不会（人）	21	③	25
合计（人）	④	⑤	43

2. 右图显示了弹簧加上秤砣之后长度的变化情形。

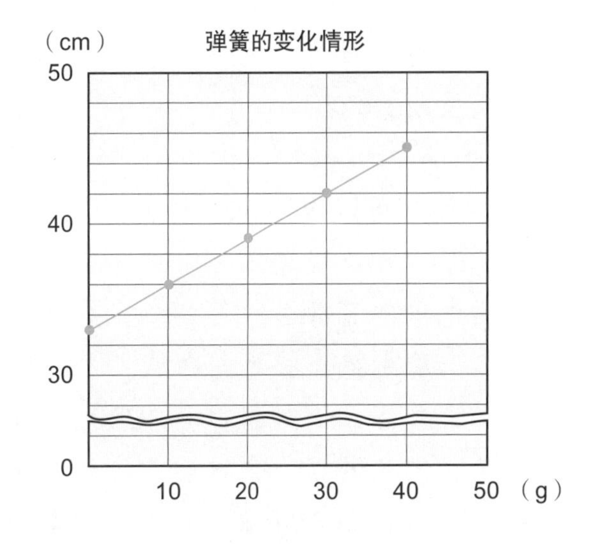

（1）弹簧加上大约多少 g 的秤砣后，长度会成为 40cm？

（2）弹簧加上 50g 的秤砣后，长度会成为大约多少 cm？

答案：1. ① 14；② 18；③ 4；④ 35；⑤ 8。2.（1）约 23 克。（2）约 48cm。

图形的智慧之源

2024年10月1日是星期几？

1980年10月1日那一天，小华和小英去爬山。为了纪念这个伟大的日子，他们特地在山边种了一棵小树，并且约定好10年以后的10月1日，再去看小树长了多高。

小英为什么知道，10年后的10月1日是星期一呢？

◆ 星期几可以很快地算出来

那一天是星期几可以计算出来，但是必须先学会下列4种数字的求法。

①首先找出公元的年代，并取它最后的两个数字，例如想推算1990年10月1日是星期几的话，先把后年份的两个数字90记下来，留待第②项以后，再与其他数字相加。

② 90除以4

90÷4=22……2

只取整数，余数是多少都不用管。

用90加上商的整数部分22，就是90+22=112。

但是要注意，如果年份的后两个数字能被4除尽的话，那一年就是“闰年”，若要推算闰年2月29日以前的日期，那么除出来的数字必须减去1。例如，要推算1988年2月13日为星期几，88÷4=22，22−1=21。

3月以后的日期，算法与前面一样。

③前面算出来的数，再加上月份的系数。每个月的系数如下表所示：

月份的系数

1月：0	2月：3	3月：3	4月：6
5月：1	6月：4	7月：6	8月：2
9月：5	10月：0	11月：3	12月：5

10月为0，所以本例题到此为止应是90+22+0。

④最后再加上日期的数目，例如，1日则加1，15日则加15。本题为90+22+0+1=113。

①到④累计总和113再除以7，等于16，余数为1。

最后的余数就代表星期几。所以1990年10月1日是星期一。

余数0代表：星期天	余数1代表：星期一
余数2代表：星期二	余数3代表：星期三
余数4代表：星期四	余数5代表：星期五
余数6代表：星期六	

本题余数2，就表示2024年10月1日是星期二。

你能根据本文，推算出10年后你的生日是星期几吗？

◆ 万年历的使用法

不需要计算，只要使用万年历就能查出某天是星期几。让我们再来看一看万年历的 1990 年 10 月 1 日是星期几。

（下表的年代为 1901 至 2000 年。）

①先查出甲表中 90（1990 年后两位数字）的记号是 N。

②再从乙表的 10 月份那一栏往下找出 N 的位置，然后从乙表右方的月份表中找到 1 日那一栏，与 1 日延长线交会点是 1，因此 1990 年 10 月 1 日为星期一。

由甲表中先找出年代的记号，然后再由乙表内找出月、日，和记号交会处的数字就是星期几了。因此 10 月 1 日是星期一。

甲 表

年代的后两位数				记号
1	29	57	85	T
2	30	58	86	D
3	31	59	87	F
4	32	60	88	M（1～2月）P（3～12月）
5	33	61	89	B
6	34	62	90	N
7	35	63	91	T
8	36	64	92	D（1～2月）F（3～12月）
9	37	65	93	M
10	38	66	94	P
11	39	67	95	B
12	40	68	96	N（1～2月）T（3～12月）
13	41	69	97	D
14	42	70	98	F
15	43	71	99	M
16	44	72	（2000）	P（1～2月）B（3～12月）
17	45	73		N
18	46	74		T
19	47	75		D
20	48	76		F（1～2月）M（3～12月）
21	49	77		P
22	50	78		B
23	51	79		N
24	52	80		T（1～2月）D（3～12月）
25	53	81		F
26	54	82		M
27	55	83		P
28	56	84		B（1～2月）N（3～12月）

乙 表

								当月的月历						
月	1月 10月	2月 3月 11月	4月 7月	5月	6月	8月	9月 12月	1	2	3	4	5	6	7
								8	9	10	11	12	13	14
								15	16	17	18	19	20	21
								22	23	24	25	26	27	28
								29	30	31				
记号	B	F	N	P	D	M	T	日	一	二	三	四	五	六
	P	D	B	M	T	F	N	六	日	一	二	三	四	五
	M	T	P	F	N	D	B	五	六	日	一	二	三	四
	F	N	M	D	B	T	P	四	五	六	日	一	二	三
	D	B	F	T	P	N	M	三	四	五	六	日	一	二
	T	P	D	N	M	B	F	二	三	四	五	六	日	一
	N	M	T	B	F	P	D	一	二	三	四	五	六	日
								星期						

由甲表中先找出年代的记号，然后再由乙表内找出月、日，和记号交会处的数字就是星期几了。因此 10 月 1 日是星期一。

算式及计算

混合运算

妈妈拿了500元钱，要小咪、小华、小宝帮她去买东西。东西买回来后，要让妈妈知道钱是怎么花的。

小咪、小华、小宝三个人都在想，用什么方法才能让妈妈知道用了多少钱、找回了多少钱。

小咪列的算式：

500－36＝464

464－85＝379

379－82＝297

小宝列的算式：

500－36－85－82＝297

小华列的算式：

36＋85＋82＝203

500－203＝297

◆ 想一想，能不能只用一个算式来表示呢？

蔬菜店老板计算三种蔬菜的价钱后，收下500元，把剩下的钱找给了小咪他们。

使用 () 的算式

学习重点

① 应用 ( ) 来整理算式。
② 包含乘、除法的算式。
③ 算式的计算顺序。

小华把自己的算式重新整理为：

500 － 36 ＋ 85 ＋ 82 ＝ 203？

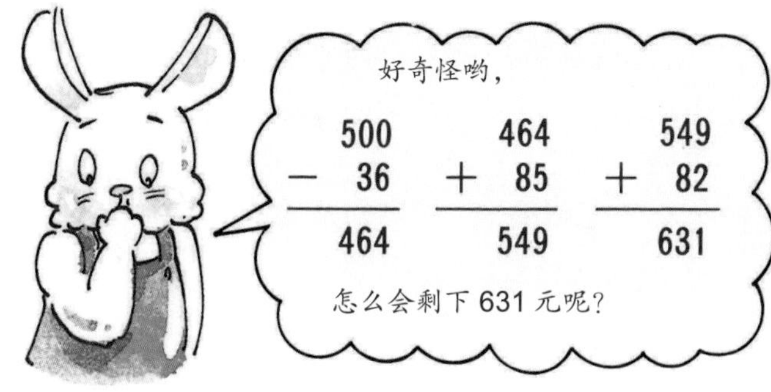

计算合计数的时候，可以使用 ( )（括号内的数优先计算）。

买蔬菜的钱为 36 元、85 元、82 元，用 500 元减掉这 3 笔钱：

500 －（36 ＋ 85 ＋ 82）

付出去的钱　买蔬菜花的钱

带 ( ) 的算式，先计算括号内的数：

$$
\begin{aligned}
&500 - (36 + 85 + 82) \\
&= 500 - 203 \\
&= 297（元）
\end{aligned}
$$

例 题

车厘子原价一千克 125 元，水果店打折，每千克车厘子便宜 12 元，小咪买了 8 千克，请列出算式。

(125 － 12)×8 的算式，要先计算 ( ) 内的算式。

$$
\begin{aligned}
&(125 - 12)\times 8 \\
&= 113\times 8 \\
&= 904（元）
\end{aligned}
$$

答案：买 8 千克共需 904 元。

混合使用乘、除法的算式

小华把它整理成下面的算式：

买书包的钱：75×3

买毛笔的钱：25×5

小华帮小咪和小宝买文具的总价钱如下：

(75×3)　+　(25×5)

买书包的钱　买毛笔的钱

75×3 或 25×5 可以当作一个整体。

先计算乘除法，再计算加减法。

75×3 + 25×5

= 225 + 125 = 350（元）

小华自己也买了一沓图画纸，这种图画纸每5沓120元。所以，小华今天买的所有东西花的钱，可以写成：

75×3 + 25×5 + 120÷5

= 225 + 125 + 24

= 374（元）

答：小华今天买文具花的钱一共是374元。

妈妈让小宝帮忙买5听罐头，一箱罐头有24听，卖3000元，请问买5听罐头花多少钱？

应该怎么计算呢？

◆ 小宝的想法

先算出一听罐头的价格，再计算5听罐头的价格。

一听罐头的价格为：3000÷24 = 125（元）

125的5倍等于：125×5 = 625（元）

整理成一个完整的算式为：

3000÷24×5

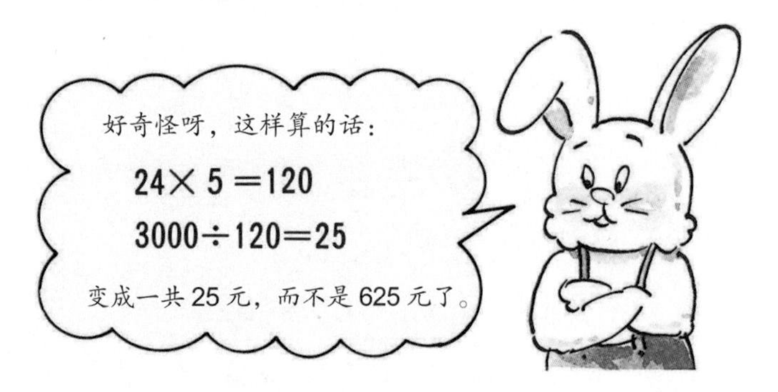

小咪的计算顺序错了！那么应该怎么计算才正确呢？

✻ 只有乘法和除法的算式，应该依顺序从左算起。

$$3000 \div 24 \times 5 = 125 \times 5 = 625\text{（元）}$$

买罐头花的钱是：$3000 \div 24 \times 5$，小宝认为：

找回来的钱＝
付出去的钱－买东西花的钱

所以他列出算式 $1000 - 3000 \div 24 \times 5$

让我们一起来算一算剩下多少钱。

上面的算式照①、②、③的顺序计算。

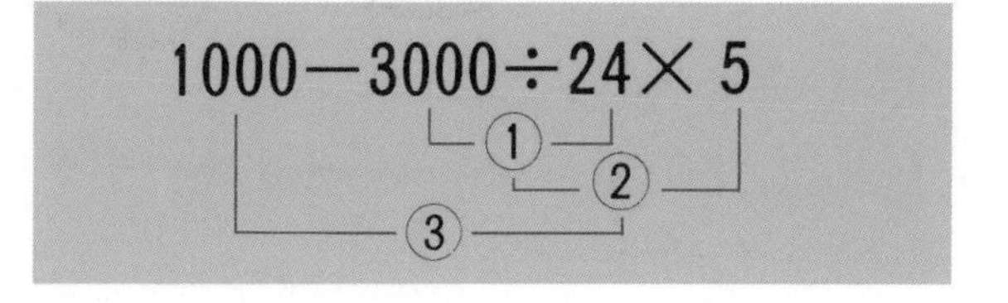

① $3000 \div 24 = 125$

② $125 \times 5 = 625$

③ $1000 - 625 = 375$

如上面①、②、③的顺序，先依次计算除法和乘法，然后再算减法。

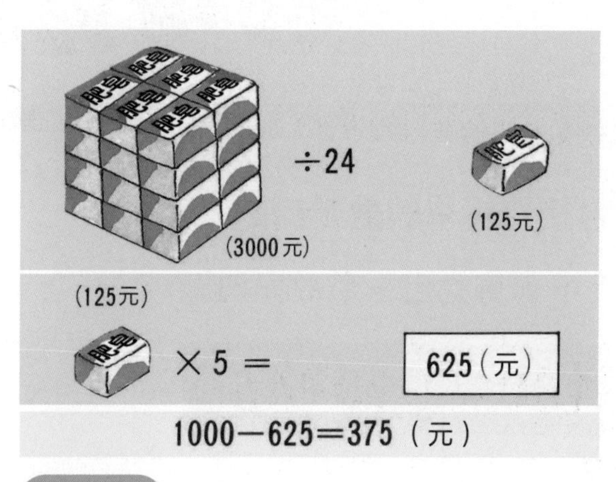

例　题

请你想一想，下面的算式应该依照什么顺序来计算呢？

$700 - (540 - 32 \times 4)$

（1）先计算括号内的算式。

（2）括号内要先算出乘法的得数，然后再减。

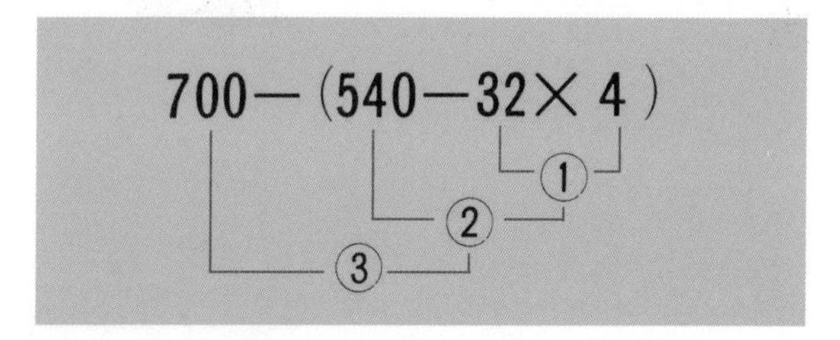

得数等于288。

整　理

（1）整理算式时可以使用（ ）。

（2）带（ ）的算式，要先计算（ ）内的算式。

（3）只含有乘法、除法或只含有加法、减法的算式，从左到右依次算。

（4）两级运算都包含的算式，先计算乘除后计算加减。

利用算式出题

◉ 适合使用括号的数学问题

◆ 请用下列算式出一个数学问题。

100－（20+45）

（）里的算式看成一个整体哦！

不要一个一个地减，要先算出（）内的结果再减。

想一想

（1）以餐馆为例：有一家餐馆做好了100人份的包子，早上卖出20人份，下午又卖出45人份，请问还剩下多少人份的包子？

（2）以图书馆为例：小平学校的图书馆新购入了100本书，有20本辞典、45本童话故事书，其他的都是科普书，请问科普书有多少本？

（1）、（2）的答案都是35。

◆ 请用下列算式出一个数学问题。

（150+70）÷5

（）内的算式要当成一个整体，所以出的问题必须先计算150+70才可以哦！

要除以5，所以出题时别忘了要能够整除，最好是关于单独一份数量的问题。

想一想

（1）以玻璃珠游戏为例：小平有150个玻璃珠，小玉有70个，他们想把两个人所有的玻璃珠平均分给5个人，每个人能分到多少个玻璃珠呢？

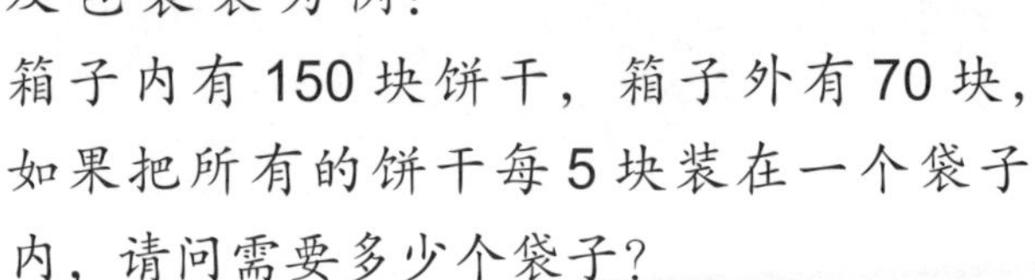

（2）以饼干及包装袋为例：箱子内有150块饼干，箱子外有70块，如果把所有的饼干每5块装在一个袋子内，请问需要多少个袋子？

（1）、（2）的答案都是44。

※请记住，出的题目要让（）内的算式成为一个整体。

◉ 混合算式

学习重点

①学会使用（ ）的算式出题。

②学会混合 +、−、×、÷ 的算式出题。

◆ 请用下列算式出一个数学问题。

$$100\times 4+55\times 6$$

只要出的题目能够把 100×4 以及 55×6 当成一个整体就行了，明白了吗？

想一想

（1）以买水果为例：榴梿每个 100 元，石榴每个 55 元，请问买 4 个榴梿和 6 个石榴总共需要多少钱？

（2）以行李的重量为例：小型卡车载了 4 件 100 千克重的行李、6 件 55 千克重的行李，请问卡车总共载了多重的行李？

（1）、（2）的答案都是 730。

◆ 请用下列算式出一个数学问题。

$$180\div 2\times 3$$

算式中的乘法或除法要当成一个整体哦！

出的题目只要能使 180÷2 成为一个整体就行了。

想一想

（1）以动物园为例：某动物园的门票价格为：大人 180 元 / 人，儿童半价。请问 3 名儿童的门票需要多少元钱？

（2）以文具店为例：12 支 180 元的铅笔，每 6 支装成一袋出售，小萍买了 3 袋，请问小萍总共花了多少元钱？

（1）、（2）的答案都是 270。

整　理

使用有（ ）的算式，或混合使用乘法、除法的算式，出题时，一定要知道“算式中的哪个部分代表一个整体”，然后依照算式，想出各种题目就可以了。

使用○或□的算式

◉ 使用○或□的加法（有未知数的加法）

小华用 18 条 1cm 长的线条，如右图般所示拼成了各种长方形。请你仔细观察长、宽的关系，并列出算式。

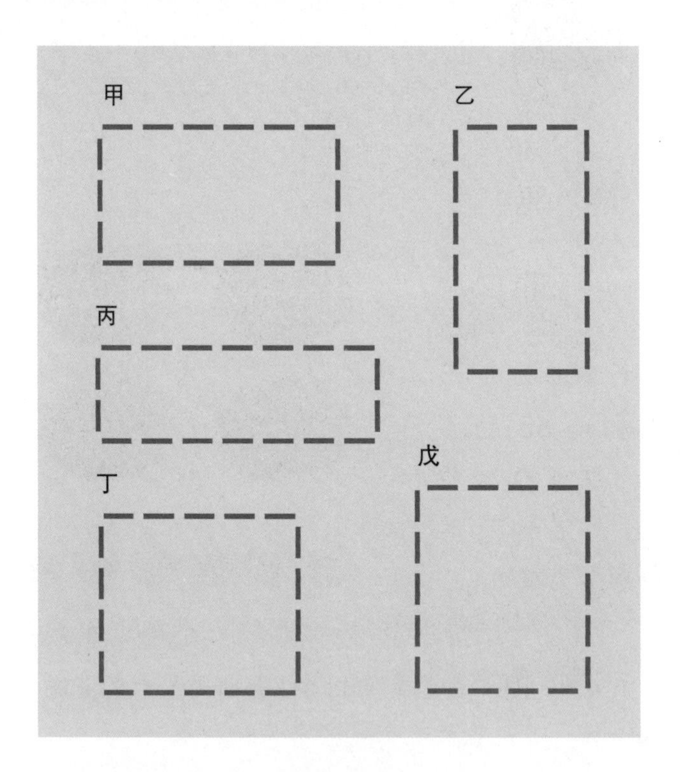

甲、乙、丙、丁、戊 5 个长方形的长、宽可以排列如下。

甲：长 6cm，宽 3cm
乙：长 3cm，宽 6cm
丙：长 7cm，宽 2cm
丁：长 5cm，宽 4cm
戊：长 4cm，宽 5cm

※从上表可以看出，长、宽的和都是一定的。

上表可以依顺序排列如下：

丙：长 2cm，宽 7cm
甲：长 3cm，宽 6cm
丁：长 4cm，宽 5cm
戊：长 5cm，宽 4cm
乙：长 6cm，宽 3cm

可见，上面 5 个长方形的长、宽和都是 9cm。用○表示长、□表示宽，那么长、宽的关系可以用下列算式表示：

○ + □ =9

◆ 让我们再想一些别的例子吧！

小华和小英下棋。

看一看小华和小英的棋子数量的关系，并把它们列成表。

（第一局）

输 14　　赢 50

（第二局）

赢　小华 ㊾ 15 小英　输

（第三局）

输　小华 ⑱ 46 小英　赢

（第四局）

赢　小华 ㊹ 20 小英　输

（第五局）

输　小华 ㉓ 41 小英　赢

整　理

查两个数量的关系时，可以依照一定的顺序排列这两组数字，以便找出它们之间的数量关系。

利用○或□来表示一定的数，可以很容易发现它们彼此的数量关系。

学习重点

①使用○或□写出加法算式。
②使用○或□写出减法算式。

两人的棋子数量可以排列成下表。

	1	2	3	4	5
小华（个）	14	49	18	44	23
小英（个）	50	15	46	20	41

每一局两人的棋子总和都是64。

用○表示小华的棋子数量，用□表示小英的棋子数量，可以写成下列算式：

○ + □ =64

综合测验

假设下列算式○的数分别是6、7，请算出□内的数各是多少？

①○ + □ =9

②○ + □ =64

综合测验答案：① 3、2；② 58、57。

◉ 使用○或□的乘法算式

如右下图所示，长为 2cm、宽为 1cm 的瓷砖依次排列。排成的大长方形的宽和面积会有什么样的关系，让我们用算式来表示吧！

用长方形面积公式先求出下列面积。

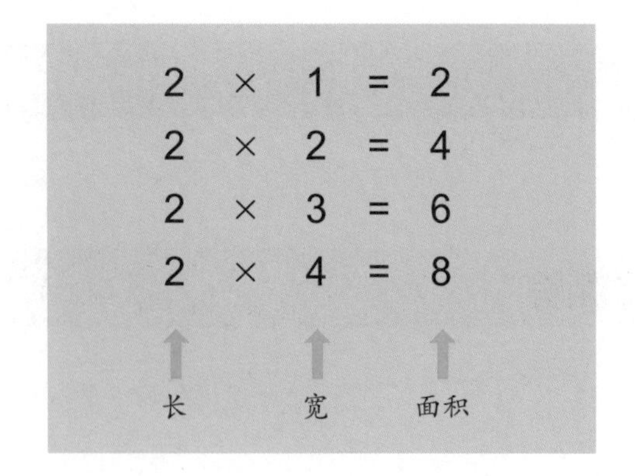

◆ 宽与面积的关系可以列成下表。

宽	1	2	3	4	5
面积	2	4	6	8	10

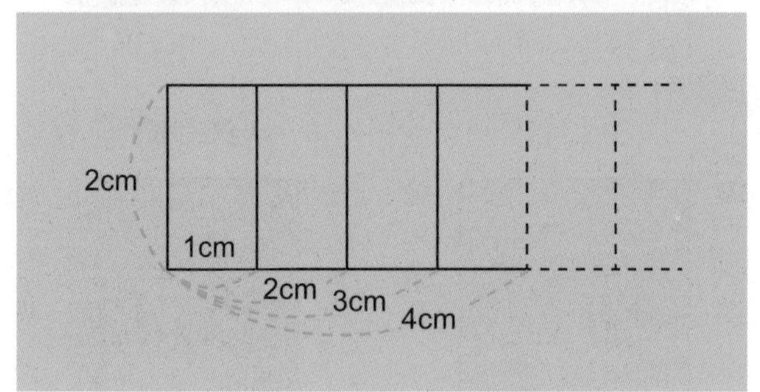

长方形的宽乘 2 就是面积。

因此，用○表示宽、□表示面积。当长方形的长为 2cm 时，宽与面积的关系如下：

2× ○ = □

例　题

小华要买30张图画纸，每种图画纸的单价都不一样。

让我们列表看一看图画纸的单价与总价有什么关系。

◆ **每种图画纸的单价不同，总价也不一样，请看下表。**

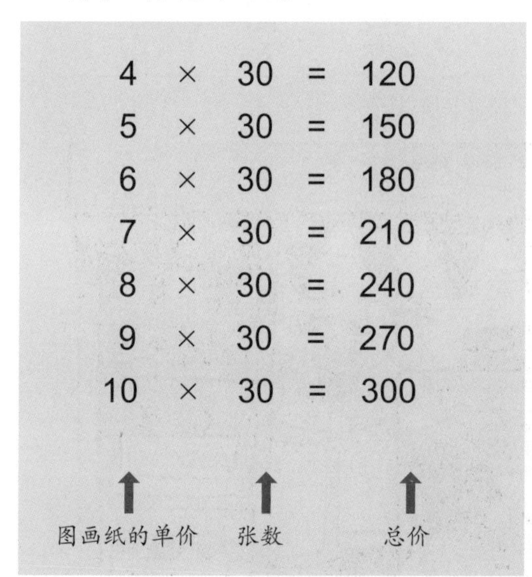

$4 \times 30 = 120$

$5 \times 30 = 150$

$6 \times 30 = 180$

$7 \times 30 = 210$

$8 \times 30 = 240$

$9 \times 30 = 270$

$10 \times 30 = 300$

↑图画纸的单价　↑张数　↑总价

整　理

（1）○ + □ =9 的算式中，○每增加1，□就减1。

（2）2× ○ = □的算式中，□永远都是○的2倍。

◆ **每种图画纸的单价和总价的关系可以排列成下表。**

每种图画纸的单价（元）	4	5	6	7	
总价（元）	120	150	180	210	

总价是每种图画纸的单价的30倍。

用○表示单价、□表示总价，可以写成下列的算式。

○ ×30= □

综合测验

下列算式中○的数各为10、15、20的时候，□内的数各为多少？

①2× ○ = □

②○ ×30= □

综合测验答案：①20、30、40；②300、450、600。

巩固与拓展 1

整 理

1. 使用（ ）的算式

（1）算式中如果有（ ），可以把（ ）里的算式当作整体来计算。

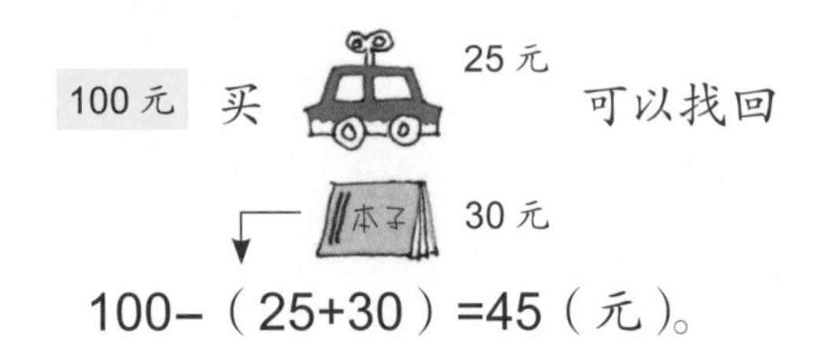

100-（25+30）=45（元）。

（2）使用（ ）的话，可以把 2 个算式改写成 1 个算式。

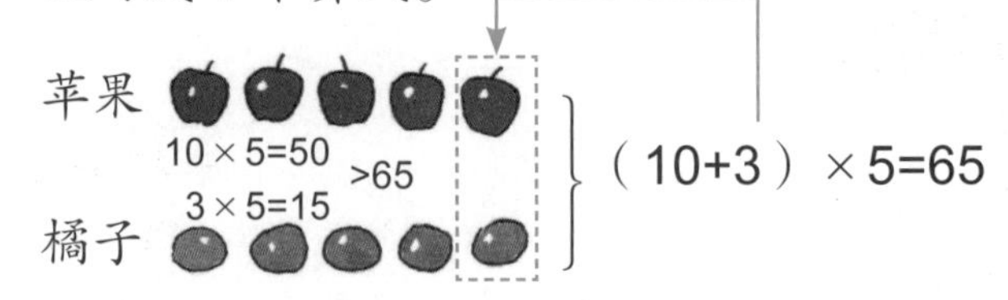

2. 算式中有（ ）的计算方法

算式中如果有（ ），可以把（ ）当作整体先计算。

20-（10+2）→ 20-12 → 8

试试看，来做题。

1. 小英在市场买了 48 元的水果和 24 元的蔬菜，他付了 1 张 100 元的纸币。请利用（ ）写出一个算式。

2. 小明到面包店买了 6 个小蛋糕，每个 12 元，另外又买了 1 盒 25 元的冰激凌。请用一个算式计算小明总共花了多少钱。

3. 计算的顺序

（1）+、−、×、÷ 的四则混合计算

即使没有（ ），也要把乘法、除法当作整体并先计算。

$200-46\times3$ ⟶ 先计算乘法

↓

$200-138$

$200\div4+20$ ⟶ 先计算除法

↓

$50+20$

（2）×、÷ 的混合计算

通常是按照顺序来计算，但也可以改变顺序。

$100\times28\div10 \rightarrow 100\div10\times28$

4. 计算的法则

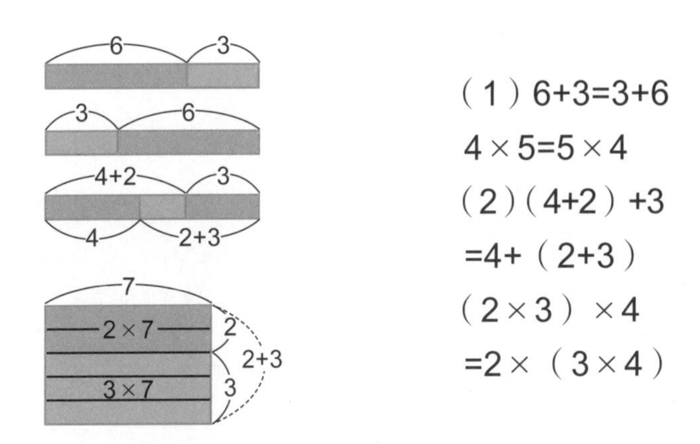

（1）$6+3=3+6$

$4\times5=5\times4$

（2）$(4+2)+3$

$=4+(2+3)$

$(2\times3)\times4$

$=2\times(3\times4)$

（3）$(2+3)\times7=2\times7+3\times7$

$7\times(2+3)=7\times2+7\times3$

（4）运用（1）至（3）的计算规则做计算。

$25\times12+25\times28 \rightarrow 25\times(12+28)$

$\rightarrow 25\times40$

3. 小玉买了 12 支铅笔，每支铅笔 5 元；又买了 12 块橡皮，每块也是 5 元，小玉总共花了多少钱？利用（ ）写出一个算式并计算。

4. 小华买了 32 张红色彩纸、40 张蓝色彩纸和 28 张黄色彩纸。把这些纸平分给 4 个小朋友，一张彩纸折一只纸船，每个人应该折多少只纸船？写出一个算式并计算。

答案：1. $100-(48+24)$。2. $12\times6+25=97$，97 元。3.（5+5）×12=120，120 元。4.（32+40+28）÷4=25，25 只。

解题训练

■ 写出包含（ ）的算式

1 小明在文具店买了右边的文具，他付了 1 张 100 元的纸币，应找回多少钱？利用（ ）写出一个算式并计算。

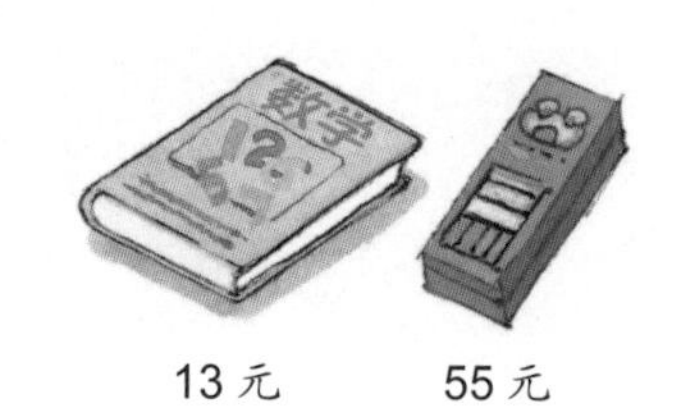

◀ 提示 ▶

先用文字列出算式，再添加适当的数便能得出算式。

解法　先写出“文字的算式”，再添上适当的数。（这样的“算式”就是数量关系式）

付出的钱 − 文具的钱 ＝ 找回的钱，文具的总价是 55+13，所以可以写成 100−（55+13）。使用（ ）时，可以把（ ）中的算式当作一个整体。（ ）中的算式要先计算，因此 100−（55+13）也就是 100−68。100−（55+13）=32（元）

答：应找回 32 元。

■ +、−、×、÷ 的四则混合计算

2 一共有 4 沓折纸，每沓各有 20 张。用掉 10 张后再把剩余的折纸平分给 7 人。算一算，每人分得几张折纸？写出一个算式并计算。

◀ 提示 ▶

算一算，分给 7 人的折纸总共有多少张？先计算（ ）中的式子。×、− 混合计算时，要先计算乘法。

解法　先计算 7 人共分得多少张折纸。每沓折纸各有 20 张，4 沓的全部张数是 20×4，用掉了 10 张，所以剩余的张数是：20×4−10=70（张）。7 人平分 70 张纸，所以每人分得的张数是：70÷7=10（张）。如果用一个算式表示就是：（20×4−10）÷7。必须先计算（ ）中的算式，但（ ）中的算式如果 ×、− 混合时，要先计算乘法。（ ）中的算式是：80−10=70。70÷7=10（张）。

（20×4−10）÷7=10（张）

答：每人分得 10 张折纸。

■ ×、÷ 混合计算的方法

3

48 人合买 6 套同样价格的书，如果每人付 60 元，全部的钱刚好够用。算一算，每套书是多少钱？写出一个算式并计算。

◀ 提示 ▶
想一想，48 人共出了多少钱？

解法 全部的钱数 ÷ 书的套数 = 每套的价格。

（60×48）÷6

先用文字写出算式，再添进实际的数字，便得出上列的式子。接着计算 60×48÷6=2880÷6=480（元）。

答：每套书是 480 元。

把全部人数分成 6 组。

其他解法 把 48 人分成 6 组，每组刚好买得一套书。因此，可以写成：60×（48÷6）=60×8=480（元），得数相同。

×、÷ 混合计算时，如果改变计算的顺序，得数不变。

■ 应用计算的规则

4

老师给 18 个小朋友送礼物，每人分得 1 块垫板和 1 个笔记本，每块垫板 13 元，每个笔记本 7 元，总共需要多少钱？写出一个算式并计算。

◀ 提示 ▶
先计算 1 个小朋友的礼物需要多少钱。

解法 垫板的总价加上笔记本的总价等于全部的价钱。写成一个算式为：垫板的总价……13×18

笔记本的总价…… 7×18

→ 13×18+7×18

↓ ↓

234 + 126 = 360

其他解法 先计算 1 个小朋友的礼物的价钱：13+7=20（元）。

全部的价钱为：（13+7）×8=20×18=360（元）。

13×18+7×18=（13+7）×18

答：总共需要 360 元。

※ 应用计算的规则便可轻易地算出得数。

加强练习

1. 下面4张计算卡上的算式可以写成1个完整的算式，但计算卡的编号和算式中的位置略有改变，不按照顺序排列。

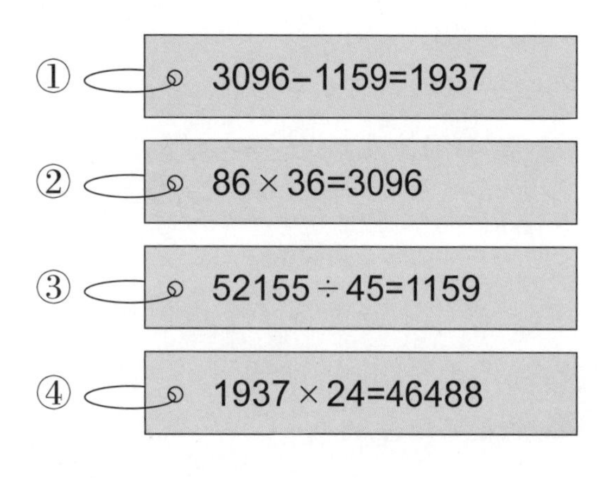

（1）这个算式最后的得数是多少？

（2）写出这个完整的算式。

2. 小明、小英、小华、小玉一起出门郊游。小明付了4人份的点心钱，每人份15元。小英付了4人份的车费，共120元。小华付了4人份的门票钱，每人份20元。小玉付了4人份的午餐费，共200元。下面4个算式是计算每人郊游所花的费用。

① 15+120+20+200

② 15×4+120÷4+20+200÷4

③（15×4+120+20×4+200）÷4

④ 15+20+（120+200）÷4

（1）哪几个算式是错的？

解答和说明

1. 在计算一个由多个算式组成的算式时，必须按照既定的顺序，一步一步地计算。①式中的1937也出现在④式中，所以①式在④式之前。

（1）④式“=”后面的得数没有出现在其他3个式子里。由此可以知道算式的得数是46488。

（2）①式是表示②式的得数3096和③式的得数1159的差，所以②－③=①。

④式等于①式的得数乘以24，所以是（②－③）×24。

答：（1）这算式最后得数是46488。（2）完整的算式为：（86×36–52155÷45）×24。

2.（1）要注意题目中列出的1人份的费用和4人份的全部费用是有差别的。

15元和20元分别是1人份的费用。

120元和200元则分别是4人份的费用。

①式和②式没有按照上面的方式将费用区分计算，所以①式、②式都是错的。

（2）③式先把1人份的费用乘以4倍后再除以4，所以计算的过程稍显麻烦。

④式先把4人份的费用合并于小括号中然后除以4，接着再加上另外两种1人份的费用，所以是最简单明了的式子。

答：（1）①式、②式是错的。（2）④式最简单明了。

3.（1）由加法、减法构成的算式可以更改加法、减法的顺序后再计算答案。

（2）在正确的算式中，哪个算式的表示方法最简单明了？

3. 下面是运用小括号做计算的例子。请写出每个算式中①、②的正确数字。

（1）785−396+ ① − ②

=（785+ ①）−（396+ ②）

=1000−800=200

（2）132×35÷ ① ÷ ②

=（132÷ ①）×（35÷ ②）

=22×5=110

4. 小明买了 24 支铅笔、20 个笔记本、30 块橡皮。铅笔、笔记本、橡皮每种的单价都是 5 元，这些文具的全部价钱可以用下列的算式计算出来。

5×24+5×20+5×30，

试着把上面的算式改变，并写成一个算式再计算。

如果减数有若干个，可以先把各个减数相加，求出全部减数的和后再计算。

785+ ① =1000，396+ ② =800，由这两个算式可以求得①、②。

（2）由乘法、除法构成的算式也可以更改乘法、除法的先后顺序再计算。

由 132÷ ① =22 的算式可以求出①。

由 35÷ ② =5 的算式可以求出②。

答：（1）①为 215；②为 404。（2）①为 6；②为 7。

4. 每种文具的单价都是 5 元，所以总共买了（24+20+30）份 5 元的物品。

算式是：5×（24+20+30）

=5×74

=370（元）

答：文具的全部价钱为 370 元。

应用问题

1. 计算下列算式，在□中填写正确数字。

（1）0.28×5+1.41÷3

=□+□=□

（2）50−（32.5−9.2×3）

=50−（32.5−□）=□

2. 算式是□−（48+52）×3。计算时如果先求出□−100 的得数，再把该得数扩大 3 倍，等于 2172，但因为计算的方法错误，所以这个得数并不正确。

上面错误的计算方法如果用算式表示便是（□−100）×3=2172，请求出□中的数。

答案：1.（1）1.4、0.47、1.87。

（2）27.6、45.1。

2. 824。

巩固与拓展 2

整　理

1. □或○的使用方法

（1）□、○、△可以替代数字使用。

（□ + △）+ ○ = □ +（△ + ○）

（□ + △）× ○ = □ × ○ + △ × ○

上面的式子是利用□、○、△替代数字，来表示计算的规则。

（2）□、○、△可以表示数量的关系。

正方形的边长和周长的关系：

⬇　⬇

□　○　　□ ×4= ○

红球和白球共 12 个时，红球和白球个数的关系：

□　△　　□ + △ =12

试一试，来做题。

1. 将下列的事物用□、○表示，并列出算式。

（1）红玫瑰和黄玫瑰共计 10 朵。（把红玫瑰表示为□朵，黄玫瑰表示为○朵。）

（2）小明父亲的年龄比小明大 26 岁。

（把小明的年龄表示为□，父亲的年龄表示为○。）

2.（1）由正方形的边长求正方形的周长。把边长表示为□，周长表示为○，并写出算式。

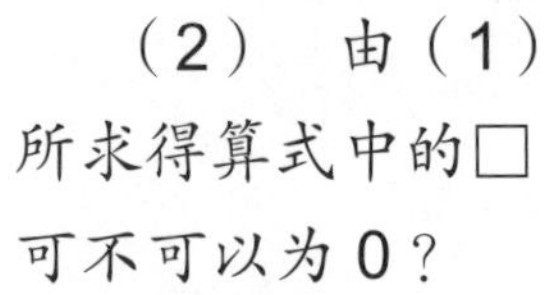

□ cm

○ cm

（2）由（1）所求得算式中的□可不可以为 0？

（3）把 1、2、3…… 分别填入（1）所求得算式中的□里，○会成为什么数？把得数填在下面的表格里。

边　长	1	2	3	4	5	6	7
周　长	①	②	③	④	⑤	⑥	⑦

答案：1.（1）□ + ○ =10，或 10– □ = ○，10– ○ = □。（2）□ +26= ○，或○ – □ =26，○ –26= □

2.（1）□ ×4= ○。（2）不可以。（3）① 4；② 8；③ 12；④ 16；⑤ 20；⑥ 24；⑦ 28。

2. 在使用□或○的算式中，用图示、列表、举例的方式，探讨□或○的大小或变换的情形

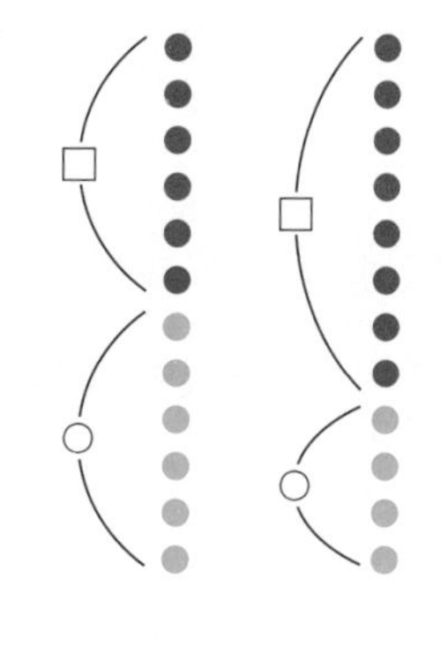

（1）□、○的大小

①□ + ○ =12

□、○之中可以填写许多不同的数，但并不是任何数都能随意填入。最大的数不可超过 12。

②□ × ○ =30

如果□、○都是整数，□、○的组合方式将如下表。

□	1	2	3	5	6	10	15	30
○	30	15	10	6	5	3	2	1

（2）□或○的变换方式。

①□ + ○ =12
②□ − ○ =6
③□ ×3= ○
④□ × ○ =60

①□增加 1 时，○便须减 1。

②□增加 1 时，○也增加 1。□增加 2 时，○也增加 2。

③□增加 1 时，○增加 3。□增加 2 时，○增加 6。

④□扩大 2 倍时，○须乘以$\frac{1}{2}$。□扩大 3 倍时，○须乘以$\frac{1}{3}$。

以上举例，你还想到其他说法了吗？

3. 小明和小朋友玩掷球游戏，每人掷 10 个球，下图是比赛的情形，图中只能看出没掷中的球数。

小明　　小英　　小华

（1）谁投进的球数最多？

（2）把投进的球数表示为□，把没投进的球数表示为○，请列出算式，表示□和○的关系。

（3）在（2）所求得的算式中，符合□的最大的数是多少？

4. 把 48 颗棋子排成长方形，并思考长、宽的棋子颗数的关系。

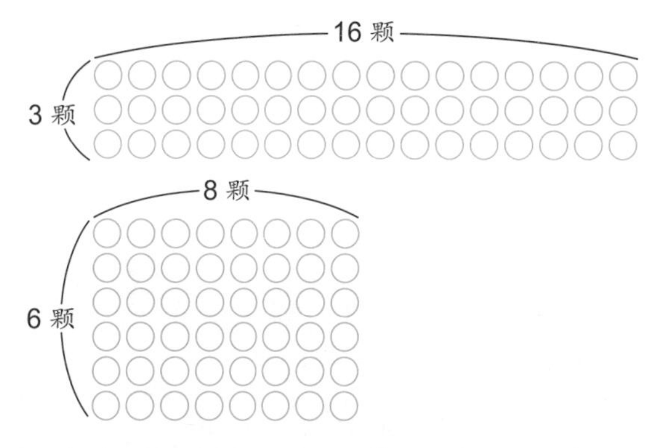

（1）把长的棋子颗数表示为○，宽的棋子颗数表示为□，并写出乘法的算式。

（2）在下表的空格里填写数。

□颗	1	2	3	①	6	8	12	②	③
○颗	48	24	④	12	⑤	⑥	⑦	3	2

（3）如果□里的数扩大 2 倍，○里的数应该乘以多少？

3.（1）小华。（2）□ + ○ =10，或 10− □ = ○，10− ○ = □。（3）10。
4.（1）□ × ○ =48。（2）① 4；② 16；③ 24；④ 16；⑤ 8；⑥ 6；⑦ 4。（3）乘以$\frac{1}{2}$。

解题训练

■ 应用□或○的算式

1

右边是文具店所卖文具的价格。小明打算用 50 元买下其中的 2 种文具，2 种文具的价钱刚好是 50 元。想一想，小明有哪几种买法？

- 笔记本 40 元
- 圆规 14 元
- 橡皮 7 元
- 水彩笔 35 元
- 调色板 36 元
- 毛笔 42 元
- 圆珠笔 8 元
- 砚台 43 元
- 垫板 15 元
- 量角器 10 元

◀ 提示 ▶

注意：

□ + ○ =50。

解法 把一种文具的价格表示为□，另一种文具的价格表示为○，列算式是：□ + ○ =50。□确定后，便可求得○。

50 –	□	=	○
	40	→	10
	7	→	43
	36	→	14
	8	→	42
	15	→	35

□ + ○ =50 的算式可以写成：50– □ = ○，或写成 50– ○ = □。□的大小确定后，便可求得○。如果把 40、7 等数一一填入□，○的值将如左图所示，分别是 10、43……

答：小明有以下买法：笔记本和量角器、橡皮和砚台、调色板和圆规、圆珠笔和毛笔、垫板和水彩笔。

■ 探讨应用□和○的数量关系

2

左边分别是右边哪一条叙述的算式？

①□ =24+ ○

②□ =24 × ○

③□ =24 ÷ ○

（一）铅笔 1 支 24 元，买○支铅笔的话，一共需□元。

（二）长○ cm、宽□ cm 的长方形面积是 24cm²。

（三）小明今年○岁，父亲今年□岁，两人的年龄相差 24 岁。

◀ 提示 ▶
试着用 24 和○写出算式以计算□。

解法 由题目得知 24 一直保持不变，但□、○却有变化。

①表示□和○的差永远是 24，所以在（一）、（二）、（三）的三个叙述中寻找两个数的差永远为 24 的叙述。结果得知①是（三）的算式。

②表示 24 乘以○倍后会成为□，例如，24×2=48 或 24×3=72。所以②是（一）的算式。

③表示□和○的积永远是 24，所以也可以表示：长 × 宽 = 长方形的面积，例如 24×1=24、12×2=24、8×3=24。

□ × ○ =24 →□ =24÷○，所以③是（二）的算式。

■ 计算□和○的大小

3 右图是用 22 根火柴棒排成的长方形。如果把长表示为○根，宽表示为□根，并用算式表示□、○的关系，就成为□ + ○ =11。试一试，写出所有适合□、○的数。

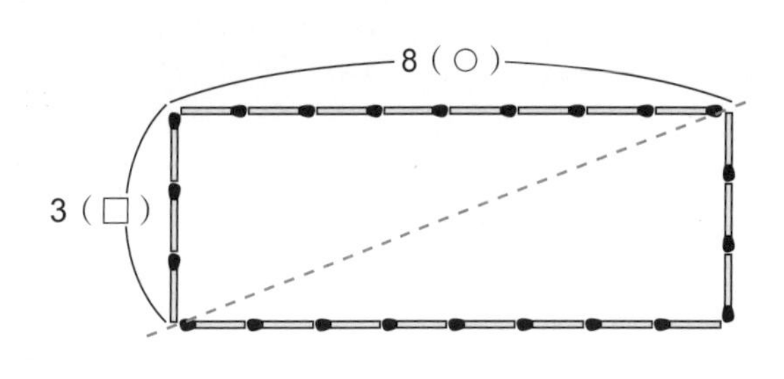

◀ 提示 ▶
看着表格仔细查一查，当宽是 1、2、3……长各是多少？

解法 长方形的周长 = 长 ×2+ 宽 ×2，所以长方形的长和宽所需的火柴数是全部火柴数的一半，也就是 11 根。

长、宽的火柴数的各种组合可以写成下面的表格。

宽（□根）	1	2	3	4	5	6	7	8	9	10
长（○根）	10	9	8	7	6	5	4	3	2	1

□ + ○ =11 时，□、○可由上表看出。在决定长、宽时，虽然可以像右图一样把长、宽定为 1 和 10，但若把长、宽定为 0 和 11，却无法摆出长方形，因此，□、○中的数都是 1 到 10。

答：符合□、○的数是 1~10 的所有整数。

■ 计算□和○的大小

4 父亲今年 40 岁，小英今年 10 岁，两人的生日为同一天。如果用算式表示两人年龄的关系将是：

□ – ○ =30，这个算式是不是永远不会改变？

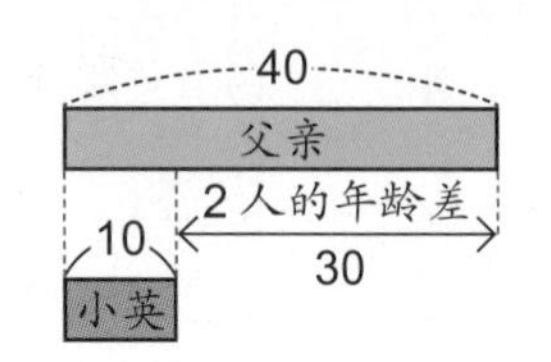

◀ 提示 ▶
可以像前一题一样列出表格。

解法 每经过 1 年，小英和父亲都各增加 1 岁。5 年后，两人都增加 5 岁，年龄还是相差 30 岁。

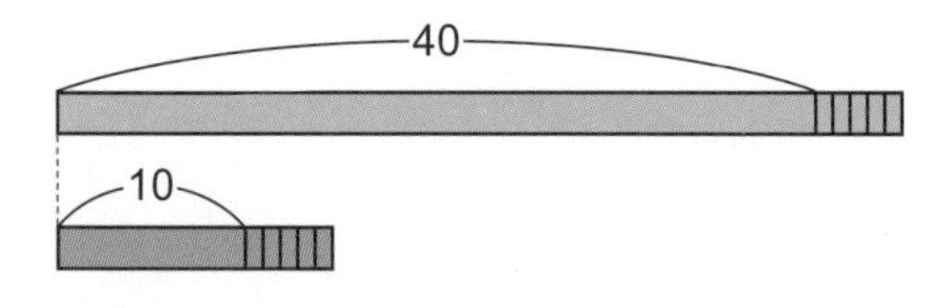

小英（○岁）		1	9	10	11	12	15		17	20		……
父亲（□岁）	30	31	39	40	41		45	46	47	50	51	……

小英出生时（0 岁），父亲是 30 岁，所以□ – ○ =30。而今后不论过去几年，两人年龄的差将不会改变。 答：不会改变。

■ □、○的变化情形提示

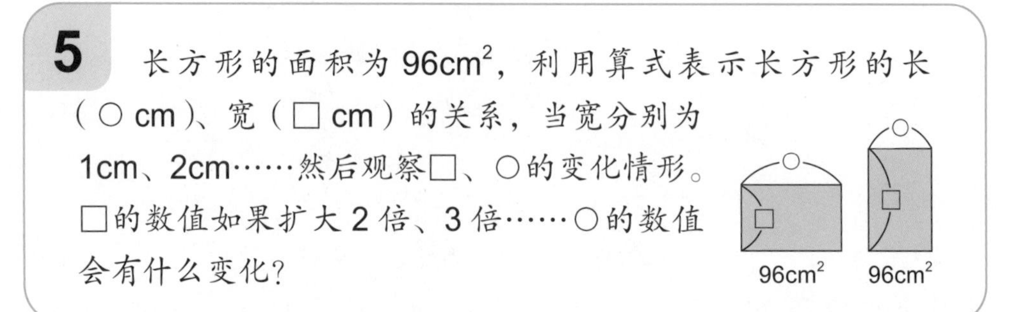

5 长方形的面积为 96cm²，利用算式表示长方形的长（○ cm）、宽（□ cm）的关系，当宽分别为 1cm、2cm……然后观察□、○的变化情形。□的数值如果扩大 2 倍、3 倍……○的数值会有什么变化？

◀ 提示 ▶
长方形的面积
= 长 × 宽

解法 长方形面积是 96cm²，算式为：□ × ○ =96，下面是利用整数把□和○的关系加以整理而成的表格。

宽（□ cm）	1	2	3	4	5	6	7	8	12	16	24	32	48	96	╱
长（○ cm）	96	48	32	24	╱	16	╱	12	8	6	4	3	2	1	0

由上表得知，□是 5 或 7 时，○没有适合的整数。此外，若由□为 1、○为 96 来看，当□扩大 2 倍时，○必须乘以$\frac{1}{2}$；当□扩大 3 倍时，○必须乘以$\frac{1}{3}$。

答：○的数值会随□不断改变，变为$\frac{1}{2}$、$\frac{1}{3}$、$\frac{1}{4}$……

加强练习

1. 选一选，把下面甲区、乙区的数填在下列算式中，注意□和○的关系。

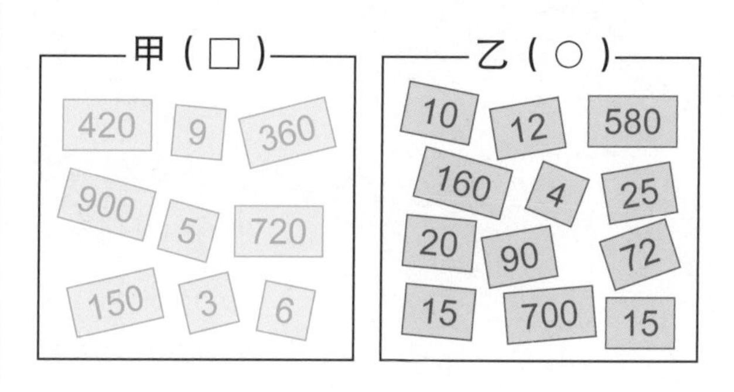

例如，□ + ○ =1000……（420 和 580）

①□ ×4= ○……（　和　）（　和　）

②□ – ○ =200……（　和　）（　和　）

③□ × ○ =90……（　和　）（　和　）

④□ ÷ ○ =10……（　和　）（　和　）

2. 算一算，在下面各题中，□和○的数各是多少到多少？

①男生和女生一共有 25 人在公园游玩。如果把男生人数表示为□，把女生人数表示为○，□和○的关系是：□ + ○ =25。

②将 40 根火柴棒排成长方形，长（○根）和宽（□根）的关系是□ + ○ =20。

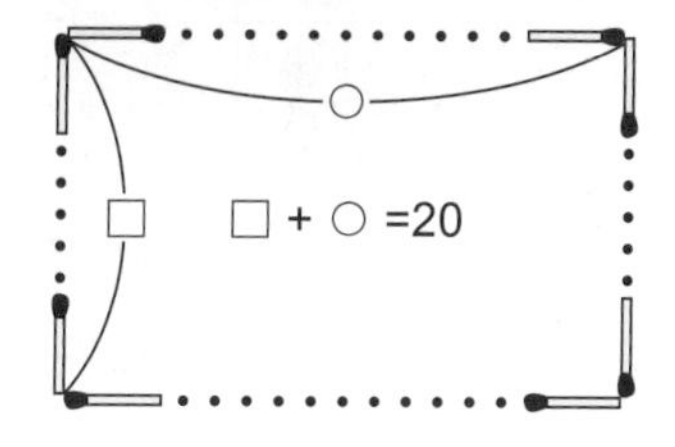

解答和说明

1. 从甲区选出 1 张卡片。

①将卡片上的数乘以 4；

②将卡片上的数减去 200；

③用 90 除以卡片上的数；

④将卡片上的数除以 10。

在上边的 4 种计算中，如果计算后的结果出现于乙区中，把甲区卡片上的数和乙区卡片上的数组合起来。

答：①（5 和 20）（3 和 12）；②（360 和 160）（900 和 700）；③（6 和 15）（9 和 10）；④（150 和 15）（720 和 72）。

2. 在第①题里，不论男生或女生，最少必定有 1 人，最多则为 24 人。

在第②题里，□或○若是 0，便无法排成长方形，所以不论长或宽，最少必定有 1 根火柴棒，而长和宽的火柴棒数量之和是 40 的$\frac{1}{2}$，也就是 20 根。

答：①□、○都是 1 人到 24 人②□、○都是 1 根到 19 根。

3. 下列的表格显示了□和○的关系，利用表格将□和○的关系写成算式。

①

□	0	1	2	3	4	5	6	7
○	7	6	5	4	3	2	1	0

②

□	0	1	2	3	4	5	6	7
○	27	28	29	30	31	32	33	34

③

□	1	2	3	4	5	6	7	8
○	24	12	8	6	╲	4	╲	3

4. 右边的图表显示了哥哥和弟弟的年龄关系，纵轴代表哥哥的年龄（□岁），横轴代表弟弟的年龄（○岁）。

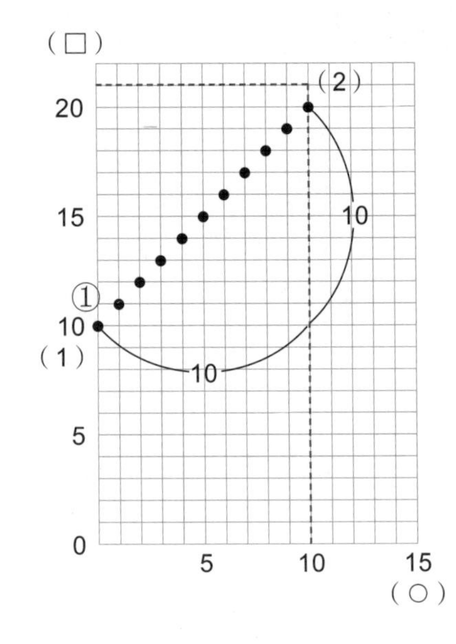

（1）哥哥 10 岁时，弟弟是几岁？

（2）弟弟 20 岁时，哥哥是多少岁？

（3）把哥哥（□岁）和弟弟（○岁）的年龄关系写成算式。

3. ①□递增 1，○则递减 1，这是因为□和○的总数是一定的。

②□和○都递增 1，这是因为□和○的差是一直不变的。

③□扩大 2 倍时，○必须乘以$\frac{1}{2}$，这是因为□和○的积是一定的。

答：①□ + ○ =7；②□ +27= ○；

（7− ○ = □　7− □ = ○）（○ −27= □　○ − □ =27）

③□ × ○ =24

4. 点①表示哥哥 10 岁、弟弟 0 岁，所以哥哥比弟弟大 10 岁。

答:（1）弟弟为 0 岁;（2）哥哥为 30 岁;（3）哥哥和弟弟的年龄关系为：□ − ○ =10，或 ○ +10= □，□ −10= ○。

应用问题

1. 右边的图表显示纸板数量和价格的关系，纵轴代表价格（□元），横轴代表纸板的数量（○张）。

（□元）
80
70
60
50
40
30
20
10
0
1 2 3 4 5 6 7 8 9 10
（○张）

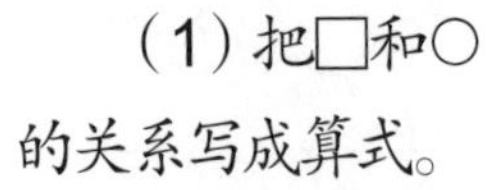

（1）把□和○的关系写成算式。

（2）5 张纸板的价格是多少元？

（3）80 元可以买多少张纸板？

答案：1.（1）10× ○ = □。（2）50 元。（3）8 张。

数的智慧之源

数学的魔术

◆ 奇妙的猜数游戏

让我们来玩一个奇妙的猜数字游戏，猜一猜你的同学心里所想的数字是哪一个。

首先，请你的同学在心中默默从 1~9 的数字中选两个数，然后把最先想的那个数乘 2。

“1~9 的数加起来的和是 45，现在请把刚才乘 2 所得的数加上 45。然后把相加的和乘 5，最后再加上你心中所选的第 2 个数就行了。”

结果，同学所算出来的得数是 308。

“我知道了，你心中所选的第一个数是 8，第 2 个数是 3。”

◆ 解答的秘密

现在，就让我们来解开游戏的秘密吧！

首先用同学算出来的 308 减去 225。

$$308-225=83$$

83 十位上的数是 8，这就是他心中所选的第一个数，3 就是他选的第二个数。

我们可以再用其他的数试一试。

例如，第一个数字是 6，第二个数是 7。

6×2…………………… $\boxed{6}\times 2=12$

加上 45…………………… $12+45=57$

再乘以 5…………………… $57\times 5=285$

再加上 7…………………… $285+\boxed{7}=292$

再减 225…………………… $292-225=\boxed{67}$

结果是 67，完全正确。

让我们再试验一次。第一数为 9，第 2 数为 4，列算式如下：

（1）
$$\begin{array}{r} ⑨ \\ \times\ 2 \\ \hline 18 \end{array}$$

（2）
$$\begin{array}{r} 18 \\ +\ 45 \\ \hline 63 \end{array}$$

（3）
$$\begin{array}{r} 63 \\ \times\ 5 \\ \hline 315 \end{array}$$

（4）
$$\begin{array}{r} 315 \\ +\ ④ \\ \hline 319 \end{array}$$

这个时候可以问一问同学计算的结果是多少。

得数是 319，再减去 225。

$$\begin{array}{r} 319 \\ -\ 225 \\ \hline 94 \end{array}$$

第一个数（十位上的数）

第二个数（个位上的数）

让我们把同学的计算依顺序写成算式吧！

用○表示第一个数，用△表示第二个数。

计算：（1）○ ×2；

（2）○ ×2+45；

（3）结果再乘 5：

（○ ×2+45）×5

使用一定的计算方式，就成了下面的算式：

（○ ×2+45）×5
= ○ ×2×5+45×5
（45×5 → 225）

$$\begin{array}{r} 45 \\ \times\ 5 \\ \hline 225 \end{array}$$

然后再加上第二个数，用△表示第二个数，就变成下面的算式：

○ ×2×5+225+ △
（○ ×2×5 → ○ ×10）

这个数再减去 225，就是得数了。

○ × 10 + △

○ × 10 → 第一个数字○
△ → 个位数的数

若是 3　则是 30
若是 7　则是 70
} 十位数的数

由此可以看出，结果与中途出现的 45 没有关系。

◆ **猜岁数**

接下来，让我们再来猜一猜同学是哪年哪月出生的。

假设你的同学是 2014 年 5 月出生的。

①请用你出生的月份乘 25。

$$\begin{array}{r} 5 \\ \times\ 25 \\ \hline 125 \end{array}$$

②再加上一年的天数 365。

$$\begin{array}{r} 125 \\ +\ 365 \\ \hline 490 \end{array}$$

③然后再乘 4。

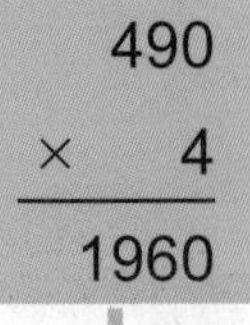

$$\begin{array}{r} 490 \\ \times\ 4 \\ \hline 1960 \end{array}$$

④再加上出生年数。

$$\begin{array}{r} 1960 \\ +\ 14 \\ \hline 1974 \end{array}$$

$$\begin{array}{r} 1974 \\ -1460 \\ \hline 514 \end{array}$$

5	14
月	年

我把同学计算出来的结果，再减 1460。

2014 年 5 月出生的同学，从余数中怎么判断呢？在看下面的解说之前，请你先想一想。

◆ **解答的秘密**

首先是月数的 25 倍，然后再乘 4：

25×4=100

与同学出生年月日无关的 365 也乘 4，这是最后用来减的数，365×4=1460。

让我们再用算式来表示吧！

用○表示出生月、△表示出生年，列算式为：

（○ ×25+365）×4+ △ −1460

现在你懂了吗？